Verständliche Wissenschaft Band 81

Erich Thenius

Versteinerte Urkunden

Die Paläontologie als Wissenschaft vom Leben in der Vorzeit

2., ergänzte und erweiterte Auflage

Mit 89 Abbildungen

Springer-Verlag
Berlin · Heidelberg · New York 1972

Herausgeber der Naturwissenschaftlichen Abteilung
Prof. Dr. KARL v. FRISCH, München

Dr. phil. ERICH THENIUS
o. Prof. für Paläontologie und Vorstand
des Paläontologischen Institutes an der Universität Wien
Universitätsstraße 7/II
1010 Wien (Österreich)

ISBN 3-540-05595-9 2. Auflage Springer-Verlag Berlin · Heidelberg · New York
ISBN 0-387-05595-9 2nd edition Springer-Verlag New York · Heidelberg · Berlin
ISBN 3-540-03069-7 1. Auflage Springer-Verlag Berlin · Heidelberg · New York
ISBN 0-387-03069-7 1st edition Springer-Verlag New York · Heidelberg · Berlin

Umschlagbild: Abb. 7, Seite 18
Umschlagentwurf: W. EISENSCHINK, Heidelberg

Druck von J. P. Peter, Gebr. Holstein, Rothenburg ob der Tauber

Dem Andenken
an O. Abel und E. Dacqué
gewidmet

Vorwort zur 2. Auflage

Seit dem Erscheinen der 1. Auflage sind verschiedene neue Erkenntnisse gewonnen worden, sei es durch seitherige Fossilfunde, sei es durch Befunde aus den Gebieten der Nachbarwissenschaften, die es wünschenswert erscheinen ließen, diese Einführung in die Paläontologie zu ergänzen und zu erweitern. Sie ist damit wieder auf den neuesten Stand der Wissenschaft gebracht worden. Als besonders erfreulich ist die Tatsache zu bewerten, daß diesmal das Kapitel „Fossilien und Paläogeographie" berücksichtigt werden konnte, wodurch der Umfang des Büchleins entsprechend erweitert wurde.

In Zusammenhang mit dieser Erweiterung sowie verschiedenen Ergänzungen und Änderungen wurde auch die Zahl der Abbildungen vermehrt bzw. manche Abbildung durch eine neue ersetzt.

Auch diesmal bin ich wieder zahlreichen Kollegen und Institutionen durch die Überlassung von Abbildungsvorlagen und durch Hinweise zu aufrichtigem Dank verpflichtet. Zu den bereits im Vorwort der 1. Auflage Genannten kommen daher noch die folgenden hinzu: Prof. B. ACCORDI, Rom, A. BACHMANN, Wien, Prof. Z. BURIAN, Prag, Dr. F. RÖGL, Wien, Prof. Dr. A. SEILACHER, Tübingen, Prof. Dr. W. STÜRMER, Erlangen, Doz. Dr. A. ZEISS, Erlangen, Musée National d'Histoire naturelle de Paris und der United States Information Service (USIS), Wien.

Allen Genannten sei für ihr Entgegenkommen bestens gedankt. Dem Verlag bin ich für sein Verständnis hinsichtlich der Erweiterung des Textes und für die Anfertigung von neuen Zeichnungen gleichfalls sehr verbunden, wofür auch an dieser Stelle mein Dank ausgesprochen sei.

Möge auch diesmal diese Einführung in weiten Leserkreisen eine geneigte Aufnahme finden. Die in wenigen Jahren vergriffene 1. Auflage hat gezeigt, daß auch für einen an sich trockenen Stoff entsprechendes Interesse vorhanden ist und daß anscheinend die Art der Darstellung Anklang gefunden hat. Eine Feststellung, die für mich Ansporn und Verpflichtung bedeutet.

Wien, im Herbst 1971 ERICH THENIUS

Vorwort zur 1. Auflage

Gerne ist der Unterzeichnete der Aufforderung des Herausgebers gefolgt, im Rahmen der Reihe „Verständliche Wissenschaft" einen Band über die Paläontologie zu verfassen. Der von Prof. Dr. E. Dacqué im Jahre 1928 veröffentlichte Band „Das fossile Lebewesen — Eine Einführung in die Versteinerungskunde" ist längst vergriffen. Außerdem erschien in Anbetracht der Fortschritte der Paläontologie und der Nachbarwissenschaften im Laufe der letzten Jahrzehnte, die nicht nur zu neuen Erkenntnissen geführt, sondern auch entscheidend zur Lösung einst offener Probleme beigetragen haben, eine neue, allgemein verständliche Darstellung dieses Wissensgebietes notwendig.

Damit sind auch Sinn und Zweck dieses Buches klar umrissen. Es ist keine systematisch oder chronologisch geordnete Übersicht über die paläontologischen Urkunden, sondern der Versuch, auch weiteren Leserkreisen eine Vorstellung von der Bedeutung, den verschiedenen Methoden und den Zielen, aber auch von den Grenzen paläontologischer Forschung zu vermitteln. Wenn dies gelungen und damit auch dem Nichtfachmann gezeigt ist, daß die Paläontologie gegenwärtig alles andere als eine reine Museumswissenschaft darstellt, so ist der Zweck dieser Zeilen erreicht. Denn die Paläontologie besitzt, wie im Folgenden gezeigt werden soll, nicht nur große Bedeutung für die Geologie in der Praxis (durch die Mikropaläontologie und Palynologie), sondern ist vor allem auch für die Biologie bei der Beurteilung stammesgeschichtlicher Fragen von grundsätzlicher Wichtigkeit.

Für das Zustandekommen des Bandes, vor allem durch die Beschaffung von Abbildungsvorlagen, bin ich zahlreichen Kollegen bzw. Institutionen zu aufrichtigem Dank verpflichtet. Es sind dies: Dr. F. Bachmayer, Wien, Dr. E. H. Colbert, New York, Prof. Dr. E. Flügel, Darmstadt, Prof. Dr. A. Kieslinger, Wien, Prof. Dr. W. Klaus, Wien, Dr. G. Krumbiegel, Halle a. d. Saale, Prof. Dr. E. Kuhn-Schnyder, Zürich, Prof. Dr. E. J. Slijper, Amsterdam, Dr. K. Staesche, Stuttgart, Prof. Dr. R. A. Stirton, Berkeley, Dr. H. Stradner, Wien, Dr. W. Struve, Frankfurt a. M.,

Prof. Dr. E. Voigt, Hamburg, Prof. Dr. H. Zapfe, Wien. Museum of Paleontology, University of California, Berkeley; Naturmuseum und Forschungsinstitut Senckenberg, Frankfurt a. M.; The American Museum of Natural History, New York; Staatliches Museum für Naturkunde, Stuttgart; Petrified Forest National Monument National Park Service, USA.

Allen Genannten sei auch an dieser Stelle für ihr Entgegenkommen bestens gedankt. Für Mithilfe bei der Korrektur bin ich Frl. M. Tschugguel, für die Anfertigung photographischer Aufnahmen Herrn F. Sattler zu Dank verpflichtet.

Leider mußten, da der Umfang überschritten wurde, nachträglich ein ganzes Kapitel (Fossilien und Paläogeographie) sowie einzelne Abschnitte des Textes und Abbildungen gestrichen werden.

Dem Herausgeber, Herrn Prof. Dr. K. von Frisch, München, danke ich für sein Vertrauen, dem Verlag für die Anfertigung der Zeichnungen und die Ausstattung des Bandes.

Wien, im Sommer 1962 — Erich Thenius

Inhaltsverzeichnis

I. Einleitung

Abgrenzung und Bedeutung der Paläontologie

Die Paläontologie ist — wörtlich übersetzt — die Lehre vom „Altseienden" (griech. palaios = alt, on = seiend, logos = Lehre). Damit ist jedoch das Arbeitsgebiet der Paläontologie keineswegs eindeutig umschrieben. Sie ist die Wissenschaft vom Leben in der Vorzeit[1] und wird deshalb, allerdings sehr selten, auch Vorwesenkunde genannt. Die Paläontologie ist weder mit der *Archäologie* (Altertumskunde) noch mit der *Prähistorie* (Urgeschichte) identisch, sondern eine eigene Wissenschaft. Während Archäologie und Prähistorie sich ausschließlich mit den Hinterlassenschaften des Menschen befassen und zu den Geisteswissenschaften gezählt werden, ist die *Paläontologie* eine *Disziplin der Naturwissenschaften*, deren Ziel die Erforschung der vorzeitlichen Tier- und Pflanzenwelt bildet. Die Abgrenzung gegenüber Prähistorie und Archäologie ist in erster Linie thematisch bedingt, weitgehend aber auch zeitlich möglich, wie aus der Tabelle hervorgeht. Gewisse Parallelen ergeben sich bloß durch die Tatsache, daß alle drei Disziplinen aus meist nur trümmerhaften Resten Vollständiges zu rekonstruieren suchen.

Wie aus der Abb. 1 ersichtlich wird, bildet die Paläontologie das Gegenstück zur Zoologie und Botanik. Daher gliedert man die Paläontologie auch in die Paläozoologie und Paläobotanik (Phytopaläontologie oder Paläophytologie). Die Abtrennung der Mikropaläontologie ist eigentlich nur durch die Praxis bedingt, sie entspricht der angewandten Paläontologie, vergleichbar mit der Lagerstättenkunde der Geologie. Methodisch und sachlich ist

---

[1] Es wird hier dem Ausdruck Vorzeit gegenüber Urzeit der Vorzug gegeben, da letzterer in sehr verschiedenem Umfang gebraucht wird (z. B. Urzeit — Archaeozoikum im Sinne der Geologen bzw. Pleistozän im Sinne der Urgeschichtler). Unter „Vorzeit" (unter Anführungszeichen, da ein Widerspruch in sich) ist die vor der geologischen Gegenwart (Holozän) liegende Zeitspanne verstanden (s. Zeittafel auf S. 200).

die Abtrennung nicht gerechtfertigt, sondern lediglich durch dies-spezifische Arbeitstechnik. Erscheint die Begrenzung zur Zoologie und Botanik auch vollkommen künstlich als eine rein zeitliche, so lehrt die Praxis, daß bereits durch die Objekte, mit denen sich der Paläontologe beschäftigt, grundsätzlich methodische Unter-

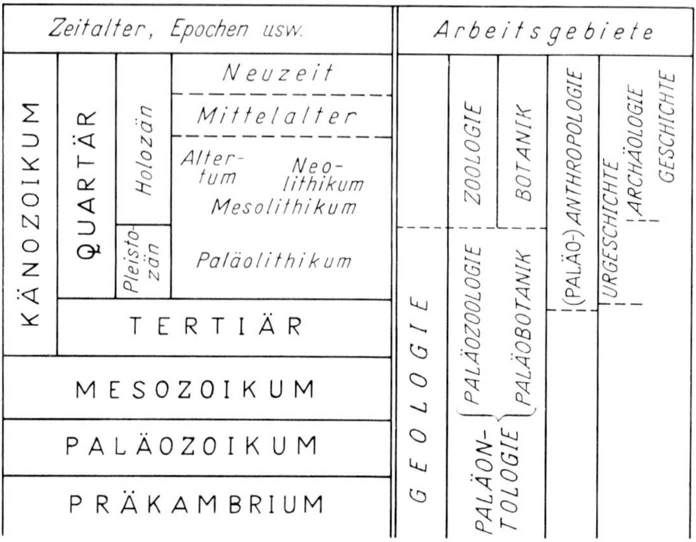

Abb. 1. Schema zur Abgrenzung der Paläontologie gegenüber Zoologie, Botanik, Geologie, Urgeschichte und Archäologie

schiede in der Untersuchung gegeben sind, welche eine Abtrennung als eigene Disziplin notwendig machen. Es liegt hier also eine etwas andere Situation vor als zwischen Prähistorie und Archäologie, wo schriftlose Kultur und solche mit schriftlicher Überlieferung zur Abgrenzung führten, während — wie die Praxis zeigt — Forschungsmethoden und -ziele im wesentlichen dieselben sind.

Während der Zoologe und der Botaniker Tiere und Pflanzen beobachtet, ihre Lebensäußerungen, ihr Verhalten etc. direkt studiert und mit den Lebewesen gegebenenfalls auch experimentieren kann, ist dies dem Paläontologen mit seinen paläontologischen Urkunden nicht möglich. Dafür geben ihm seine Urkunden in zeitrafferartiger Form Einblick in das tierische und pflanzliche

Leben von einst und machen die Paläontologie — neben der Geologie — zur historischen Wissenschaft unter den Naturwissenschaften. Damit wird zugleich die enge Verbundenheit mit der Geologie verständlich, wie auch dadurch der Paläontologie als biologischer Disziplin unter den Naturwissenschaften eine besondere Bedeutung — in stammesgeschichtlicher Hinsicht — zukommt. Die Paläontologie ist somit sowohl ein Teilgebiet der Bio- als auch der Erdwissenschaften, was auch in dem jüngst von D. M. Raup und S. M. Stanley dafür verwendeten Begriff Geobiologie zum Ausdruck kommt.

Damit sind aber auch schon im wesentlichen die Aufgaben und Ziele der Paläontologie umrissen, von denen später noch etwas ausführlicher die Rede sein soll. Mit dem Registrieren und Beschreiben der einstigen Lebewesen und der Kenntnis ihrer Vorkommen, der räumlichen Verbreitung, ihrer (einstigen) Umwelt und Lebensweise allein ist es nicht getan; auch ihr zeitliches Auftreten und die phylogenetischen, d. h. stammesgeschichtlichen Zusammenhänge gehören zum Aufgabenbereich der Paläontologie, ja, die Erforschung der Stammesgeschichte ist zur Domäne der Paläontologie geworden. Innerhalb der biologischen Wissenschaften ist die Paläontologie dadurch zum unentbehrlichen Glied geworden. Sie macht die Biologie durch ihr Vorrecht der Rückschau erst zu einem Ganzen. Allein die Paläontologie liefert die Belege für die Entwicklung des Pflanzenreiches und der Tierwelt.

Für die Geologie leistet die Paläontologie durch die altersmäßige Einstufung von Sedimentgesteinen mittels Leitfossilien wertvolle Dienste und ist für die Erschließung aller sedimentären Bodenschätze unentbehrlich.

Paläontologische Quellen

Was sind nun die *paläontologischen Urkunden?* Vielfach hat sich dafür der Name *Versteinerungen* eingebürgert, eine nicht ganz zutreffende Bezeichnung, wie auch der Name Versteinerungskunde dem Begriff und Umfang der Paläontologie nicht ganz gerecht wird. Der Fachmann zieht die Bezeichnung *Fossilien* für seine Studienobjekte vor, ohne damit etwas über den Erhaltungszustand auszusagen, der bei Fossilien außerordentlich verschieden sein kann und Ursache mancher Fehlschlüsse war.

Was sind also Fossilien? Als Fossilien können sämtliche Reste vorzeitlicher Organismen einschließlich der Spuren ihrer Tätigkeit (sog. Lebensspuren: Fährten, Fraßspuren etc.) bezeichnet werden. Man unterscheidet demnach Körper- und Spurenfossilien, wobei unter „vorzeitlich“ sämtliche vorholozänen tierischen oder pflanzlichen Reste verstanden sind, d. h. also Reste aus der Zeit, die der geologischen Gegenwart, dem Holozän (s. Zeittafel), vorausging. Es trifft demnach für eiszeitliche Reste ebenso zu wie für präkambrische Fossilien.

In diesem Sinne nimmt der Begriff Fossil weder auf den Erhaltungszustand Rücksicht (z. B. stärkeren oder schwächeren Grad der Mineralisierung oder wie meist — fälschlich — gesagt wird, stärker oder schwächer „fossilisiert“; auch in der Gegenwart in Quelltuffen auftretende versinterte Blätter und dgl. sind keine Fossilien), noch darauf, ob es sich um gegenwärtig ausgestorbene Arten handelt, sondern ist ein ausschließlich zeitlich begrenzter Begriff, dem als Gegensatz die Bezeichnung rezent für holozäne Organismen gegenübergestellt werden kann. Damit wird auch der ursprünglichen Bedeutung des Begriffes Fossil etwas Rechnung getragen, der sich vom lat. fodere (= [aus]graben) ableitet. Freilich war die anfängliche Bedeutung eine andere, indem der deutsche Arzt und Bergmann Georg Bauer (= Agricola, der „Vater der Mineralogie“; 1494—1555), der diesen Namen erstmalig verwendete, nicht nur tierische und pflanzliche „Versteinerungen“, sondern auch Gesteine, Mineralien und Artefakte (vom Menschen hergestellte Geräte) darunter verstand, also Objekte, für welche der Geologe, Mineraloge und Urgeschichtler zuständig ist. So hat auch A. G. Werner in seinem Werk „Über die äußeren Kennzeichen der Fossilien“ (1774) vorwiegend Gesteine verstanden. Heute ist der Name Fossil konventionell auf vorzeitliche Tier- und Pflanzenreste beschränkt.

Wie im folgenden Kapitel gezeigt werden soll, können manche Fossilien ganz einfach nicht als Versteinerungen bezeichnet werden, da von ihnen entweder Weichteile überliefert sind oder nur Abdrücke organischer Reste vorliegen. In der überwiegenden Zahl sind es freilich Hartteile, die fossil erhalten geblieben sind. Was dem Historiker die Urkunden bedeuten, das sind die Fossilien für den Paläontologen.

Historischer Wandel der Auffassungen über Fossilien

Allerdings wurden die Fossilien durchaus nicht immer richtig als Reste vorzeitlicher Lebewesen erkannt, wie auch umgekehrt anorganisch entstandene Gebilde oft als Fossilien angesehen wurden. Im Altertum[2] wurden Fossilien von den damaligen Naturforschern bzw. Historikern (z. B. XENOPHANES, HERODOT, XANTHOS, STRABO) richtig als Reste einstiger Lebewesen erkannt und dementsprechend beurteilt. Leider war diese Auffassung keineswegs Allgemeingut der damaligen Gelehrten. So ist es im wesentlichen dem Einfluß der Schriften von ARISTOTELES (384—322 vor Christi Geburt), des berühmtesten Naturforschers der Antike, zuzuschreiben, daß das Wissen um die Fossilien während des ganzen Mittelalters und bis in die frühe Neuzeit hinein keinen Fortschritt erzielen konnte. Man begnügte sich mit der Verbreitung der Ansichten von ARISTOTELES und erschöpfte sich in scholastischen Auslegungen. Fossilien betrachtete man noch im 16. Jahrhundert, ähnlich wie ARISTOTELES, nur als Figurensteine und Naturspiele (Lusus naturae), die spontan durch eine im Urschlamm vorhandene schöpferische Kraft (Vis plastica) entstanden wären. Ihre wahre Natur wurde nur von einzelnen Denkern und Wissenschaftlern erkannt. LEONARDO DA VINCI (1452—1519) brachte als Kanalbauer marine Fossilien in der Poebene richtig mit der einstigen Meeresbedeckung dieses Gebietes in Verbindung. G. FRACASTORO (1483—1553) und B. PALISSY (1510—1590) erkannten, daß Schalen von Muscheln und Schnecken sowie Fischskelette durch Mineralisation erhalten bleiben können.

Daher stellte die Auffassung der sog. „Diluvianer" (Anhänger der Sintfluttheorie; benannt nach diluvium = Überschwemmung), die am Ende des 17. und auch noch im 18. Jahrhundert zahlreich vertreten waren, gegenüber den Anschauungen der Scholastiker einen wesentlichen Fortschritt dar. Sie erkannten in den Fossilien Überreste einstiger Lebewesen, waren allerdings der Auffassung,

[2] Daß bereits der Mensch der jüngeren Altsteinzeit Fossilien kannte und sammelte, ist durch Funde von fossilen Schmuckschnecken von verschiedenen jungpaläolithischen Stationen aus Frankreich, Deutschland, der ČSSR und Österreich belegt. Ob allerdings der Paläolithiker diese Fossilien richtig als Reste einstiger Lebewesen erkannte, entzieht sich unserer Kenntnis, ist jedoch wahrscheinlich, da er daneben Schneckengehäuse zeitgenössischer Arten zum gleichen Zweck verwendete.

daß diese durch die biblische Sintflut umgekommen und erhalten geblieben wären. Sie erblickten in diesen „Zeugen“ der Sintflut einen Beweis für die Richtigkeit der biblischen Schöpfungsgeschichte. Der wohl bekannteste Vertreter der Sintfluttheorie war der Schweizer Arzt und Naturforscher J. J. Scheuchzer (1672—1753), der im Jahre 1726 in den miozänen Ablagerungen von Öhningen am Bodensee das „Beingerüst eines verruchten Menschenkindes, um dessen Sünde willen das Unglück über die Welt hereingebrochen sei“, zu erkennen glaubte. Dieser „Homo diluvii tristis testis“ wurde erst ungefähr 100 Jahre später durch G. Cuvier als fossiles Skelett eines Riesensalamanders erkannt.

Die Anfänge der Sintfluttheorie lassen sich jedoch bis in die Mitte des 16. Jahrhunderts zurückverfolgen. Neben diesen Auffassungen hatte bereits Nicolaus Steno (1638—1686, der Begründer des Lagerungsgesetzes, das besagt, daß bei ungestörter Lagerung in einem Profil die untersten Ablagerungen die ältesten, die oberen die jüngsten sind) als erster Forscher eine klare Vorstellung über die Bedeutung der Sedimente für die Erdgeschichte und betrachtete die Fossilien als Überreste von Organismen.

Aber erst im 18. Jahrhundert setzte sich diese richtige Ansicht allgemein durch. Dieses und das folgende Jahrhundert war die Zeit der Petrefaktensammler und damit der sog. Petrefaktenkunde, wie die Paläontologie damals genannt wurde. Hauptziel der Petrefaktenkunde war die Erfassung und Beschreibung der Fossilien. Im Zusammenhang damit stellte man fest, daß einst zahlreiche, voneinander verschiedene Faunen existiert hatten und daß jede Zeit ihre charakteristischen Versteinerungen besitzt. Diese Tatsache wurde erstmalig von dem englischen Ing. William Smith (1769—1839), dem Begründer der Stratigraphie, erkannt und auch praktisch für die Altersbestimmung von Sedimentgesteinen ausgewertet. Etwa zur gleichen Zeit führte auch Leopold von Buch (1774—1832) den Begriff des Leitfossils ein. Es mag daher verständlich erscheinen, daß die meisten Petrefaktensammler von der Geognosie, wie die Geologie damals bezeichnet wurde, kamen bzw. Bergmänner waren, denen die Fossilien als Zeitmarken eine praktische Hilfe bedeuteten (vgl. Kap. V).

Zu dieser Zeit war auch bereits durch den schwedischen Naturforscher Carl von Linné (1707—1778) die binäre Nomenklatur

(s. S. 54) für die damals bekannten rezenten Tier- und Pflanzenarten eingeführt worden, welche die Grundlage für eine internationale Verständigung bildeten. Sie wurde später auch auf die Fossilien übertragen.

Dadurch waren die Voraussetzungen für planmäßige Untersuchungen gegeben. Aber erst mit den grundlegenden Untersuchungen des französischen Zoologen GEORGES CUVIER (1769 bis 1832) über fossile Wirbeltiere wurden schließlich die Grundlagen für eine wissenschaftliche Paläontologie geschaffen. In der ersten Hälfte des 19. Jahrhunderts wurde auch der Begriff Paläontologie von FISCHER VON WALDHEIM erstmalig verwendet und hat sich seither allgemein eingebürgert. Durch vergleichend-anatomische Untersuchungen an rezenten und fossilen Wirbeltieren bestätigte G. CUVIER, daß im Laufe der Erdgeschichte eine Folge voneinander verschiedener Faunen existiert hatte, die eine zunehmende Organisationshöhe erkennen ließen, und daß es echte, heute ausgestorbene Arten gab[3]. So zeigte G. CUVIER, daß das eiszeitliche Mammut von den beiden lebenden Elefanten spezifisch, also artlich, verschieden war. Seine vergleichend-anatomischen Studien führten G. CUVIER ferner zum sog. Korrelationsgesetz, nach dem sämtliche Teile eines Tieres in gesetzmäßigen Wechselbeziehungen zueinander stehen, d. h., daß man aus einzelnen Knochen Rückschlüsse auf den Gesamtbau und damit auch auf fossil nicht überlieferte Weichteile von Tieren ziehen kann. Die Ergebnisse seiner umfassenden Untersuchungen veröffentlichte er in dem klassisch gewordenen Werk „Recherches sur les ossemens fossiles“ (1. Ausgabe 1812). G. CUVIER gilt mit Recht als der Begründer der Wirbeltierpaläontologie.

Da jedoch G. CUVIER — im Gegensatz zu seinen Gegenspielern J. B. DE LAMARCK und ETIENNE GEOFFROY ST. HILAIRE — noch an dem Standpunkt der Unveränderlichkeit der Art festhielt, erklärte er die Verschiedenheit vorzeitlicher Faunen durch örtlich begrenzte Katastrophen. Fand er doch keine Übergänge zwischen den zeitlich aufeinanderfolgenden Wirbeltierfaunen des Alt-Tertiärs des Pariser Beckens. Diese Anschauung wurde schließlich

---

[3] Für die Anhänger der Sintfluttheorie gab es keine ausgestorbenen Arten, die fossilen mußten, entsprechend ihrer Annahme, mit den lebenden Arten übereinstimmen.

durch den Paläontologen ALCIDE D'ORBIGNY (1802—1857) zur *Katastrophentheorie* ausgebaut, die mit zahlreichen weltumspannenden Katastrophen, die alles Leben stets ausgelöscht hätten, und mit jeweils darauf folgenden Neuschöpfungen arbeitete.

Aber erst mit der *Deszendenz- oder Abstammungslehre*, die untrennbar mit dem Namen CH. DARWIN (1809—1882) verknüpft ist, erfuhr die Ansicht von der Veränderlichkeit der Art und der schrittweisen stammesgeschichtlichen Entwicklung der Lebewesen ihren Durchbruch, nachdem bereits in der 2. Hälfte des 18. Jahrhunderts G. L. LECLERC DE BUFFON in jüngeren Jahren in allerdings spekulativer Weise die Ansicht vertreten hatte, daß sämtliche Tiere nach einem einheitlichen Organisationsplan geschaffen worden seien und J. B. DE LAMARCK (1744—1829) und in gewisser Hinsicht auch GEOFFROY ST. HILAIRE (1772—1844) den Gedanken einer realen Formumbildung der Organismen — wegen mangelnder Beweisführung allerdings ohne Erfolg — vertreten hatten.

Wurde auch zur Zeit DARWINS die Bedeutung der Paläontologie für die Stammesgeschichte unterschätzt und dies mit der Lückenhaftigkeit der Fossilüberlieferung begründet, so haben die seitherigen Fossilfunde nicht nur die grundsätzliche Richtigkeit der Deszendenztheorie bestätigt, sondern zugleich die Paläontologie zur wesentlichsten Stütze der Phylogenie gemacht. Dieser Umschwung ist einerseits durch die im 20. Jahrhundert intensivierte paläontologische Durchforschung ganzer Erdteile (Nordamerika, Nord-, Ost- und Südafrika, Zentral- und Ostasien, Südamerika und Australien) bedingt. Andererseits steht dieser auch in Zusammenhang mit der im 20. Jahrhundert stark vermehrten Bohrtätigkeit nach Erdöl, die zu einem riesigen Anfall von Bohrproben mit Mikrofossilien geführt hat. So bietet die Paläontologie in der 2. Hälfte des 20. Jahrhunderts ein wesentlich anderes Bild als etwa noch vor 50 Jahren.

Dieser kurze historische Überblick läßt aber auch erkennen, daß die Paläontologie von zwei verschiedenen Wurzeln (geologische bzw. biologische) ihren Ausgang genommen hat. Eine Tatsache, die sich auch heute noch in der Arbeitsrichtung bzw. an den Universitäten auswirkt, indem einerseits die vorwiegend stratigraphisch eingestellte Arbeitsrichtung engstens mit der Geologie verknüpft ist, andrerseits die mehr biologisch orientierte Wirbeltierpaläontologie und auch die Paläobotanik an verschiedenen Universitäten bzw. Forschungsinstituten (z. B. Harvard University in Cambridge/Mass., USA; Senckenberg-Natur-Museum und -Forschungs-Institut in Frankfurt/Main) mit der Zoologie bzw. der Botanik vereinigt sind.

Damit wird abermals die Stellung der Paläontologie zwischen Geologie und Biologie (im Sinne von Zoologie und Botanik) ersichtlich. Daß eine entsprechende Auswertung von Fossilien nur unter Berücksichtigung jeweils beider Nachbarwissenschaften möglich ist, dürfte aus den folgenden Kapiteln klar werden.

Aus dem Gesagten geht hervor, daß die Paläontologie nicht nur als eigene Disziplin innerhalb der Naturwissenschaften zu betrachten ist, für welche die Kenntnis der vorzeitlichen Tier- und Pflanzenwelt Selbstzweck ist, sondern auch als Hilfswissenschaft für verschiedene Nachbarfächer unentbehrlich ist. Für den Prähistoriker durch Fauna (einschließlich sog. Lebensspuren) und Flora des Paläolithikums, für die (Paläo-)Anthropologie durch die Datierung menschlicher Fossilfunde, für den Geographen durch fossile Klimazeugen aus dem Organismenreich über die Paläoklimatologie und Paläogeographie, für die (stratigraphische) Geologie durch die Leitfossilien, für den Zoologen und Botaniker durch die stammesgeschichtlichen Urkunden.

In den Kapiteln IV bis IX wird an Hand ausgewählter Beispiele zu zeigen versucht, welche Aussagekraft die paläontologischen Urkunden bei entsprechender Analyse besitzen und wo die Grenzen der wissenschaftlichen Auswertbarkeit liegen.

II. Die Fossilisation; Erhaltungszustand und Vorkommen von Fossilresten

Voraussetzungen für die Fossilisation

Bevor auf die Analyse und Auswertung der Fossilien eingegangen wird, sind einige Bemerkungen über das Entstehen von Fossilien, deren Erhaltungszustand und Vorkommen notwendig. Auf die Frage, was überhaupt fossil erhaltungsfähig ist, kann der

Paläontologe nur antworten: Unter Umständen alles. Freilich sind die Voraussetzungen zur Erhaltung von Weichteilen oder sonstigen hinfälligen Resten nur in äußerst seltenen Ausnahmefällen gegeben. In der Regel sind nur Hartteile von fossilen Lebewesen überliefert, wie Gehäuse von Schnecken und Muscheln, Panzer von Krebsen, Trilobiten und anderen Gliederfüßern, Skelettreste von Seeigeln und sonstigen Stachelhäutern oder Knochen und Zähne von Wirbeltieren.

Welche Voraussetzungen müssen gegeben sein, damit es überhaupt zur Fossilisation kommt? Wie die Erfahrung lehrt, werden Kadaver von verendeten Tieren auf der Landoberfläche meist binnen kurzem durch mechanische bzw. biologisch-chemische Vorgänge zerstört. Die Weichteile verwesen, verfaulen oder werden von diversen Aasfressern gefressen, so daß nur mehr die Hartteile übrigbleiben, die — etwa bei einem aus zahlreichen Einzelknochen bestehenden Skelett eines Wirbeltieres — im Laufe der Zeit isoliert und gleichfalls zerstört werden. Daher findet man von den innerhalb eines Jahresablaufes verendeten Wildtieren nur selten und gelegentlich einen Kadaver oder einzelne Knochen. Um diesen Zerstörungsprozeß zu verhindern oder zu hemmen, ist eine Einbettung notwendig. Je rascher die Einbettung des Organismus nach seinem Tode durch ein Sediment erfolgt, desto größer sind die Chancen für eine Fossilisation. Man findet daher Fossilien meist dort, wo rasche Sedimentation herrscht, also in Flachmeeren, in Seen, Teichen, Sümpfen und Mooren, in Fluß- und Höhlenablagerungen, Spaltenfüllungen, aber auch in Flugsanden (z. B. Löß) und im Bodeneis.

Zersetzungsprozesse werden mit der Einbettung allerdings nicht völlig unterbunden. Fäulnisvorgänge gehen als anaerobe Vorgänge auch unter Luftabschluß weiter und führen zur Zerstörung der organischen Substanzen. Aber selbst die Hartteile sind durch die Einbettung nicht vor der Zerstörung geschützt. Nach dem Zeitpunkt, zu dem dies erfolgt, unterscheidet man Zerstörung *vor*, *während* oder *nach der Fossilisation*. Wie die Abb. 2 erkennen läßt, können die Vorgänge bei der Fossilisation zu recht verschiedenen *Erhaltungszuständen* führen, die zum Teil sehr charakteristisch sind. Als wichtigste Erhaltungszustände seien erwähnt: Körperliche Erhaltung, Steinkern, Abdruck und Pseudomorphosen.

Fossildiagenese und Erhaltungszustände

Bei der Fossilisation kommt es — sofern eine *körperliche Erhaltung von Hartteilen* (Schalen, Knochen, Zähne etc.) vorliegt — im

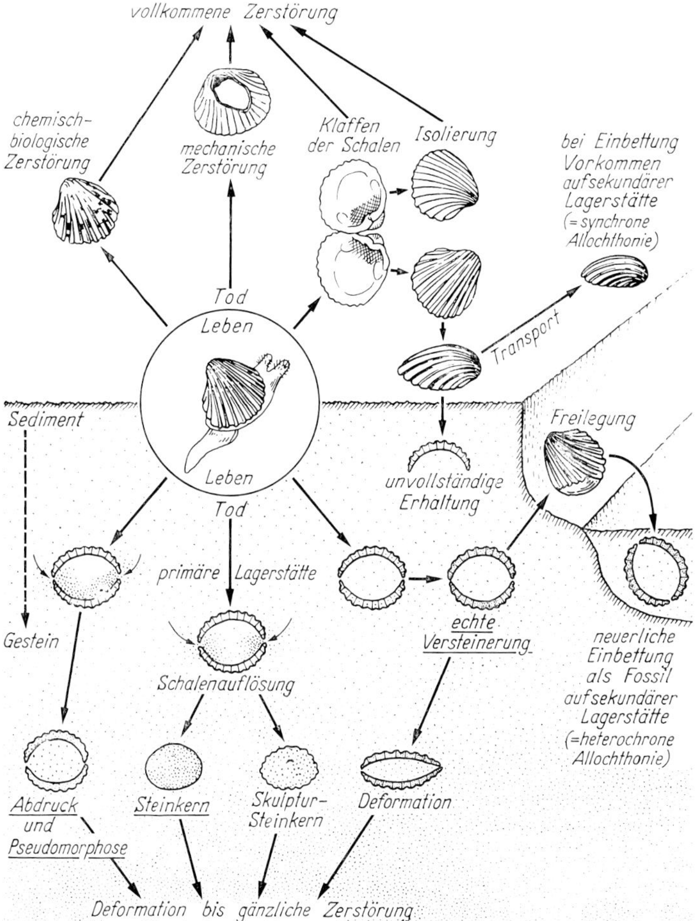

Abb. 2. Fossilisationsschema. Fossilisation nur bei Einbettung in ein Sediment. Erhaltungszustände: Abdruck, Steinkern, echte Versteinerung und Pseudomorphose. Beachte autochthone (primäre) und allochthone (sekundäre) Lagerstätte. Synchrone Allochthonie durch Transport *vor*, heterochrone Allochthonie durch Transport *nach* der Fossilisation

Prinzip zu einem Ersatz der organischen Substanz durch anorganische, der zugleich auch mit einer Umkristallisierung[4] der Skelettsubstanzen verbunden sein kann (z. B. fossile Skelettreste von Stachelhäutern mit charakteristischen rhomboedrischen Bruchflächen). Als wichtigste anorganische Verbindungen wären zu nennen: Karbonate, „Erze" in Form von Verbindungen mit den Elementen Silber (Ag), Kupfer (Cu), Blei (Pb), Zink (Zn), Eisen (Fe) und Schwefel (S), ferner Siliziumdioxyd oder die „Kieselsäure" (SiO_2). Weiter spielen — vor allem für pflanzliche Fossilien — Huminsäuren für die Inkohlung, wie sie bei der Kohlebildung vor sich geht und Bitumina (Erdöl, Asphalt und Erdwachs) eine Rolle. Bei tierischen Fossilien sind hauptsächlich die Karbonate (Kalziumkarbonat: $CaCO_3$ = vor allem in Form von Kalzit, weniger als Aragonit; ferner Dolomit: $MgCaC_2O_6$) und Siliziumdioxyd beteiligt. Vererzungen (Verkiesung, also Umwandlung in Pyrit oder Markasit [FeS_2]; Limonitisierung durch Eisenhydroxyd in Form von Brauneisenstein oder Bohnerz), Umwandlung in Sulfate (Gips: $CaSO_4 \cdot 2H_2O$) und Phosphate (Vivianit: $(Fe(PO_4)_2 \cdot 8H_2O$) sowie Glaukonit spielen bei der Fossildiagenese eine geringere Rolle. Interessant ist, daß selbst bei präkambrischen und paläozoischen Fossilien noch Reste organischer Substanz in Form von Aminosäuren (z. B. Glycin, Alanin, Glutaminsäure, Asparaginsäure) und gewisser Farbstoffe (z. B. Porphyrine) nachweisbar sind. Solche fossile organische Substanzen werden als *Chemofossilien* bezeichnet. Ihre organische Natur wird zwar verschiedentlich bestritten, doch zeigt bereits die zahlenmäßige Zunahme von nachweisbaren Aminosäuren im Präkambrium (z. B. 12 Aminosäuren vor 3,2 Milliarden Jahren, 18 vor 1 Milliarde), daß hier zweifellos eine (chemische) Evolution stattgefunden hat. Es ist dies der Arbeitsbereich der *Paläobiochemie* bzw. Molekular-Paläontologie, die heute erst im Aufbau begriffen ist. Die Erhaltung organischer Substanzen bei Fossilien ist am ehesten in bituminösen Ablagerungen gegeben. So sind Porphyrine aus bituminösen Lagen der Trias vom Monte San Giorgio ebenso bekannt wie etwa Chlorophyll aus dem Eozän des Geiseltales.

---

[4] Meist handelt es sich dabei um Umwandlung instabiler in stabile Modifikationen des Kalziumkarbonates (Aragonit → Kalzit) etc.

Während der Fossildiagenese kann es jedoch nicht nur zu einem Ersatz der organischen durch anorganische Substanz kommen, sondern auch zum Schwund beider, besonders wenn es sich um leicht lösliche Komponenten der Hartteile handelt. Derartige Erscheinungen, die als *Auslaugungsdiagenese* bezeichnet werden, sind aus verschiedenen Ablagerungen bekannt. Die dabei eintretende Deformation erfolgt bruchlos. Meist ist es eine Entkalkung, die zur Biegsamkeit der ursprünglich starren Hartteile führt. Bleibt in den genannten Fällen zumindest teilweise die ursprüngliche Struktur der Hartteile erhalten, so erfolgt bei der *Pseudomorphose*[5] ein völliger Ersatz der ursprünglich vorhandenen Reste. Die Entstehung, die in Abb. 2 schematisch dargestellt ist, kann man sich folgendermaßen vorstellen: Der in dem zum Gestein gewordenen Sediment eingebettete Rest wird durch zirkulierende Wässer vollständig aufgelöst und der so entstehende Hohlraum sekundär auskristallisiert. Als Beispiele für künstliche Pseudomorphosen bzw. von Steinkernen (s. u.) mögen die „Leichen" der Bewohner von Pompeji gelten, die beim Ausbruch des Vesuvs im Jahre 79 n. Chr. durch vulkanische Aschen verschüttet wurden. Die Leichen selbst sind in den inzwischen verhärteten Tuffen nicht mehr erhalten, sondern nur die von ihnen ursprünglich eingenommenen Hohlräume, die bei den Ausgrabungen künstlich mit Gips ausgegossen wurden, um eine Vorstellung vom körperlichen Aussehen der Pompejaner zu erhalten. Viel häufiger als echte Pseudomorphosen sind sog. *Steinkerne*, gelegentlich auch Gesteinskerne genannt, um Verwechslungen mit Steinkernen im Sinne der Botaniker zu vermeiden. Es sind Ausfüllungen von Hohlräumen, die beim lebenden Organismus meist — nicht immer — von Weichteilen eingenommen wurden (Abb. 3). Aussehen und Vollständigkeit der Steinkerne hängt meist von der Beschaffenheit des ausfüllenden Materials (meist Sediment; seltener auskristallisierte Mineralsalze) ab. Je feinkörniger die Füllmasse, desto mehr Einzelheiten sind

---

[5] Manche Paläontologen verstehen unter Pseudomorphosen auch jene Fossilien, bei denen es — sei es mit oder ohne Strukturveränderungen — zur substantiellen Umwandlung gekommen ist (z. B. Umwandlung von Aragonit in Kalzit). Bis zu einem gewissen Grad wären auch Steinkerne als Pseudomorphosen zu bezeichnen. Vereinzelt werden auch Gehäuse von Epibionten (z. B. Muscheln [*Dimyodon*, *Pycnodonta*]), welche die Oberfläche der „Wirtstiere" nachahmen, als Pseudomorphosen bezeichnet.

überliefert. Als *Skulptursteinkerne* sind jene Steinkerne zu bezeichnen, denen die Außenskulptur der einstigen Schale nach deren Auflösung aufgeprägt wurde. Verschiedene Autoren verstehen darunter auch Steinkerne mit besonders dünner, außen und innen gleichgestalteter Schale (z. B. Ammoniten). Steinkerne von Schnecken, Muscheln und Ammoniten zählen zu den häufigsten

Abb. 3. Schale und Steinkern einer Auster aus dem Burdigal von Retz (N-Österreich); verkleinert. Orig. Paläont. Inst. Univ. Wien

Fossilien. Unter fossilen Pflanzen sind Steinkerne bei den Schachtelhalmgewächsen keine Seltenheit. Die Riesenschachtelhalme des Karbons sind nämlich vorwiegend als Marksteinkerne erhalten, d. h., es sind Sedimentausfüllungen der einstigen Markhöhle des zentralen Sprosses (Abb. 4). Derartige Marksteinkerne sind auch von anderen Pflanzen bekannt (z. B. von Cordaiten, einer paläozoischen Gymnospermengruppe). Eine bemerkenswerte Ausbildung von Steinkernen sind natürliche Ausgüsse der Schädelhöhle (Cavum cranii). Sie werden meist als „versteinerte Gehirne" bezeichnet und sind für den Paläoneurologen (s. S. 74) von großem Wert. Die Bezeichnung „versteinerte Gehirne" ist selbstverständlich irreführend, da nicht die Gehirnsubstanz versteinert erhalten geblieben, sondern nur die Ausfüllung der Schädelhöhle überliefert ist, die in vielen Fällen einen mehr oder minder vollwertigen Ersatz für das Gehirn darstellen kann (Abb. 5) und auch eine dementsprechende Auswertung ermöglicht.

Spurenfossilien

Oft liegt von einem fossilen Rest nur der *Abdruck* vor, sei es, daß die Gegenplatte bei der Freilegung verlorenging, sei es, daß bereits ursprünglich nur ein Abdruck vorhanden war, wie es bei

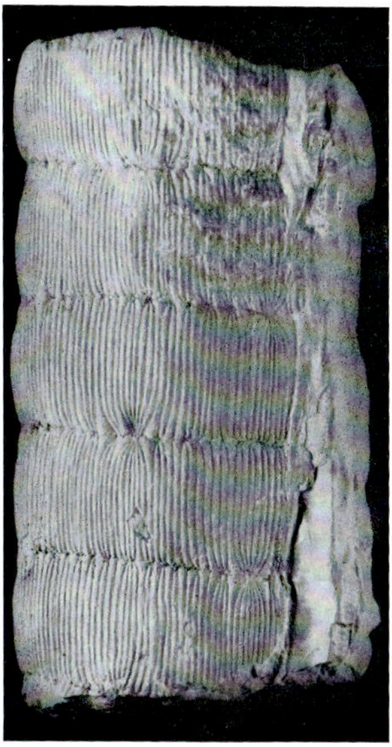

Abb. 4

Abb. 5

Abb. 4. Steinkern (Ausfüllung des Markhohlraumes) des Stammes eines Schachtelhalmgewächses (*Calamites [Eucalamites] cruciatus* BRONGN.) aus dem O-Karbon von Saarbrücken. Stark verkleinert. (Nach F. BACHMAYER, 1957)

Abb. 5. „Versteinertes Gehirn" eines eiszeitlichen Damhirsches vom Peloponnes (= Endocranialausfüllung). Durch die Abformung der Furchen und Wülste der Innenseite des Schädeldaches wirkt der Rest wie ein echtes Gehirn. Verkleinert

Fährtenabdrücken der Fall ist. Damit kommen wir bereits zu den sog. *Spurenfossilien*, bei denen, im Gegensatz zu Körperfossilien, vom einstigen Lebewesen selbst nichts erhalten geblieben ist, sondern nur die Spuren seiner Tätigkeit. Als Lebensspuren werden demnach nicht nur Fährten, sondern auch Fraßspuren, Mahlzeitreste, Koprolithen (Kotsteine), Wohnbauten, Spuren, die mit der Fortpflanzung in Zusammenhang stehen und dgl. bezeichnet, die dem Paläontologen Einblick in die Lebens- und Ernährungsweise der einstigen Organismen geben (s. Kapitel VII).

Wunder fossiler Erhaltung

In Form von Abdrücken können die zartesten morphologischen Feinheiten fossil überliefert sein, sofern das Sediment fein genug ist. Auf diese Weise sind uns auch Spuren von Lebewesen erhalten geblieben, die keine Hartteile besitzen, sondern nur aus einer gallertartigen Masse bestehen, wie das etwa für Quallen gilt. Besonders schöne Abdrücke fossiler Quallen sind aus den Solnhofener Plattenkalken des süddeutschen Ober-Jura bekannt geworden (Abb. 6c). Allerdings sehen diese Abdrücke je nach dem Kontraktionsgrad der Muskulatur der Umbrella und nach Ober- (Exumbrella) oder Unterseite (Subumbrella) der Qualle verschieden aus (Abb. 6a), weshalb derartige fossile Quallenreste einst unter verschiedenen Art- und Gattungsnamen (*Myogramma speciosum*, *M. speciosissimum*, *Ephyropsites jurassicus* etc.) beschrieben worden sind. Wie die auf vergleichenden Untersuchungen an rezenten Quallen beruhenden Beobachtungen von A. KIESLINGER gezeigt haben (Abb. 6a, b), handelt es sich um eine einzige Art (*Rhizostomites admirandus*). Ein recht bekanntes Beispiel der fossilen Erhaltung zarter Gebilde sind die aus den gleichen Plattenkalken stammenden Reste des Urvogels *Archaeopteryx lithographica*, von dem nicht nur das Skelett, sondern auch die Federn — zumindest als Abdruck — überliefert sind (Abb. 65 auf S. 122), so daß auch exakte Angaben über das Federkleid dieser Art möglich sind. Gleiches gilt für die Insektenreste aus diesen Plattenkalken, von denen auch das feinste Flügelgeäder erhalten sein kann (Abb. 7), sowie für die häutigen Segel der Flugsaurier (Abb. 42 auf S. 65).

Von den soeben geschilderten Abdrücken abgesehen, war bisher nur von fossilen Hartteilen die Rede. Die folgenden Beispiele sollen daher zeigen, daß auch Weichteile, ja selbst zarte und äußerst hinfällige Gewebe bei geeigneten Fossilisationsbedingungen aus der Vorzeit nicht nur in Form von Abdrücken, sondern ohne wesentliche strukturelle Veränderungen in körperlicher Form erhalten geblieben sind, die selbst den Fachmann überraschen. Dieser Abschnitt läßt sich daher am besten mit „Wunder fossiler Erhaltung“ überschreiben.

Besonders bemerkenswert sind die aus der eozänen Braunkohle des Geiseltales bei Halle a. d. Saale durch E. VOIGT in verschiedenen Veröffentlichungen bekanntgemachten Reste von Weichteilen

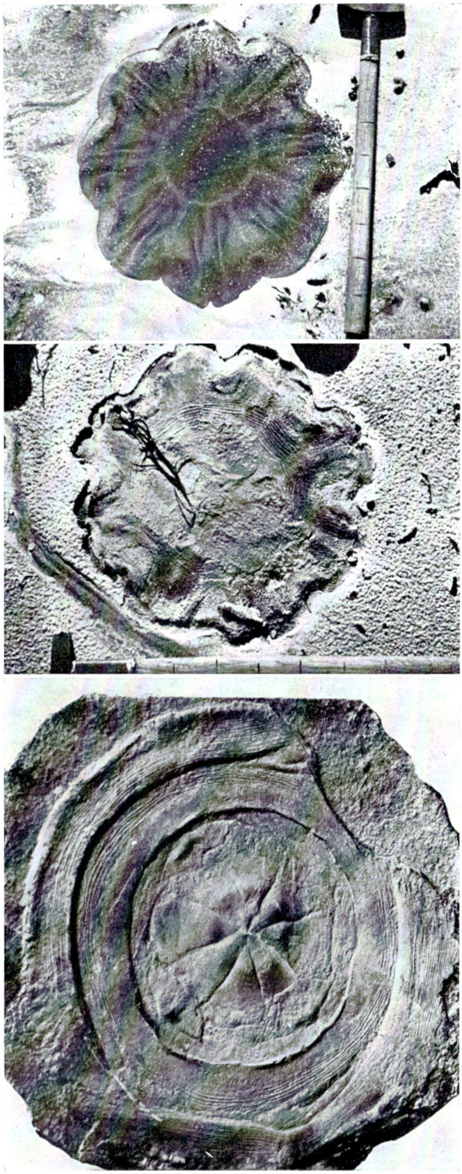

a

b

c

Abb. 6a—b. Rezente Quallen am Strand der Insel Engellöy (Lofoten). a) In natürlicher Lage eingesunkenes Exemplar. b) Abdruck der Unterseite, verkleinert. (Nach A. KIESLINGER, 1947). c) Fossile Qualle (*Rhizostomites admirandus* HAECKEL) aus den O-Jura-Plattenkalken von Pfalzpaint bei Solnhofen. Verkleinert. (Nach L. v. AMMON, 1886) verschiedener Wirbeltiere, die dank ihrer Erhaltung und der durch E. VOIGT angewandten Lackfilmmethode (vgl. S. 52) auch mikro-

Abb. 7. Fossile Libelle (*Urogomphus giganteus* [GERMAR]) aus dem O-Jura-Plattenkalk von Solnhofen in Bayern. Ca $1/2$. Orig. Senckenberg-Museum, Frankfurt a. M.

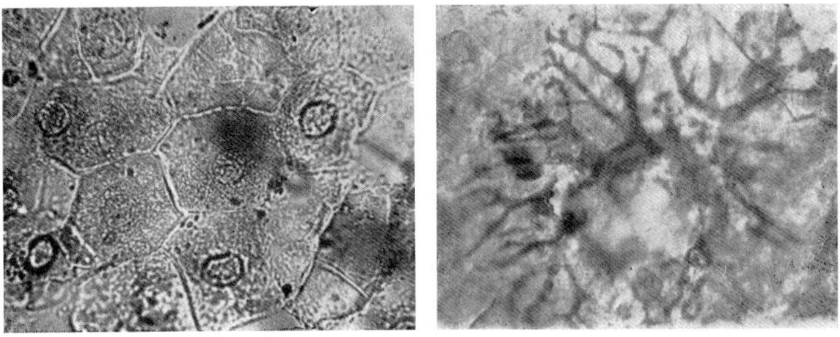

a b

Abb. 8. Lackfilmpräparate aus der eozänen Braunkohle des Geiseltales bei Halle a. d. Saale. a) Plattenepithelzelle mit Zellkernen aus der Epidermis eines Frosches, ca. 415 × ; b) Melanophore (schwarze Hautfarbzelle) eines Frosches, ca. 420 × Nach E. VOIGT, 1935)

skopisch ausgewertet werden konnten. Die Abb. 8a zeigt Epithelzellen samt Zellkernen eines Frosches, während die Abb. 8b eine Melanophore (schwarze Hautfarbzelle) eines Frosches in starker

Vergrößerung wiedergibt. Aber auch mikroskopisch kleine Lebewesen wie Bakterien lassen sich fossil in den mindestens 50 Millionen Jahre alten Braunkohlen des Geiseltales nachweisen (Abb. 9).

Viel bekannter sind jedoch die eiszeitlichen Mammutkadaver aus dem Frostboden Sibiriens und Alaskas, von denen der erste

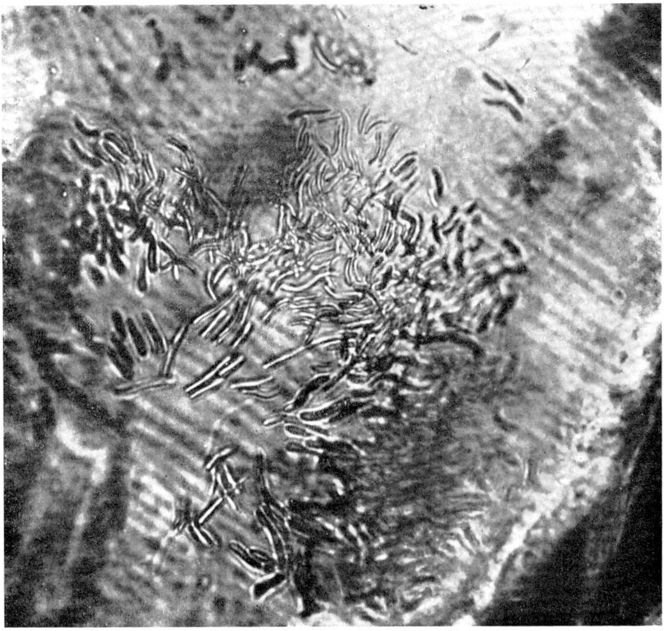

Abb. 9. Fossile Bakterien in den Tracheen eines Käfers (*Eopyrophorus*). M-Eozän vom Geiseltal bei Halle a. d. Saale, ca. 1000 × (Nach E. Voigt, 1938)

Bericht bereits aus dem Jahr 1692 vorliegt. Bisher wurden in Sibirien an die 40 solcher Kadaver gefunden, von denen jedoch nur wenige einigermaßen vollständig erhalten waren. Sie stammen ausschließlich aus dem Gebiet des heutigen Frostbodens, der auch ihre Erhaltung bis zur Gegenwart ermöglichte. Diese Mammutkadaver haben erst in jüngster Zeit wieder lebhafte Diskussionen ausgelöst, obwohl der wahre Sachverhalt durch O. Herz und E. W. Pfizenmayer bereits vor Jahrzehnten geklärt worden ist. Da in breitesten Kreisen falsche Vorstellungen herrschen und solche auch in der Presse immer wieder vorgebracht werden, sei ganz kurz auf die Ursachen des Vorkommens und der Überlieferung solcher Kadaver hingewiesen.

Die meisten der gefrorenen Kadaver fanden sich an Kliffen, wie sie an Flüssen und Strömen auftreten und durch die alljährlichen Hochwässer entstehen bzw. von diesen erweitert werden. Wie die von einzelnen Kadavern bekannt gewordenen Nahrungsreste (hauptsächlich echte Gräser und Riedgräser; Moose oder gar Koniferenreste dagegen nur sehr selten) erkennen lassen, lebte das Mammut *(Mammonteus primigenius)* in einem Kaltsteppenklima. Der Erhaltungszustand und die Lage der einzelnen Kadaver schließt einwandfrei den Tod der Tiere durch Erfrieren aus. Die meisten Tiere sind erstickt, indem sie im Morast ertrunken bzw. von Erdmassen an den durch Sonnenbestrahlung aufgetauten Steilhängen begraben wurden. Als großen und schwerfälligen Tieren wurden ihnen derartige Stellen zum Verhängnis. Wie die histologische Untersuchung des oberflächlich verhältnismäßig frisch aussehenden Fleisches ergab, zeigt dieses starke chemische Veränderungen infolge des langsamen Zerfalles, wie er bei Fäulnis eintritt, was auch durch den umgebenden gefrorenen Boden bestätigt wird, der stets intensiven Fäulnisgeruch aufwies. Diese Feststellung beweist, daß die Mammutkadaver bereits vor dem Einfrieren angefault waren und daß keine plötzlichen Temperaturkatastrophen zur Erklärung notwendig sind. Die Mammutkadaver wurden durch die Einbettung in Sümpfen bzw. Schlamm vor den Zerstörungsvorgängen bewahrt, wie sie bei fehlender Einbettung stattfinden. Dank der niedrigen Temperaturen unterblieb auch die weitere bakterielle Zersetzung, und durch den Frostboden blieben die Kadaver bis auf den heutigen Tag erhalten, da auch der chemische Abbau („Proteolyse") nur im Zeitlupentempo vor sich ging (Abb. 10). Außerhalb der Frostbodengebiete sind von Mammuten nur Skelett- und Gebißreste (vor allem Stoßzähne) bekannt geworden.

Ähnliche Vorgänge führten auch zur Erhaltung der aus den Erdwachssümpfen von Starun (Bez. Stanislaw, W-Ukraine) beschriebenen Kadaver vom eiszeitlichen Fellnashorn *(Coelodonta antiquitatis)*, von Lurchen (Frösche) und von Vögeln. Von den Nashornkadavern ist vor allem die — allerdings sehr dicke —

Haut erhalten geblieben, während die reinen Hornsubstanzen (Nasenhörner, Hufe, Behaarung) weitgehend zerstört wurden. Die Erhaltung dürfte auf die Imprägnierung durch Salzwasser, das zugleich mit dem Erdöl auftrat, zurückzuführen sein, da in Asphaltsümpfen ohne Salzimprägnierung Weichteile fossiler Lebewesen nicht erhalten bleiben. Bemerkenswert sind derartige Asphaltsümpfe durch das oft massenhafte Vorkommen von Fossil-

Abb. 10. Rechter Hinterfuß des Mammuts (*Mammonteus primigenius* [BLUM.]) vom Sangajurach in Sibirien mit anhaftenden Weichteilen. (Nach F. W. PFIZENMAYER, 1926)

resten. Das massenhafte Auftreten von Fossilien erklärt sich durch die Wirkung der Asphaltsümpfe als „Fossilfallen", wie sie heute künstlich in Erdölgebieten anzutreffen sind. Als bekannteste natürliche „Fossilfalle" sind die Asphaltsümpfe vom Rancho La Brea in Los Angeles zu erwähnen, aus denen bisher etliche Hunderttausende von Skelettresten jungeiszeitlicher und frühholozäner Wirbeltiere geborgen werden konnten (Abb. 11). Es ist ein Beispiel einer typischen Fossilanhäufung. Auch heute noch sind diese Asphaltsümpfe als Tierfallen wirksam, indem durch die glitzernde Ölobefläche immer wieder Vögel, Insekten und andere fliegende Tiere angelockt werden und sich dann nicht mehr aus der zähen, nachgiebigen Masse befreien können (Abb. 12). Aber

Abb. 11. Ausschnitt aus dem eiszeitlichen Knochenlager der Asphaltsümpfe vom Rancho La Brea (S-Kalifornien). Aufn. vom Museum of Paleontology, University of California, frdlw. zur Verfügung gestellt

Abb. 12. Asphalttümpel (Tar-pool) vom Rancho La Brea (Süd-Kalifornien) als Tierfalle. Vogelkadaver vom zähen Bitumen umhüllt. Aufn. vom Museum of Paleontology, University of California, frdlw. zur Verfügung gestellt

auch Säugetiere fallen dem trügerischen und zähen Asphalt zum Opfer und locken dadurch wieder Raubzeug an.

Weitere Beispiele für die Erhaltung strukturbietender Weichteile bei Fossilien sind die Einschlüsse in fossilen Harzen, von denen die *Bernsteininklusen* zu den bekanntesten zählen. Es sind hauptsächlich Insekten (Abb. 13). Wie E. Voigt gezeigt hat, sind von den Bernsteineinschlüssen die feinsten Einzelheiten erhalten geblieben (Haare, Borsten, Muskelfasern, Tracheen etc.), die aller-

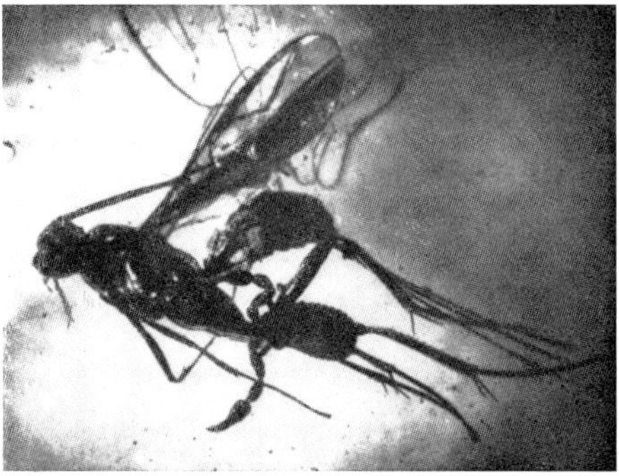

Abb. 13. Pseudoskorpion an einer Schlupfwespe (Braconide) angeklammert (sog. Phoresie). Oligozäner Bernstein des Samlandes, ca. $^{12}/_{1}$. (Nach A. Bachofen-Echt aus O. Abel, 1935)

dings nur durch geeignete Präparation (z. B. Lackfilmmethode, s. S. 18) einer mikroskopischen Untersuchung zugänglich gemacht werden können. Der rasche Einschluß der Objekte durch das Harz verhinderte eine Zerstörung der Weichteile vor der Fossilisation. Es sind also keineswegs alle Weichteilreste in den Bernsteineinschlüssen restlos zerstört, wie dies lange Zeit hindurch angenommen worden war. Allerdings ist die Erhaltung von Weichteilen bei kleineren Tieren besser als bei größeren.

Aber auch aus den bereits erwähnten Solnhofener Plattenkalken sind Weichteile in Form von phosphatisiertem Muskelfleisch von Fischen, Reptilien und Tintenfischen bekannt geworden.

In diesem Zusammenhang müssen auch die sog. „fossilen Mumien“ besprochen werden, die aus verschiedenaltrigen Ablagerungen beschrieben wurden. Meist handelt es sich um ihrer Entstehung nach recht heterogene Gebilde, die eine körperliche

Erhaltung vortäuschen[6]. Die „*Trachodon*-Mumien" aus der Oberkreide von Wyoming und Dakota (Abb. 14) sind nichts anderes als Pseudomorphosen, indem die Kadaver der Tiere *vor* der Fossilisation wohl mumifiziert wurden, die ausgedörrte organische Substanz jedoch nach ihrer Einbettung ins Sediment während der

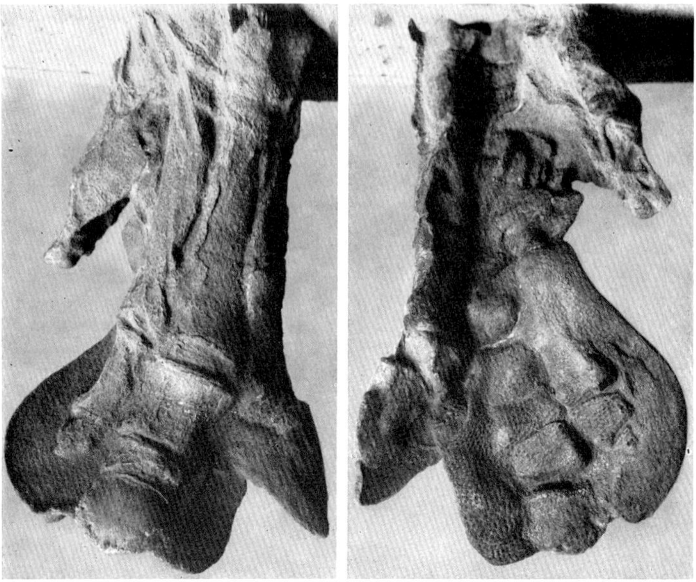

Abb. 14. Rechte Hand der „Mumie" eines fossilen Entenschnabelsauriers (*Anatosaurus [„Trachodon"] annectens* [MARSH]) aus der Kreide von Wyoming mit erhaltenem Flossensaum. Ober- und Unterseite, ca. ⅓ n. Gr. Orig. Senckenberg-Museum, Frankfurt a. M.

Fossilisation durch anorganisches Material ersetzt wurde, so daß die körperliche Form der Mumien erhalten blieb. Bei den „Mumien" aus den alttertiären Phosphoriten des französischen Zentralplateaus (Quercy etc.) handelt es sich jedoch nach E. HANDSCHIN

[6] Es sei hier von jenen Objekten abgesehen, die nichts anderes als Konkretionen darstellen, indem tierische oder pflanzliche Reste von mehr oder minder starken Sedimenthüllen umgeben sind (z. B. Mumienkalk aus dem Jura Südwestdeutschlands = Hauptrogenstein; Harz als Einschlußmittel) bzw. bei denen von einer Art Einbalsamierung gesprochen werden kann, wie dies bei opalisierten Hölzern der Fall ist, die in warmen Quellen „versteinerten".

um echte Versteinerungen, bei denen die Weichteile (Darmtrakt, Geschlechtsorgane etc.) von Insekten im Schliff studiert werden können. Es liegen außer Insekten und deren Larven bzw. Puppen auch Frösche als „Mumien“ vor (Abb. 15). Ihr Zustandekommen wird noch diskutiert, da die hydrothermale Entstehung der Phosphorite des Quercy von geologischer Seite abgelehnt wird, die E. HANDSCHIN jedoch für die Erhaltung der „Mumien“ als notwendig erachtet.

Abb. 15. Fossile Froschmumie aus den alttertiären Phosphoriten des Quercy (Frankreich). Verkleinert. Aufnahme freundlicherweise vom Musée National d'Histoire naturelle de Paris zur Verfügung gestellt

Reste echter Mumien sind nur aus den geologisch jüngsten Ablagerungen bekannt. Als solche sind die Fell- und Haarreste ausgestorbener Riesenfaultiere anzusehen, die aus Nord- (*Nothrotherium shastense* aus der Gypsum Cave, Nevada) und Südamerika (*Mylodon domesticum* von Ultima Esperanza[7], Patagonien) bekannt wurden. Sie stammen durchwegs aus Höhlen in Gebieten, in denen ein arides Klima herrscht, welches eine der wesentlichsten Voraussetzungen für die Entstehung natürlicher Mumien bildet. Diese Faultiere lebten in der Eiszeit und starben an deren Ende oder erst im frühen Holozän (ca. 8000 vor der Zeitenwende) aus. Bemerkenswert ist, daß im Fall derartiger Riesenfaultiere (*Nothrotherium shastense*), die im Gegensatz zu den heutigen Baumfaultieren Bodenbewohner waren, auch Algen nachgewiesen werden konnten, wie sie in ähnlichen Formen von den rezenten Faultieren bekannt sind. Die von den neuseeländischen Moas überlieferten

[7] Die einstige Annahme, daß es sich bei einzelnen dieser Riesenfaultiere (*Mylodon* [= „*Grypotherium*“] *domesticum*) um Haustiere der damaligen Urbevölkerung handelte, hat sich nicht bestätigt.

Reste der Muskulatur und der Haut können hingegen nicht als fossil bezeichnet werden, da sie aus historischer Zeit stammen. Im Gegensatz zu den Haaren der fossilen Riesenfaultiere hat das bei Bergleuten bekannte „Affenhaar“ aus Braunkohlen nichts mit Haaren zu tun. Es ist fossiler Kautschuk aus Milchsaftgefäßen, wie sie nicht nur von „Gummibäumen“ *(Ficus elastica)* bekannt sind, sondern auch von anderen Maulbeerbaumgewächsen (Moraceen) sowie von Wolfsmilchgewächsen (Euphorbiaceen). Die

Abb. 16. Fischechse (*Stenopterygius quadriscissus* [QUENST.]) aus dem Lias von Holzmaden mit erhaltener Haut. Länge des Exemplares ca. 2 m. Orig. Senckenberg-Museum, Frankfurt a. M.

Entstehung des „Affenhaares“ ist auf natürliche „Vulkanisierung“ zurückzuführen, die offenbar eine Folge des Schwefelgehaltes der Flöze ist.

Recht bemerkenswerte Vorkommen von Weichteilerhaltung bei fossilen Organismen sind auch aus den Posidonienschiefern des Lias von Boll und Holzmaden (Württemberg) bekannt geworden. Die heute in allen größeren Museen der Welt ausgestellten Fossilien aus diesen feinkörnigen Schiefern zeichnen sich meist durch die besonders gute Erhaltung aus, die nicht nur Hartteile, sondern in den bitumenreichen Schichten (Lias epsilon II_{2-5}-Horizont) auch Weichteile (Haut) betrifft und die erst dank der Präparationskunst von B. HAUFF und seiner Mitarbeiter zu musealen Schaustücken geworden sind. Die Erhaltung der Haut bei den ausgestorbenen Fischechsen (Ichthyosaurier; Abb. 16) ermöglichte erst deren exakte Habitusrekonstruktion.

Aber auch die bei manchen Fossilien erhalten gebliebenen zarten Fortsätze und Stacheln oder die aus zahlreichen Ommatidien

Abb. 17. Facettenauge eines Trilobiten (*Cyclopyge prisca* [BARRANDE]) aus dem Ordovizium von Böhmen. Augenlänge 11 mm. (Nach F. BACHMAYER, 1957)

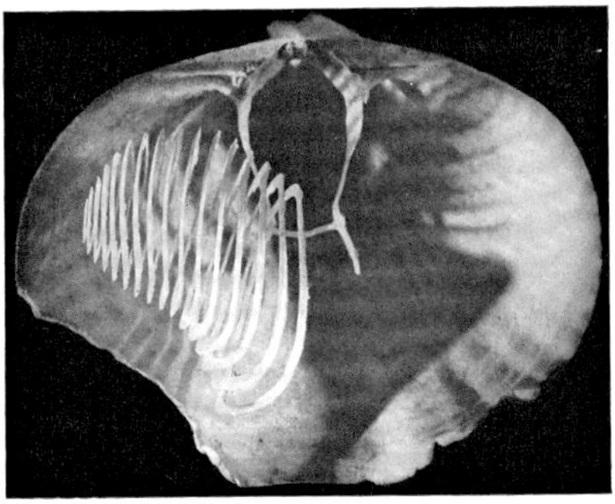

Abb. 18. Armfüßer. (*Spiriferina pinguis* ZIET.) aus dem Jura von Frankreich mit dem links noch erhaltenen zarten, spiralig aufgewundenen Armgerüst; ca. $^3/_2$ n. Gr. (Nach F. BACHMAYER, 1957)

(Einzelaugen) zusammengesetzten Facettenaugen (Abb. 17), wie sie etwa von Trilobiten (paläozoischen Gliederfüßern) bekannt sind, sowie die zarten Armgerüste bei mesozoischen Brachiopoden (Abb. 18) können als „Wunder fossiler Erhaltung" bezeichnet werden. Auch in diesen Fällen ist die rasche Einbettung in ein feinkörniges Sediment die Voraussetzung für die gute Erhaltung. Gleichfalls ausgezeichnet ist die Erhaltung von Fossilien in Hornsteinen und Kieselschiefern, in denen durch Verkieselung sogar Einzeller aus dem Präkambrium körperlich überliefert sein können.

In diesem Zusammenhang sei auch auf die Farberhaltung bei fossilen Lebewesen hingewiesen, wie sie vor allem von Molluskenschalen (Schnecken, Muscheln, Cephalopoden) und Brachiopoden (z. B. *Lingula*) bekannt wurde, aber auch von Bernsteininsekten vorliegt. Sie gestatten eine Rekonstruktion der einstigen Färbungsmuster. Freilich ist — besonders bei prätertiären Resten — eine sekundäre Umfärbung zu berücksichtigen.

Biostratinomie und das Vorkommen von Fossilien

Verschiedene dieser wenigen Beispiele haben bereits erkennen lassen, wie wichtig und notwendig die Kenntnis der Vorgänge *vor* der Fossilisation ist, nicht nur im Hinblick auf die Fossilisation, sondern auch auf das Vorkommen und die Lebensweise der einstigen Lebewesen (Mammut, Riesenfaultiere etc.). Die Klärung dieser Vorgänge ist Aufgabe der *Biostratinomie* (= Taphonomie Efremov), die durch J. Weigelt begründet wurde und die sich mit den Vorgängen vom Beginn des Absterbens eines Lebewesens bis zu seiner definitiven Einbettung befaßt. Eine wesentliche Hilfe liefert die „*Aktuopaläontologie*"[8], auf die weiter unten noch zurückzukommen sei (s. S. 69). Die Biostratinomie ist für die Beurteilung der Vorgänge vor der Fossilisation außerordentlich wichtig, die wiederum für die ökologische Analyse (s. S. 68) entscheidend sein kann. In diesem Zusammenhang sei nur auf einige Fragenkreise hingewiesen. Zahlreiche, mit der durch Wasserströmung verursachten Einregelung von Schalen und dgl. verknüpfte Fragen, wie Richtung des erfolgten Transportes und damit der einstigen Strömung, Entstehung der sog. Muschelpflaster, Häutungsplätze mit Exuvien (= Häutungsreste von

[8] Die Bezeichnung Aktuopaläontologie ist zwar ein Widerspruch in sich, hat sich aber längst eingebürgert.

Gliederfüßern) und dgl., sind nicht nur für den Paläontologen von Wert. So ermöglichen fossile Muschelpflaster die Unterscheidung des stratigraphischen Hangenden und Liegenden und sind dadurch für den Geologen von praktischer Bedeutung.

Engstens mit dem Aufgabenbereich der Biostratinomie ist auch das sog. *Vorkommen der Fossilien* verknüpft. Grundsätzlich lassen sich autochthone oder Vorkommen auf primärer Lagerstätte von allochthonen oder Vorkommen auf sekundärer Lagerstätte unterscheiden. Es ist dies ein Fragenkreis, der nicht nur die Vorgänge vor der Fossilisation, sondern auch nach dieser betrifft. Die Frage des Vorkommens ist in erster Linie für den Geologen wichtig, der Leitfossilien zur Altersbestimmung der Fundschichten verwertet.

Als autochthone Fossilien können jene bezeichnet werden, bei denen Lebens- und Grabesraum zusammenfallen, wie es bei sessilen (festgewachsenen) Lebewesen meist der Fall ist[9]. Allochthonen Vorkommen ist eine Verlagerung der Fossilien vorausgegangen, wobei der Zeitpunkt dieser Verlagerung entscheidend ist. Erfolgte diese *vor* der Fossilisation und damit innerhalb der gleichen geologisch erfaßbaren Zeitspanne, so spricht man von einem synchron allochthonen Vorkommen, fand die Verfrachtung nach der Fossilisation statt, so bezeichnet man das Vorkommen als heterochron allochthone Lagerstätte. Leitfossilien können daher nur dann zur Altersbestimmung herangezogen werden, wenn keine heterochrone Allochthonie vorliegt. Derartige Verlagerungen erfolgen nicht, wie der Nichtfachmann meist annimmt, durch gebirgsbildende Vorgänge, sondern vorwiegend durch strömendes Wasser in Flüssen, Seen oder Meeren sowie durch die Brandung, die an Meeresküsten zur Aufarbeitung von fossilführenden Ablagerungen und damit zur Freilegung von Fossilien und deren neuerlicher Einbettung führen kann, wie dies in dem Schema (Abb. 2) angedeutet ist. Sekundäre Lagerstätte liegt etwa beim Vorkommen von Landsäugetieren in Meeresablagerungen vor. Der Paläobotaniker unterscheidet limnische oder autochthone von paralischen oder allochthonen Kohlenvorkommen, indem erstere durch Stubbenhorizonte (aufrecht wurzelnde Stammbasen von

[9] Tektonisch bedingte Verlagerungen von Fossilien innerhalb eines ganzen Gesteinskomplexes (Decke) sind für die Definition autochthoner und allochthoner Fossilien belanglos.

Holzgewächsen; vgl. Abb. 48 auf S. 78) und Wurzelböden, letztere durch Einlagerungen mariner Schichten zwischen den Kohlenflözen und Dolomitknollen gekennzeichnet sind. In diesem Zusammenhang seien einige Bemerkungen zu den aus verschiedenaltrigen Ablagerungen von Arizona, Patagonien, Mitteleuropa, Südwestafrika, Ägypten usw. bekannt gewordenen „versteiner-

Abb. 19. „Versteinerter Wald" aus der Trias von Arizona (Jasper Forest, Petrified Forest National Monument). Im Vordergrund Reste versteinerter Nadelholzstämme *(Araucarioxylon arizonicum)*. Aufn. vom National Park Service frdlw. zur Verfügung gestellt

ten Wäldern" gestattet (Abb. 19). Es handelt sich meist um durch Strömung zusammengeschwemmte Stammhölzer, die entweder als Kalk- oder Kieselhölzer (Infiltration von Kalklösungen bzw. amorpher Kieselsäure unter Einlagerung in die Zellwände und Zellen selbst) vorliegen. Ausnahmen bilden der „versteinerte Wald" aus der Trias von Arizona, wo die Hölzer in Bentoniten eingebettet sind, oder der alttertiäre versteinerte Wald von Gallatin im Yellowstone-Park, wo fossile, aufrecht wurzelnde Bäume in mehreren Horizonten übereinander nachgewiesen sind, ähnlich den Stubbenhorizonten in Kohlen.

Wie weiter aus der Abb. 2 hervorgeht, können Fossilien nicht nur sekundär freigelegt und neuerlich eingebettet, sondern auch durch Druck und (hohe) Temperatur deformiert oder gänzlich zerstört werden (vgl. Abb. 20). Meist ist die durch den Sedimentdruck oder tektonische Kräfte erfolgte Deformierung von Fossilien leicht erkennbar. Schwieriger ist die Beurteilung bruchlos verformter Fossilien, wie sie etwa aus der Meeresmolasse von St. Gallen bekannt sind. Erst experimentelle Untersuchungen

a b

Abb. 20. Teilweise zerstörte Fossilien. (a) Ammonit (*Uptonia jamsoni* SOW.) aus dem Lias von Hechingen, Württemberg, mit durch Sedimentdruck deformierter Wohnkammer; ca. 1/3. b) Koralle (*Thecosmilia fenestrata* FRECH) aus der Ober-Trias (Rhät) des Zlambachgrabens (Ober-Österr.) mit durch Gebirgsdruck bzw. Hitzeentwicklung entlang einer Harnischfläche randlich (links) zerstörter Kelchstruktur; ca. 1/3. Originale Paläont. Institut d. Univ. Wien

zeigten, daß zahlreiche Mollusken-„Arten" auf bruchlos verformten Schalenresten beruhten. Auch von fossilen Wirbeltieren sind ähnliche, während der Fossilisation entstandene Verzerrungen bekannt.

Fossilfälschungen und Pseudofossilien

Es ist selbstverständlich, daß bei allen derartigen Fossilfunden nur natürliche, d. h. nicht künstlich von Menschenhand erfolgte Veränderungen berücksichtigt sind. Zu künstlichen Veränderungen zählen *Fossilfälschungen*, die hier nur der Vollständigkeit halber erwähnt seien. Je nach dem Urheber und dem von diesem damit verfolgten Zweck wirkt das Aussehen solcher Fossilien mehr oder minder echt. Meist handelt es sich um von Laien vorgenommene Fälschungen, zu denen auch die BERINGERschen Lügensteine gezählt werden können. Manchmal sind es von Sammlern vorgenommene Ergänzungen, wobei in Unkenntnis des morphologisch-anatomischen Baues Reste mehrerer Individuen vereint werden. Als bekannteste Fossilfälschung mag jedoch der Piltdown-Mensch

Abb. 21. Dendrit aus dem Solnhofener Plattenkalk von Kelheim. Verkleinert. Orig. Paläont. Inst. d. Univ. Wien

(„*Eoanthropus dawsoni*") erwähnt werden, der die Fachwissenschaftler jahrzehntelang irreführte, bis vor wenigen Jahren dank dem Fluortest die Reste als raffinierte Fälschung (teils rezente Menschenaffenknochen, teils fossile, jedoch geologisch jüngere Menschenreste) erkannt wurden. Sehr beliebt war seinerzeit auch die Fälschung von Bernsteininklusen, indem Frösche, Eidechsen und andere Tiere künstlich in Bernstein eingeschlossen wurden. Meist läßt bereits die verschiedene Brechung die Fälschungen oder Pseudoinklusen (Scheineinschlüsse) erkennen.

Abschließend zu diesem Kapitel noch einige Bemerkungen über sog. *Pseudo-* oder *Scheinfossilien*. In der Natur finden sich des öfteren Gebilde, die fossilen Resten ähnlich sehen und vom Laien als solche angesehen und dem Fachmann als Fossilien zur Bestimmung überbracht werden. Oft sind es Konkretionen, die in Gestalt und Größe Knochenresten gleichen können (z. B. Lößkindl'n in eiszeitlichem Löß; Septarien in tertiären marinen Ablagerungen), ferner sog. Dendriten (Abb. 21) von moosartigem Aussehen, die nichts anderes als an Gesteinsfugen eingedrungene und ausgefällte Eisen- und Manganlösungen darstellen, weiter Tutenmergel oder Kieselringe mit mehr oder minder regelmäßigen Strukturen und Skulpturen, die jedoch sämtlich anorganischen Ursprungs sind.

III. Fossilien im Volksglauben

Manche Überreste vorzeitlicher Lebewesen weichen durch den Erhaltungszustand so stark von lebenden Organismen ab, daß der Nichtfachmann ihre wahre Natur nicht erkennt. Ähnlichkeiten mit bekannten Gegenständen haben weiter zu Irrdeutungen und zu entsprechenden falschen Vorstellungen in breiten Volkskreisen geführt, besonders wenn es sich um auffällige oder massenhaft auftretende Fossilien handelt. Die Überlieferung derartiger Anschauungen, deren Anfänge im Mittelalter oder fallweise sogar im Altertum zu suchen sind, ist oft sehr zäh, so daß auch heute noch solche Ansichten — besonders in Kreisen der noch mehr mit der Natur verhafteten Landbevölkerung — verbreitet sind.

Im folgenden soll nur eine kleine Auswahl von Beispielen die auf Fossilfunde zurückgehenden Vorstellungen beleuchten und auch den in einzelnen Fällen zweifellos erwiesenen Zusammenhang zwischen Fossilfunden und Sagen aufzeigen.

„Versteinerte Kuhtritte“

In den Ober-Triaskalken der Alpen (z. B. Südtiroler Dolomiten, Dachsteingebiet etc.) wittern an der Gesteinsoberfläche eigenartige, herzförmige Gebilde heraus, die entfernt an Rinderfährten erinnern (Abb. 22). Sie finden sich meist in großer Zahl, bedecken oft ganze Schichtflächen und erreichen manchmal einen Durchmesser von etlichen Dezimetern. Es sind dies Überreste der nach ihrem Hauptvorkommen im Dachsteingebiet benannten Dachsteinmuscheln oder Megalodonten (vor allem *Conchodus infraliasicus*), die für die jüngere Triaszeit (Rhät-Stufe) sehr charakteristisch sind. Sie sind oft als Steinkerne erhalten, deren Querschnitte jeweils etwas nach Größe und Form verschieden sind (Abb. 23). Von den Almhirten werden diese Fossilien meist als

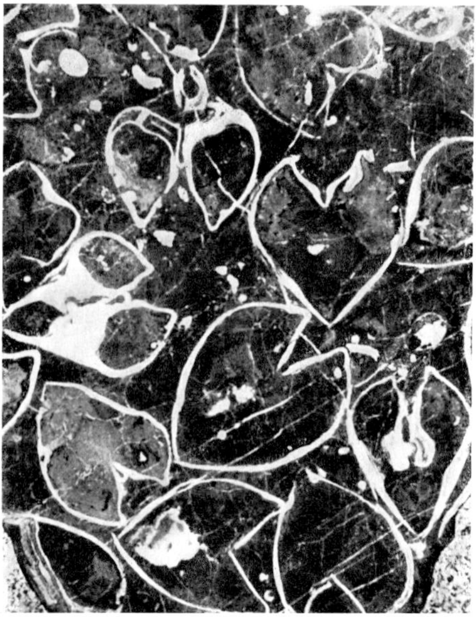

Abb. 22. „Versteinerte Kuhtritte" aus dem rhätischen Dachsteinkalk vom Paß Lueg (Salzburg) = Querschnitte der „Dachsteinmuschel" (*Conchodus infraliasicus* STOPP). Querschnittsdurchmesser 12—18 cm. (Nach H. ZAPFE, 1957)

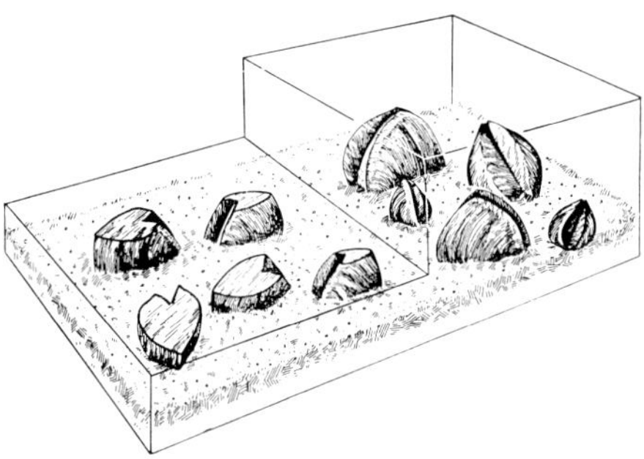

Abb. 23. Blockdiagramm mit „Dachsteinmuscheln" in Lebensstellung in ihrem Lebensraum, im Kalkschlamm. Links ist schematisch die spätere verwitterte Gesteinsoberfläche angedeutet und das Zustandekommen der Schnittbilder dargestellt. (Nach H. ZAPFE, 1957)

„*versteinerte Kuhtritte*" bezeichnet, doch trifft man stellenweise noch auf die alte Deutung dieser Fossilien, nämlich „als die Spuren der wilden Jagd, die über diese Stellen gebraust ist". Es handelt sich um Vorstellungen, die zeitlich weit über die Einführung des Christentums zurückreichen.

„Versteinerte Linsen“ und „Münzen“

Viel verbreiteter und dementsprechend auch mit einer Reihe von Sagen in Verbindung zu bringen sind Großforaminiferen (also Einzeller) aus der Gruppe der Nummuliten (Nummuliten, Assilinen), die oft gesteinsbildend auftreten (Abb. 24a). Beson-

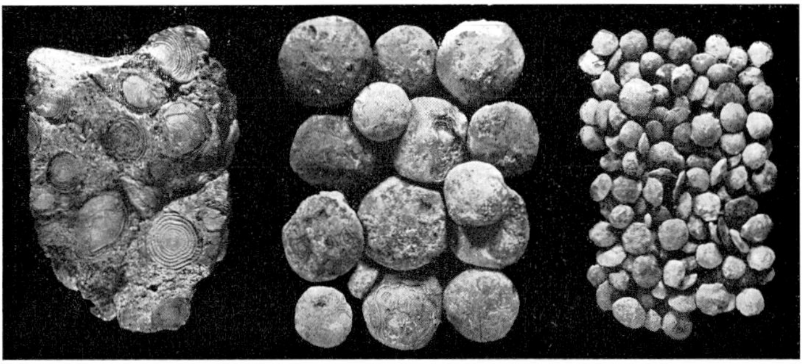

a b c

Abb. 24. Fossilien und Volksglaube. a)Nummulitenkalk mit teilweise herausgewitterten Exemplaren. Mittel-Eozän des Pariser Beckens. b) „Versteinertes Geld“ (= *Nummulites perforata* [D'ORB.]) aus dem Mittel-Eozän von Bakony. c) „Versteinerte Linsen“ (*Nummulites* sp.) aus dem Unter-Eozän von Guttaring, Kärnten. Sämtliche Figuren verkleinert. Orig. Paläont. Inst. Univ. Wien

ders charakteristisch sind sie für eozäne Ablagerungen. Es sind linsen- oder münzenförmige, mehr oder minder flach scheibenförmige Fossilien (Abb. 24b, c). Die Pyramiden von Gizeh bestehen aus Nummulitenkalkblöcken, die in riesigen Steinbrüchen des Mokattamgebirges am rechten Nilufer gebrochen wurden. Bei Verwitterung des Gesteines fallen die linsenförmigen Nummuliten in großen Mengen heraus, so daß der Boden um die Pyramiden herum übersät ist von diesen ausgewitterten Foraminiferenschalen. Ihr linsenförmiges Aussehen war bereits frühzeitig Anlaß, sie als seit dem Bau der Pyramiden versteinerte Linsen, welche die Arbeiter der Pyramiden übriggelassen hätten, zu deuten. Nummuliten verschiedener anderer Vorkommen werden meist mit Sagen verknüpft, bei denen vielfach das Fluchmotiv eine Rolle spielt.

Donnerkeile und Sonnenradsteine

Noch vielfältiger sind jedoch die Deutungen, welche die Überreste von Belemniten erfahren haben. Es handelt sich um Teile des Innenskelettes fossiler Tintenfische, die vom Wissenschaftler als Rostren bezeichnet werden und meist drehrunde, kompakte,

a b c

Abb. 25. Fossilien und Volksglaube. a) „Belemnitenschlachtfeld" aus Rostren von *Hastites clavatus* (QUENST.) aus dem Dogger von Württemberg. b) Crinoidenkalk aus Stielgliedern von Seelilien aus dem U-Karbon von Louisville, USA. c) „Schlangenstein" aus dem Lias von Württemberg. Der Mündungsteil des Ammoniten (*Coroniceras rotiforme* [Sow.]), künstlich zu einem Kopf verändert, so daß dieser einer eingerollten Schlange gleicht. (Nach F. BACHMAYER, 1958). Sämtliche Objekte verkleinert

keulen- bis stabförmige Gebilde darstellen, die an einem Ende zugespitzt sind. Sie sind in Jura- und Kreideablagerungen häufig und bleiben bei Verwitterung des Gesteines dank ihrer großen Widerstandsfähigkeit erhalten. Besonders in den Liasablagerungen Süddeutschlands sind sie in manchen Schichten durch Zusammenschwemmung angereichert (sog. „Belemnitenschlachtfelder"). „Es gibt kein Petrefakt, dem namentlich das deutsche Volk solche Aufmerksamkeit zugewendet hätte, als die Belemniten" (F. A. QUENSTEDT). Sie wurden als Luchssteine (Lynkurium, da beim Reiben nach Ammoniak, ähnlich Katzenurin, riechend), als Donnerkeile, Donner- und Gewittersteine, als Teufelsfinger,

Schrecksteine etc. bezeichnet und als Schutz-, Abwehrzauber bzw. Medizin (in pulverisierter Form) gegen Blitzschlag, Behexung und Erkrankungen verwendet (Abb. 25 a).

Ebenfalls zahlreiche Deutungen haben die Ammoniten, also planspiral eingerollte Gehäuse fossiler Tintenfische, erfahren, die in mesozoischen Ablagerungen häufig vorkommen. Je nach der Ausbildung des Gehäuses und dem Erhaltungszustand (z. B. verkieste, goldig glänzende Ammoniten) sind sie als Goldschnecken, als Schlangensteine oder Ophiten bzw. Drachensteine bekannt (Abb. 25 c).

Stielgliedreste fossiler Seelilien (Crinoiden; z. B. *Encrinus liliiformis* aus dem Muschelkalk), die in manchen Schichten gesteinsbildend auftreten (sog. Crinoidenkalke: Hirlatzkalke der Alpen etc., Abb. 25 b), sind als Sonnenradsteine oder Bonifatiuspfennige bekannt. Der Stiel einer Seelilie besteht aus einzelnen, scheibenförmigen Stielgliedern (sog. Trochiten), die sich meist vor der Fossilisation aus dem natürlichen Verband lösen, so daß die auf den Trennflächen vorhandene, radial verlaufende Skulptur sichtbar wird. Diese wurde bereits von den Germanen mit den Sonnenstrahlen verglichen und in den Kreis ihrer religiösen Vorstellungen eingebaut. Später wurden diese Sonnenradsteine im Zuge der Ausrottung des Heidentums durch die christliche Lehre in Bonifatiuspfennige umgedeutet.

Drachenknochen und Riesen; Drachensagen und Fossilien

Nicht weniger interessant sind die Deutungen fossiler Wirbeltierreste. So wurden einst die in jungeiszeitlichen Ablagerungen (Löß, Flußschotter etc.) nicht zu seltenen Backenzähne und Röhrenknochen des ausgestorbenen Mammut *(Mammonteus primigenius)* als Reste einstiger menschlicher Riesen gedeutet[10]. Wie O. ABEL nachzuweisen versuchte, dürfte auch die in der Odyssee

[10] Die menschlichen Vorfahren waren, wie wir durch Fossilfunde wissen, eher kleiner als die heutigen Europäer. Die auf Riesenmenschen bezogenen eiszeitlichen Fossilfunde sind entweder Menschenaffenreste (z. B. *Gigantopithecus* aus China) oder sie stammen von Menschen, die wohl ein größeres Gebiß und massigere Kieferknochen besaßen *(„Meganthropus" palaeojavanicus, „Pithecanthropus" modjokertensis, „Zinjanthropus" boisei)*, aber in der Gesamtgröße nicht die Körpergröße des Europäers erreichten.

geschilderte Erzählung vom Riesen Polyphem auf Funde fossiler Zwergelefantenschädel *(Palaeoloxodon falconeri)* aus Küstenhöhlen Siziliens zurückzuführen sein. Die Vorstellung von der Einäugigkeit des Riesen Polyphem und der Kyklopen überhaupt läßt sich nach O. ABEL dadurch erklären, daß beim Elefantenschädel die

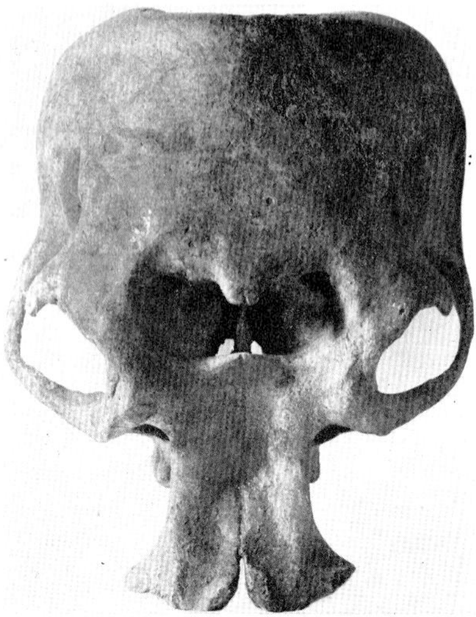

Abb. 26. Eiszeitlicher Zwergelefantenschädel *(Elephas falconeri)* aus der Höhle von Spinagallo (Sizilien). Vorderansicht, Stoßzähne fehlen. Beachte mediane Nasenöffnung, die als Augenöffnung gedeutet wurde und Anlaß zu Sagen über einäugige Riesen (Kyklopen) im Mittelmeergebiet waren. $^1/_5$ n. Gr. (Nach B. ACCORDI, 1962)

auf der Stirnseite befindlichen Nasenöffnungen zu einer einheitlichen Öffnung verschmolzen sind, die in Unkenntnis der anatomischen Verhältnisse als Augenhöhle gedeutet wurde (Abb. 26). Mag auch bei diesem Beispiel der Zusammenhang zwischen Fossilfund und Sage nicht völlig gesichert erscheinen, so ist dieser beim Lindwurmdenkmal (Abb. 27a) auf dem Hauptplatz von Klagenfurt (Kärnten) einwandfrei belegt. Dem Bildhauer ULRICH VOGELSANG, der dieses Denkmal schuf (begonnen 1590), diente, wie F. UNGER erkannte, für den Schädel des Drachen das Calvarium (Schädel ohne Unterkiefer) eines eiszeitlichen Fellnashorns *(Coelodonta antiquitatis)* zum Vorbild, das vor etwa 600 Jahren in der Lindwurmgrube nördlich von Klagenfurt gefunden worden sein soll (Abb. 27b).

Daß für die Vorstellung von Drachen nicht nur Schädel eiszeitlicher Säugetiere maßgeblich waren (vgl. etwa die zahlreichen Höhlenbärenschädel aus der Drachenhöhle bei Mixnitz in der Steiermark), sondern auch andere fossile Wirbeltiere, nämlich

a

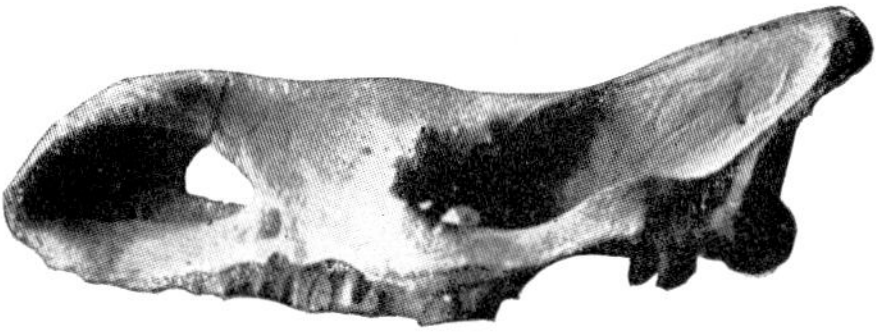

b

Abb. 27. Fossilien und Drachenvorstellungen. a) Lindwurmdenkmal von Klagenfurt, Kärnten. b) Calvarium des eiszeitlichen Fellnashorns vom (?) Zollfeld bei Klagenfurt (*Coelodonta antiquitatis* [Blum.]), das dem Schöpfer des Lindwurmdenkmals als Vorbild für den Schädel gedient hat. a) Nach Ansichtskarte, b) (Nach O. Abel, 1939)

Reste ausgestorbener Reptilien selbst, wie sie etwa als Plesiosaurier aus den süddeutschen Liasablagerungen in vollständigen Skelettfunden vorliegen, hat O. Abel wahrscheinlich zu machen gesucht.

Derartige Vorstellungen sind wohl unabhängig voneinander bei verschiedenen Volksstämmen entstanden, wie die Anschauungen alteingesessener Völkerschaften außereuropäischer Kontinente vermuten lassen. Die nach schweren Regenfällen aus oligozänen Ablagerungen der Badlands von Nebraska und Dakota freigelegten Knochen der nashornähnlichen Titanotherien (= Brontotherien) wurden von den Sioux-Indianern als Reste von „Donnerpferden" angesehen, während die Navajo-Indianer von Arizona die ausgewitterten, oft in zahlreiche Trümmer zerbrochenen verkieselten Baumstämme der sog. „versteinerten Wälder" (vgl. S. 30) für Knochen gewaltiger Riesen hielten (Abb. 19 auf S. 30). Bekannt sind die „Drachenknochen" und „-zähne" in chinesischen Apotheken; es sind vorwiegend Reste fossiler Säugetiere aus eiszeitlichen Höhlenablagerungen bzw. aus den weitverbreiteten und fossilreichen roten Tonen des Pliozäns von China. Diese Knochen und Zähne spielen eine große Rolle in der chinesischen Medizin. Daß die alten Chinesen die aus eiszeitlichen Ablagerungen stammenden Mammutkadaver als Leichen unterirdisch wühlender Tiere ansahen, die beim Erblicken des Tageslichtes sterben mußten, sei noch erwähnt, wie auch, daß die Pampasindianer Patagoniens das Vorkommen riesiger Säugetierskelette im eiszeitlichen Pampaslöß auf die Existenz gewaltiger Tiere zurückführten, die unterirdische Baue angelegt hätten.

Aus diesen wenigen Beispielen geht hervor, welch mannigfache Ansichten im Volksglauben über Fossilien verbreitet waren und daß Fossilfunde tatsächlich Anlaß zur Sagenbildung waren bzw. zur Vorstellung von Drachen beigetragen haben.

IV. Arbeitsmethoden der Paläontologie

Technische und wissenschaftliche Arbeitsmethoden

Gewöhnlich werden technische und wissenschaftliche Arbeitsmethoden unterschieden. Sie setzen mit der Auffindung der Fossilien ein und finden in der wissenschaftlichen Auswertung, die ihren Niederschlag meist in der Publikation hat, bzw. der musealen Aufstellung der fossilen Objekte ihren Abschluß. In der Praxis ist eine strikte Trennung von rein wissenschaftlichen und technischen Arbeitsmethoden unmöglich, da eine zeitliche Verflechtung beider vorhanden ist und die wissenschaftliche Auswertung (in biostratinomischer Hinsicht) bereits mit der Bergung beginnt.

Um den Leser nicht zu ermüden, ist hier von einer systematischen Aufzählung sämtlicher in der Paläontologie angewandten Methoden abgesehen und nur an Hand einiger Beispiele ein Einblick in die Vielfalt der Arbeitsmethoden und Analysen zu geben versucht worden.

Aufsammlung, Bergung oder Ausgrabung von Fossilien

Je nach dem Vorkommen der Fossilien (sie finden sich fast ausnahmslos in Sedimentgesteinen) ist eine bloße Aufsammlung (auf Feldern, in Weingärten etc.), eine Bergung (in Sand- und Ziegelgruben, Steinbrüchen) oder schließlich eine planmäßige Ausgrabung (in Höhlen, Spaltenfüllungen etc.) erforderlich. Letztere, der

Abb. 28. Grabungsstelle im Grenzbitumenhorizont der anisischen Stufe der Trias, Punkt 902, vom Monte San Giorgio im Kanton Tessin (Schweiz). Wechsellagerung von Dolomitbänken und Bitumenlagen. (Aufn. E. KUHN-SCHNYDER, 1961)

gegebenenfalls eine Abtragung der Deckschichten durch Bulldozer bzw. eine Probegrabung in Form von Suchgräben vorausgehen können, erfolgt durch das schichtweise Abtragen der Sedimente unter Erstellung eines Gradnetzes und unter Anfertigung von Lageskizzen der Fossilien (Skelett oder einzelne Knochen etc.) für jeden abgegrabenen Horizont, wobei die Fossilreste nummernmäßig erfaßt werden (Abb. 28 und 29). Dadurch kann nachträglich im Laboratorium die ursprüngliche Lage der einzelnen Reste rekonstruiert werden. Dies ist sowohl für den Prähistoriker wichtig, sofern der Verdacht auf kultische Handlungen des paläolithischen Menschen (z. B. Schädelsetzungen) vorliegt, als auch für den Paläontologen, der dadurch entscheiden kann, ob eine Zusammenschwemmung erfolgte oder nicht. Von den zahlreichen Schwierigkeiten, die sich einer paläontologischen Ausgrabung

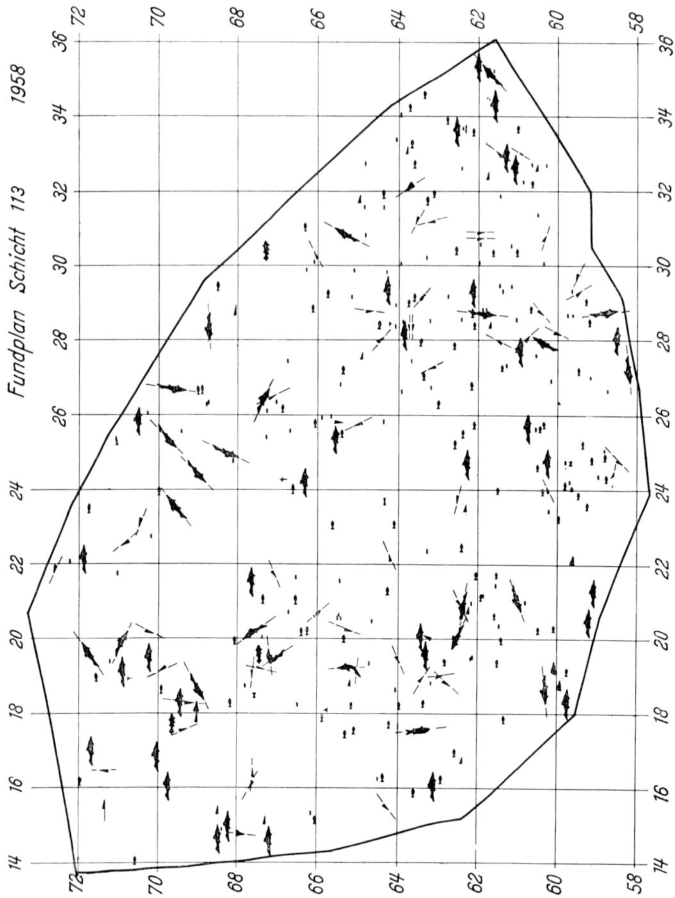

Abb. 29. Fundplan der Schicht 113 der in Abb. 28 gezeigten Grabungsstelle mit zahlreichen Fischsauriern (*Mixosaurus*), Fischen (*Saurichthys*, *Birgeria* und Coelacanthide), Koprolithen (Kotsteine) und Pflanzenresten. Der Plan zeigt die Lage der einzelnen Reste. (Von E. Kuhn-Schnyder, Zürich, frdlw. zur Verfügung gestellt)

entgegenstellen können, seien nur einige erwähnt, wie der hohe, erst künstlich abzusenkende Grundwasserspiegel, Schwierigkeiten in der Zugänglichkeit der Grabungsstellen oder in der Befahrung von Höhlensystemen.

Aufbereitung und Präparation von Mikroproben bzw. -fossilien

Dem Freilegen oder Ausgraben von Makrofossilien entspricht in der Mikropaläontologie die Entnahme von Sedimentproben mit Mikrofossilien[11] (Abb. 30) im Aufschluß bzw. aus dem Bohr-

Abb. 30. Mikrofossilien (Foraminiferen und Ostracoden) aus dem oberen Rupelton (Oligozän) des Mainzer Beckens. 21×. (Nach K. KREJCI-GRAF, 1955)

kern und deren Aufbereitung. Diese in der Mikropaläontologie (einschließlich der Palynologie = Pollen- und Sporenanalyse; s. Abb. 31) notwendige Methode, die im Laboratorium durchgeführt wird, hat den Zweck, Mikrofossilien und Sediment zu trennen. Manchmal genügt Schlämmen mit Wasser, indem ein Siebsatz mit verschiedener Maschenweite (0,5—0,15 mm) eine Trennung des Rückstandes in verschiedene Fraktionen bewirkt, aus

[11] Als Mikrofossilien einschließlich sog. Nanno- oder Kleinstfossilien werden sämtliche Fossilien bezeichnet, deren Untersuchung ausschließlich unter dem Binokular oder Mikroskop erfolgt, ohne Rücksicht auf ihre systematische Zugehörigkeit (z. B. Foraminiferen, Radiolarien, Ostracoden, Conodonten, Otolithen, Silicoflagellaten, Diatomeen, Coccolithineen, Pollen und Sporen). Da dies auch für die bis 10 cm im Durchmesser erreichenden Großforaminiferen (z. B. Nummuliten, Assilinen, Lepidocyclinen, Fusulinen, Schwagerinen) gilt, zählen selbst diese zu den Mikrofossilien.

dem die Mikrofossilien unter dem Binokular ausgelesen werden können, sofern eine Trennung von Schlämmrückstand und Mikrofossilien infolge größerer Unterschiede zwischen dem spezifischen Gewicht beider nicht durch schwere Flüssigkeiten (z. B. Tetrachlorkohlenstoff) zu erreichen ist. Oft sind jedoch besondere Aufschließungsmethoden notwendig, sei es, daß das Sediment durch

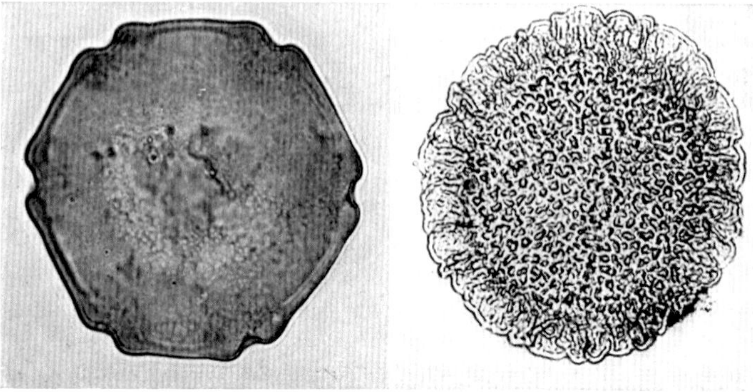

a b

Abb. 31. Pollenkörner aus dem Jungtertiär. a) Flügelnuß *(Pterocarya)* aus Köflach (Steiermark), 1000 ×; b) Hemlocktanne *(Tsuga)* aus dem Hausruck (Oberösterreich), 500 ×. (Nach W. KLAUS aus E. W. PETRASCHECK, 1956)

Wasser nicht gelöst werden kann, sei es, daß es ein richtiges Gestein ist. In solchen Fällen helfen Wasserstoffsuperoxyd, Glaubersalz, Salzsäure (bei nicht karbonisierten Mikrofossilien aus Kalken), konzentrierte Natriumlauge (bei Radiolarien: Einzeller mit Kieselskelett) oder Flußsäure (bei Sporen und Pollen in Tonen) bei der Aufbereitung bzw. Lösung des Sedimentes. Manchmal — wie etwa bei den winzigen Radiolarien — ist nur eine Anätzung und nicht völlige Herauslösung aus dem Sediment erwünscht. Bei Kieselschiefern kann ein ähnlicher Effekt bereits durch Benetzung der Oberfläche mit Öl erzielt werden, die den Kieselschiefer auf einige Millimeter durchsichtig erscheinen läßt und dadurch die eingeschlossenen Mikrofossilien einer optischen Untersuchung zugänglich macht.

Bei vielen Gesteinen ist oft die vorherige mechanische Zertrümmerung erforderlich, sofern man die Fossilien (z. B. Cono-

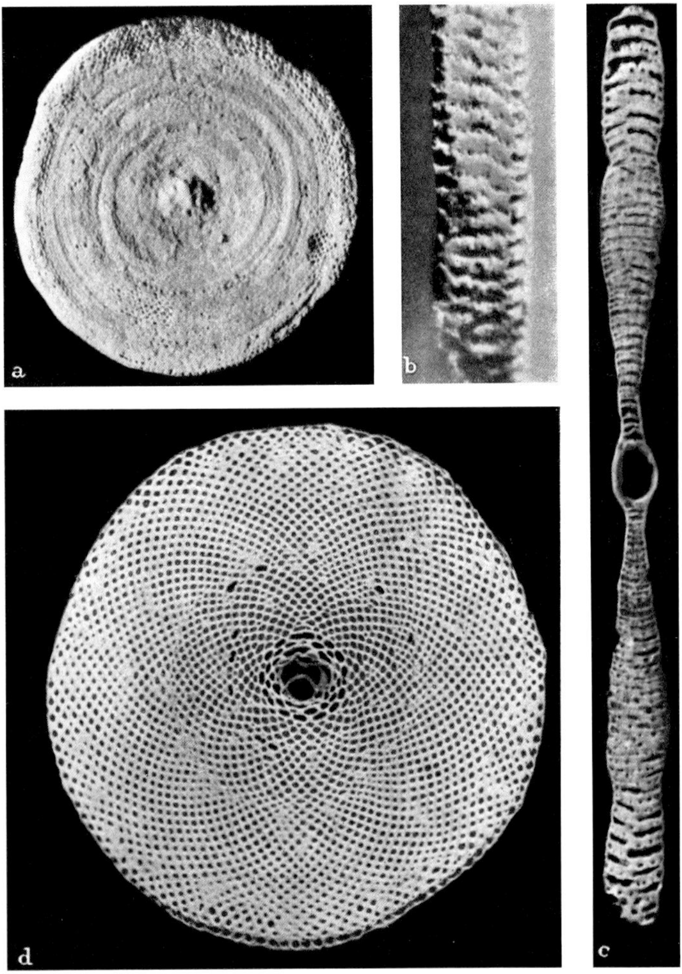

Abb. 32. Großforaminiferen (*Orbitolites complanatus* LK.) aus dem M-Eozän des Pariser Beckens. a) Schalenansicht, 12×; b) Ausschnitt der Marginalseite, 24×; c) Axialschnitt 24×; d) Äquatorialschnitt, 18×. (Nach R. LEHMANN, 1961)

donten) nicht durch Chemikalien (z. B. Monochloressigsäure) herauslöst. Prinzipiell ist wichtig, daß die im Sediment enthaltenen Mikrofossilien durch die Aufschließungsmittel nicht angegriffen oder gar zerstört werden. Die wesentlichsten Skelettsubstanzen der Mikrofossilien sind Kalziumkarbonat, Kieselsäure, Sporonin und Pollenin.

Die unter dem Binokular ausgelesenen Mikrofossilien werden je nach ihrer weiteren Behandlung in sog. Frankesche Zellen[12] systematisch isoliert oder als faunistisches Sammelpräparat in sog.

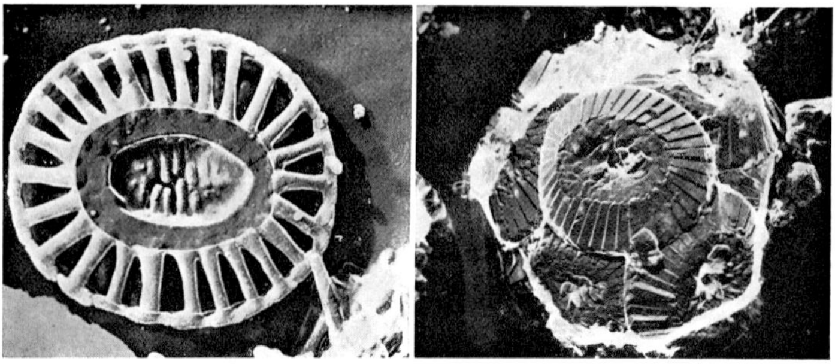

a b

Abb. 33. Elektronenmikroskopische Aufnahmen rezenter und fossiler Coccolithen. a) *Coccolithus huxleyi* (LOHMANN) aus einer Bodenprobe vom Südatlantik 15000 ×. (Nach M. BLACK and B. BARNES, 1961). b) *Coccolithus sarsiae* (BLACK) aus dem Jungtertiär von der W-Küste Englands, 3600 ×. (Nach M. BLACK, 1962)

Plummer-Zellen aufbewahrt oder auf Deckgläsern in Kanadabalsam, Palatal (Polyesterharz), Caedax oder ein anderes Einschlußmittel eingeschlossen und zu mikroskopischen Dauerpräparaten verarbeitet. Bei Großforaminiferen ist die Anfertigung von gerichteten Dünnschliffen unter Einbettung in ein Polyestergießharz (z. B. Polestar) notwendig (Abb. 32). Auch daraus wird die bereits eingangs dieses Kapitels betonte schwierige Trennung von Arbeitstechnik und wissenschaftlicher Methode ersichtlich. Bei Nannofossilien (das sind Kleinstfossilien unter 40 μ[13]; z. B. Coccolithineen) wird neuerdings zur Erschließung der mit dem

[12] Frankesche Zellen sind Objektträger aus etliche Millimeter starkem Karton oder Kunststoff mit einer meist kreisrunden Vertiefung, die mit schwarzem Lack ausgekleidet ist. Diese dient zur Aufnahme der mikroskopischen Objekte und kann durch ein Deckglas verschlossen werden, so daß die eingeschlossenen Objekte nicht eigens fixiert werden müssen, sondern lose in der Zelle bleiben können.

[13] 1 μ = Mikron = $^1/_{1000}$ Millimeter.

Lichtmikroskop nicht erfaßbaren Mikrostrukturen das Elektronenmikroskop verwendet, deren Kenntnis für den Systematiker

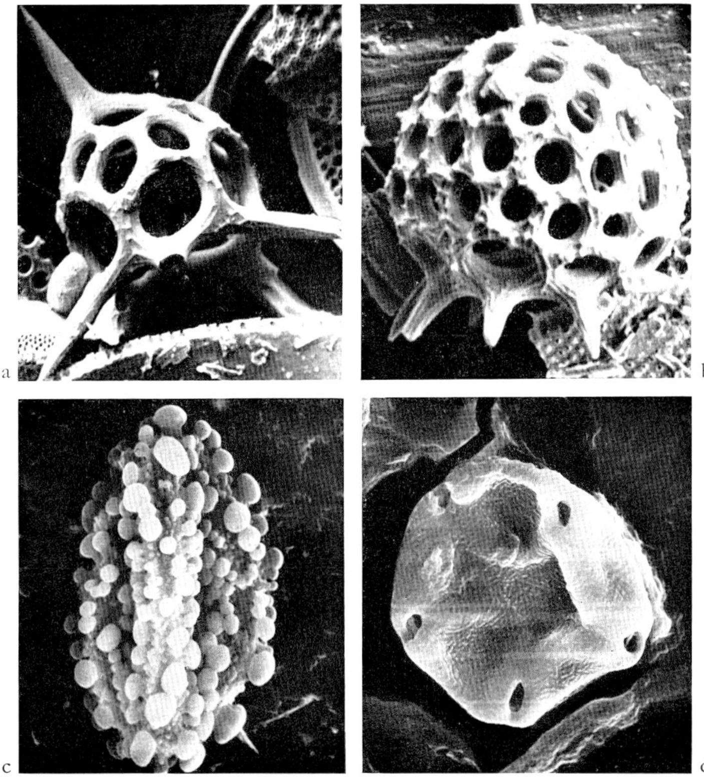

Abb. 34. Stereoscan-Aufnahmen von Mikrofossilien. a) *Cannopilus ernestinae* und b) *Cannopilus sphaericus* (Silicoflagellata), Ober-Miozän von Santa Barbara, Kalifornien, 750 ×. (Nach A. Bachmann u. A. Keck, 1969). Pollenkörner von c) *Ilex aquifolium* und von d) *Alnus* sp. aus dem Riß-Würm-Interglazial von Mondsee, O-Österreich, 935 ×. (Photos W. Klaus, Wien)

notwendig ist (Abb. 33). Als besonders wertvoll hat sich das Rasterelektronenmikroskop (Stereoscan) erwiesen, mit dem Ultrastrukturen und -skulpturen dank der großen Tiefenschärfe erfaßt werden können (Abb. 34). Ihr Anwendungsbereich ist damit nicht nur auf Mikrofossilien beschränkt (s. S. 52).

Konservierung, Präparation und Montage von Makrofossilien

Die Konservierung und Präparation von Makrofossilien erfolgt je nach Erhaltungszustand und Vorkommen unmittelbar bei der Freilegung oder erst später nach der Bergung im Laboratorium. Besonders bei sehr zerbrechlichen Fossilien, die einen Transport nicht überstehen würden, muß die Tränkung und Härtung mit Konservierungsflüssigkeiten (z. B. Schellack, Geiseltallack, Zaponlack) bereits am Fundplatz erfolgen. Bei Wirbeltierfunden ist mitunter nach vorhergehender Härtung ein durch Stoffbandagen verstärkter Gipsmantel notwendig, indem der gesamte Fundkomplex samt dem umgebenden Sediment je nach Größe in einem oder mehreren Blöcken in die Präparationswerkstätte geschafft wird, wo die Freilegung, Präparation und Ergänzung sowie die Montage des Skelettes erfolgt. Letztere ist meist nur bei musealen Schaustücken üblich. Die Montage eines fossilen Wirbeltierskelettes setzt nicht nur ein vollständiges Skelett voraus, sondern auch entsprechende zoologische Kenntnisse, soll die Montage auch lebensecht wirken. Freilich ergeben sich gerade bei völlig ausgestorbenen Wirbeltieren Probleme bei der Aufstellung (z. B. Körperhaltung, Fortbewegungsart). Unvollständigen Skeletten geht die Rekonstruktion fehlender oder fragmentärer Skelettreste voraus, die entweder nach den von anderen Individuen der gleichen Art vorliegenden Resten vorgenommen wird oder — sofern solche fehlen — nach möglichst nahe verwandten Formen.

Manchmal liegt der Wert eines fossilen Objektes fast ausschließlich in der Art und Weise der Präparation. Besonders bekannt sind die bereits in anderem Zusammenhang (s. S. 26) erwähnten Funde (Reptilien, Fische, Seelilien etc.) aus den Posidonienschiefern von Boll, Holzmaden und Ohmden in Württemberg, die als Schaustücke fossiler Objekte dienen (Abb. 16, 74 und 77). Diese Reste sind nur dank der minuziösen Präparationstechnik zu Schauobjekten geworden und damit auch der wissenschaftlichen Bearbeitung zugänglich gemacht worden. Vor der Präparation bilden auch die prachtvoll erhaltenen Exemplare der verschiedenen Saurier nur flache Erhebungen der betreffenden Deckschichten, die nur dem Kenner das Vorkommen solcher Reste verraten. Die durch Flachmeißel und Hammer bzw. durch Stahlstichel meist unter dem Binokular erfolgende Präparation setzt nicht nur eine handwerkliche Fähigkeit, sondern auch die anatomische Kenntnis der zu präparierenden Saurier, Fische, Seelilien etc. voraus, die durch Röntgenaufnahmen allein vor der Präpara-

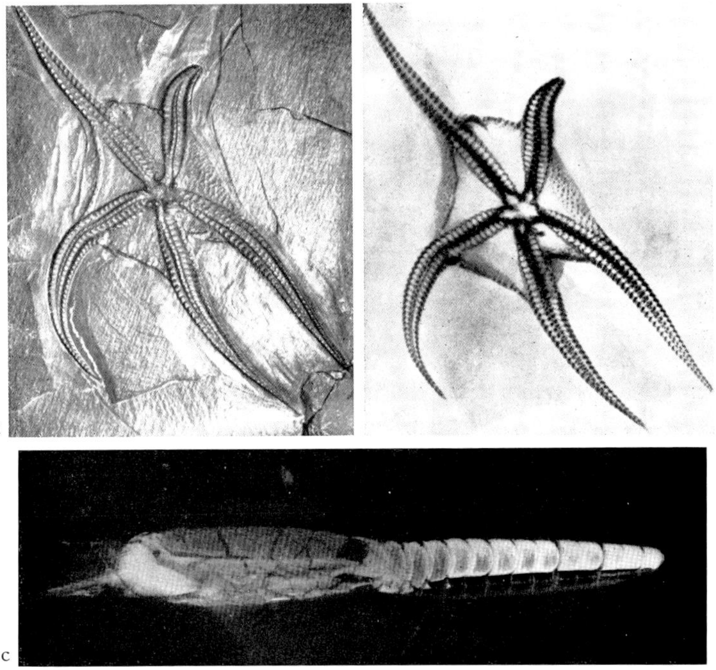

a b c

Abb. 35 a—c. Seestern (*Encrinaster [Aspidosoma] roemeri* [SCHÖNDORF]) aus dem Unter-Devon von Bundenbach, Rhein. Schiefergebirge. a) Oberflächenaufnahme des freipräparierten Stückes. b) Röntgenaufnahme. Verkleinert. (Nach W. M. LEHMANN, 1938). c) Kopffüßer (*Lobobactrites*) mit Weichteilen aus dem Mittel-Devon von Wissenbach, Harz. Röntgenaufnahme, etwas vergrößert. (Nach W. STÜRMER, 1969)

tion nicht wettgemacht werden kann. Dasselbe gilt auch für die Saurier aus dem Grenzbitumenhorizont der Trias vom Monte San Giorgio im Tessin, um deren Erforschung sich die Schweizer Paläontologen B. PEYER und E. KUHN-SCHNYDER verdient gemacht haben, für die Seesterne, Arthropoden etc. aus den Hunsrückschiefern des rheinischen Unterdevon von Bundenbach, für die Fische und Pflanzenreste aus den Mansfelder Kupferschiefern des Perms von Thüringen etc. Die Spaltung dieser feinschichtigen Schiefer allein ist für die Freilegung der Fossilien meist nicht ausreichend. Meist werden bei derartigen Resten feine Stahlbürsten und Sandstrahlgebläse mit Erfolg zur Präparation verwendet, da die Fossilien oft in verkiestem Zustand vorliegen und dadurch widerstandsfähiger sind als die eigentlichen Schiefer. Die Verwendung von Röntgenstrahlen ist aber nicht nur für die weitere Präparation von Bedeutung (Abb. 35 b), sondern hat auch zur Aufdeckung von Fossilien geführt. So wurden unter anderem die sehr zarten Extremitäten von Trilobiten und auch die erste echte Holothurie (Seegurke) aus den devonischen Hunsrückschiefern im Rheinischen Schiefergebirge durch Röntgenaufnahmen entdeckt und konnten anschließend freipräpariert werden. Es kommt zur Bildung von feinsten Schwefelkieskristallen, die auch einstige Weichteile im Röntgenbild erkennen lassen, wie dies etwa in jüngster Zeit für Ammoniten aus den Wissenbacher Schiefern des Devons gilt (Abb. 35 c). Gelegentlich kann auch UV-Licht zur Auffindung von Fossilien führen. Weiters hat sich die Fluoreszenz-Mikroskopie beim Auffinden von organischen Stoffen (z. B. Chemofossilien) bewährt.

Eine andere Technik ist die Anfertigung von Serienanschliffen und ihre rein morphologische Auswertung nach Art der Wachsplattenmethode in der Zoologie und Medizin. Sie ist in der Paläontologie unter anderem durch den schwedischen Paläontologen Erik A:son Stensiö im Jahre 1927 erstmalig bei der Untersuchung altpaläozoischer Agnathen (sog. Kieferlose aus der Verwandtschaft der heutigen Neunaugen oder Cyclostomen) angewandt worden. Dank der vollständigen Verknöcherung der Schädelkapsel dieser Agnathen (Ostracodermata) und der Serienanschliffmethode sind wir über den anatomischen Bau dieser Formen zum Teil besser unterrichtet als über die rezenten Cyclostomen, indem sämtliche Einzelheiten des Zentralnervensystems und des Blutgefäßsystems rekonstruiert werden konnten. Die in engen Abständen geführten Schliffe führen zwar zur völligen Zerstörung der Objekte, doch liegen diese dann als Lackabzüge oder in Form von Wachsplattenmodellen vor, die nach den einzelnen Schliffen angefertigt und zu einem Ganzen zusammengefügt werden. In günstigen Fällen konnten künstliche Ausgüsse hergestellt werden (Abb. 36b).

Neuerdings hat sich bei Serienanschliffen, die auch bei fossilen Wirbellosen (z. B. Brachiopoden) angewendet werden, die Anfertigung von Zelluloidpräparaten durchgesetzt. Diese werden

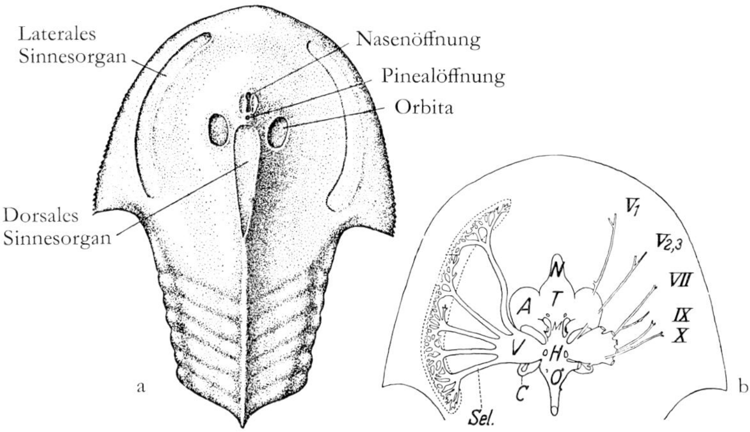

Abb. 36. Cephalaspide (*Kiaeraspis auchenaspidoides* STENSIÖ) aus Spitzbergen. a) Kopfbrustschild von oben. b) Ausguß der Schädelhöhlen. Ansicht von unten. Künstliche Ausgüsse von: A. Augenkapsel, C Bogengang, H Hinterhirn, M Mittelhirn, N Nasenkapsel, O verlängertes Mark, Sel. Kanäle für die Nerven des seitlichen Sinnesorganes, T Vorderhirn, V Vorhof des Gehörorganes, V_1, V2,3, VII, IX und X = Nervenkanäle. (Nach A. S. ROMER, 1953 und E. KUHN-SCHNYDER, 1953)

nach vorheriger Anätzung der Schliffe durch Salz- oder Flußsäure hergestellt, wobei der Film meist mehr Details erkennen läßt als der Anschliff. Damit ist eine Dokumentation des durch Serienschliffe vernichteten Originals gegeben.

Ein weiterer, in jüngster Zeit stark ausgebauter Arbeitsbereich ist die *Paläohistologie* als Zweig der Paläo-Anatomie, die sich mit dem Studium der mikroskopischen Strukturen an Hartteilen befaßt und wertvolle Aufschlüsse über Zusammensetzung und Entstehung von Knochen- und Zahnsubstanzen und damit über deren taxonomische Zugehörigkeit geliefert hat. Auch hierzu sind Dünn- bzw. Anschliffe notwendig. Untersuchungen mit dem Rasterelektronenmikroskop (Stereoscan) haben in jüngster Zeit bereits wertvolle Erkenntnisse über Ultrastrukturen an Schalen fossiler Wirbelloser erbracht, die nicht nur für die Vorstellungen über deren Entstehung wichtig sind, sondern auch in taxonomischer Hinsicht zusätzliche Kriterien bedeuten.

Bei fossilen Hölzern (Kiesel- oder Kalkhölzer bzw. inkohlte Braunkohlenhölzer: Xylite) sind An- und Dünnschliffe (Quer-

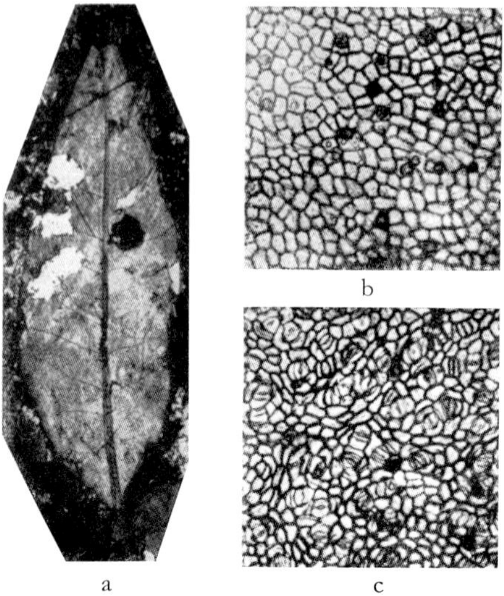

Abb. 37. Blatt (*Laurophyllum bournense*) mit erhaltener Kutikula aus der eozänen Braunkohle des Zeitz-Weißenfelser Reviers. a) Blatt, auf ca. $^2/_3$ verkleinert; b) Epidermis der Blattoberseite, ca. 60×; c) Epidermis der Blattunterseite, ca. 60×. (Nach K. MÄGDEFRAU, 1956)

und Längs- [Radial- und Tangential-]schnitte) zur Beurteilung des anatomischen Aufbaues der Leitbündel (Tracheen, Tracheiden, Markstrahlen, Harzgänge etc.) notwendig.

Eine weitere paläobotanische Arbeitsmethode bildet die sog. Kutikularanalyse, die sich mit Blattresten befaßt. Ihre präparationsmäßige Voraussetzung bildet die *Lackfilmmethode*, die durch E. VOIGT erstmalig für die Bergung und Konservierung von Weichteilen fossiler Lebewesen eingeführt und angewandt worden ist (s. S. 18). Gegenstand der Kutikularanalyse ist das sog. Blattoberhäutchen, das bei inkohlten Blattresten fossil erhalten bleibt und dadurch eine Beurteilung der taxonomisch wichtigen Ausbildung der Spaltöffnungen, der Epidermiszellen, Wasserspalten (Hydathoden) und sonstigen systematisch wesentlichen Merkmale zuläßt (Abb. 37).

Aber nicht nur mechanisch, sondern auch chemisch wirksame Mittel werden bei der Präparation von Makrofossilien herangezogen. Vor allem dort, wo eine mechanische Präparation infolge des härteren Gesteins leicht zu Beschädigung von Feinheiten des Fossils führen könnte. So hat sich das Herausätzen der in den Solnhofener Plattenkalken flach eingebetteten, phosphatisierten Reste von Wirbeltieren durch Essigsäure bei gleichzeitiger einseitiger Einbettung in Kunstharz bewährt.

Wissenschaftliche Bearbeitung nach taxonomischen, chronologischen und phylogenetischen Gesichtspunkten

Sind die Fossilreste präpariert, so kann die wissenschaftliche Bearbeitung einsetzen. Eine Trennung in paläozoologische und paläobotanische Arbeitsmethoden ist im Prinzip nicht möglich. Beide Arbeitsrichtungen verfolgen die gleichen Ziele und die Unterschiede sind lediglich durch die Verschiedenheit der Objekte bzw. deren Erhaltungszustandes gegeben. Die Besonderheiten der Mikropaläontologie liegen gleichfalls nicht in der Art der wissenschaftlichen Bearbeitung, sondern in der Aufbereitung und Präparation der Objekte, von der bereits die Rede war.

Die wissenschaftliche Bearbeitung verfolgt nicht nur eine möglichst genaue Kenntnis der einstigen Lebewesen, sondern auch ihre systematische Einordnung, ihre altersmäßige Einstufung, ihre räumliche Verbreitung und die Klärung der stammesgeschichtlichen Zusammenhänge sowie als letztes Ziel die Erfassung der Beziehungen zwischen den Lebewesen und zu ihrer (belebten und unbelebten) Umwelt.

Die systematische oder taxonomische Einordnung findet ihren nomenklatorischen Ausdruck im Artnamen. Nach der taxonomischen Beurteilung kann die altersmäßige oder stratigraphische (= chronologische) Auswertung erfolgen. Systematische und chronologische Beurteilung gehen der sog. ökologischen Analyse meist voraus, doch setzt letztere oft schon bei der Freilegung der Reste ein, da Vorkommen und Fundumstände (Lage der

Fossilreste zueinander und zum Sediment und dgl.) dafür sehr wesentlich sein können.

Die *Taxonomie* als Ordnungswissenschaft versucht, jedes Lebewesen in ein System einzuordnen. Ein solches System kann ein künstliches oder ein natürliches sein. Manche, im folgenden noch zu besprechende Schwierigkeiten gestatten nur die Errichtung eines künstlichen Systems. Ziel der Wissenschaft ist jedoch ein natürliches System, das auf den verwandtschaftlichen Beziehungen der Lebewesen und ihrer stammesgeschichtlichen Entwicklung beruht. Dementsprechend soll das natürliche System auch den stammesgeschichtlichen Zusammenhängen gerecht werden. Unser heute verwendetes System geht auf C. v. LINNÉ zurück, der im 18. Jahrhundert erstmalig sämtliche damals bekannten rezenten Pflanzen und Tiere in ein System einordnete, die verschiedenen Arten binominal benannte und damit die Grundlage für eine international gültige Nomenklatur schuf. Die Fossilien wurden von LINNÉ noch zum Steinreich (lapidum regnum) gezählt. Das von C. v. LINNÉ verwendete System entsprach — zufolge der verhältnismäßig wenigen als Kriterien herangezogenen Merkmale — vielfach einem künstlichen System, wie es für die damalige Zeit auch nicht anders zu erwarten war. Auch gegenwärtig ist die Wissenschaft verschiedentlich noch weit von einem natürlichen System entfernt.

Der systematischen Beurteilung fossiler Reste stellen sich oft große Schwierigkeiten entgegen. Sie bestehen einerseits darin, daß es sich um völlig ausgestorbene Lebewesen handelt, die in der heutigen Fauna und Flora kein Gegenstück mehr besitzen, andrerseits jedoch im Erhaltungszustand, indem die betreffenden Reste isoliert vorliegen. Dies trifft praktisch nur für Fossilien mit mehrgliedrigen Hartteilen (z. B. Skelett von Wirbeltieren und Stachelhäutern; Holzgewächse) zu, die vor der Fossilisation aus dem natürlichen Verband gelöst wurden oder bei denen bereits zu Lebzeiten — zumindest zeitweise — kein Zusammenhang mit dem übrigen Organismus mehr bestand, wie etwa bei Pollen, Sporen, Früchten, Samen und Blättern.

Folgende Beispiele mögen die angedeuteten Schwierigkeiten beurteilen helfen, wobei zuerst solche aus dem Bereich der Paläobotanik besprochen seien. Besonders der Palynologe hat manche, durch den Erhaltungszustand bedingte Schwierigkeiten zu überwinden. Der Botaniker, der sich pollenanalytisch (Untersuchung von Torfmooren, Honigherkunftsbestimmung, Gletscherforschung mittels Pollenanalyse etc.) betätigt, kann durch direkte Vergleichsstudien die Zugehörigkeit von isoliert vorliegenden Pollenkörpern zu den Stammpflanzen ermitteln. Dem Paläobotaniker ist dies nicht möglich, da nur in den seltensten Fällen pollenführende Staubgefäße (Antheren) fossil überliefert sind. Er ist dabei ausschließlich auf den Vergleich mit rezenten Pollenkörnern angewiesen, wenn er zu einer Bestimmung kommen will. Diese Methode ist für eiszeitliche Pollen und Sporen noch anwendbar, da die pleistozänen Pflanzen mit rezenten identisch sind. Sie versagt aber bei tertiärzeitlichen und älteren isoliert, also nicht im Verband mit den Sporangien, vorliegende Pollen und Sporen (sog. Sporae dispersae), die von gegenwärtig tropischen bis subtropischen oder überhaupt von ausgestorbenen Arten stammen. Der Ähnlichkeitsgrad der Pollen und Sporen untereinander ist nämlich durchaus nicht vom Grad der Verwandtschaft der betreffenden Arten abhängig. Deshalb ist eine sichere systematische Zuordnung isoliert vorliegender fossiler Pollen und Sporen nur dort möglich, wo eine einwandfreie Identifizierung mit rezenten Pollen und Sporen durchführbar ist. In Anbetracht dieser Tatsache behilft man sich, um wenigstens eine Ordnung in die Sporomorphen (= Pollen und Sporen) zu bringen, mit rein künstlichen Systemen, deren Einheiten im Gegensatz zu den Arten, Gattungen und höheren systematischen Kategorien des natürlichen Systems (sog. Taxa) als Formarten und Formgattungen (sog. Parataxa) bezeichnet werden und auch nomenklatorisch von den Einheiten des natürlichen Systems abweichend behandelt werden, Einzelheiten, auf die jedoch in diesem Rahmen nicht eingegangen werden kann. Bleibt uns dadurch auch die systematische Zuordnung fast sämtlicher fossiler Sporomorphen zu bestimmten Arten und Gattungen und damit die botanische Zugehörigkeit verschlossen, so sind dadurch einer stratigraphischen Auswertung keine Grenzen gesetzt. Für diese ist nicht die botanische Zugehörigkeit wesentlich, sondern die sichere Erkennbarkeit der einzelnen Leitformen und ihre Unterscheidbarkeit von anderen, ähnlich aussehenden Formen.

In Zusammenhang damit erscheint eine Definition des Begriffes der Art angebracht. Was versteht man überhaupt unter einer Art? Sie ist die Grundeinheit des Systems überhaupt, die von CARL VON LINNÉ, dem Schöpfer der binären Nomenklatur (s. S. 54) zwei Namen (Gattungs- und Artname; z. B. *Canis lupus* = Wolf) erhalten hat. Sämtliche übergeordneten systematischen Einheiten (Gattung, Familie, Ordnung, Klasse, Stamm) sind lediglich Abstraktionen. Zoologen und Botaniker definieren die Art als Fortpflanzungsgemeinschaft. Sämtliche Individuen von Populationen, die unter natürlichen Bedingungen untereinander fruchtbare Nachkommen zeugen, gehören zu einer Art. Mit einer derartigen Artdefinition ist dem Paläontologen nicht gedient, da das wesentliche Kriterium ein physiologisches ist, welches er nicht beurteilen kann. Deshalb hat der Artbegriff in der Paläontologie im wesentlichen einen morphologischen Inhalt. Die Erfassung sämtlicher morphologisch wichtigen Merkmale, unter Heranziehung eines möglichst großen Materials (zur Beurteilung der Variationsbreite) ist die wesentliche Voraussetzung für die Abgrenzung einer Art im paläontologischen Sinn. Freilich bleibt diese Abgrenzung weitgehend dem systematischen Gefühl des jeweiligen Bearbeiters überlassen. Aus dieser Tatsache werden die verschiedenen, voneinander abweichenden Ansichten der einzelnen Wissenschaftler verständlich, die zu einem wechselnden Umfang der einzelnen Arten führen können. Das Ergebnis solcher systematischer Untersuchungen findet seinen Niederschlag im Artnamen.

Im Gegensatz zur Taxonomie als Ordnungswissenschaft ist die auf international gültigen Regeln aufgebaute *Nomenklatur* eine Technik, die lediglich dazu dient, der vom Wissenschaftler abgegrenzten Art oder sonstigen systematischen Einheit einen international gültigen Namen zu geben, wobei der älteste Artname die Gültigkeit besitzt. Sämtliche jüngeren Namen für die gleiche Art fallen in die Synonymie und sind daher ungültig. So sind die einst für verschiedene Erhaltungszustände von Schuppenbäumen *(Lepidodendron)* verwendeten Gattungsnamen wie *Bergeria*, *Knorria* und *Aspidaria* nur Synonyme von *Lepidodendron*, da man erkennen mußte, daß die verschiedenen „Gattungen" lediglich Erhaltungszustände der Gattung *Lepidodendron* sind. Auch *Stigmaria* und *Lepidostrobus* sind nichts anderes als Teile (Wurzeln bzw. Fruktifikationsorgane) von Lepidodendren, weshalb sie als Gattungen im eigentlichen Sinn nicht mehr verwendet werden können. Freilich ist die artliche Zusammengehörigkeit in derartigen Fällen oft nicht leicht nachweisbar. Meist ist man auf Zufallsfunde angewiesen, welche die Zusammenhänge erkennen lassen.

In einer analogen Situation befindet sich der Paläobotaniker, der sich mit fossilen Holzgewächsen beschäftigt und dem diese in Form von Holzresten, Blättern, Früchten und Samen sowie Pollen isoliert vorliegen können. Dies kann dazu führen, daß eine Art unter 3 verschiedenen Artnamen beschrieben ist, ohne daß eine gegenseitige Identifizierung möglich wäre. Man spricht daher jeweils von Holzfloren, Blattfloren und Pollen- bzw. Sporenfloren.

Für die Beurteilung fossiler Blätter ist die bereits erwähnte *Kutikularanalyse* sehr wichtig, da die rein morphologische Blattanalyse (Beurteilung von Gesamtgestalt, Umriß, Blattrand, Nervatur und Stielansatz) meist zu einer spezifischen Bestimmung (zumindest bei tertiärzeitlichen und älteren Blattresten) nicht ausreicht, ganz abgesehen davon, daß hierfür die Blätter vollständig sein müssen, was für die Kutikularanalyse nicht unbedingt der Fall zu sein braucht. Wie die Erfahrung lehrt, können die Blätter einer Pflanze sehr verschieden gestaltet sein, wie andrerseits die Blätter verschiedener untereinander nicht näher verwandter Pflanzen sich weitgehend gleichen können (Konvergenzerscheinungen). Die durch die Kutikularanalyse wiedergegebenen Merkmale sind wesentlich mannigfaltiger als Form und Gestalt des Blattes.

Es mögen nunmehr einige Beispiele aus dem Bereich der Paläozoologie folgen. Zuerst eine Tiergruppe, die vollständig bekannt ist.

Seit langem sind aus silurischen Schiefern kleine, meist nur wenige Zentimeter lange, glänzende Gebilde bekannt (Abb. 38), die zum Teil durch die einseitige Zähnelung an Laubsägeblätter erinnern, zum Teil zweiseitig gezähnelt sind, einzeln in gestreckter oder spiralig eingerollter Form auftreten oder zu „Bündeln“ vereint sind. Diese *Graptolithen* (= „Schriftsteine“) spielen als Leitfossilien für die Gliederung des Ordovizium und des Silur eine hervorragende Rolle. Eine nähere Untersuchung dieser Gebilde zeigte, daß es sich um Tierkolonien handelt, deren Einzelindividuen in sog. Theken sitzen, die an einem zentralen Achsenstab festgewachsen sind. Das Skelett besteht aus Chitin, wie es etwa von den Insekten her bekannt ist. Lange Zeit war die systematische Stellung dieser gegenüber anderen Organismengruppen verhältnismäßig leicht und auch untereinander gut abgrenzbaren Lebewesen umstritten. Sie wurden, nachdem man sie ursprünglich für Pflanzen angesehen hatte, in die Verwandtschaft der Hydrozoen und Bryozoen gestellt. Erst in den letzten Jahren durchgeführte

a b

Abb. 38. Graptolithen aus dem Silur der ČSSR. a) *Monograptus priodon* (BRONN) von Reporyje; ca. $^4/_5$ nat. Gr. b) *Monograptus turriculatus* (BARR.) von Litochlav; ca. $^3/_5$ nat. Gr. Orig. Naturhist. Museum Wien. (Aufnahmen F. BACHMAYER, Wien)

Untersuchungen haben dank entsprechender Präparationsmethoden gezeigt, daß es sich um Verwandte der Pterobranchier handelt. Diese bilden eine meist nur dem Zoologen bekannte, kleine Tiergruppe, die fast stets koloniebildend auftritt und deren Exoskelett wie bei den Graptolithen aus mit Zickzacknähten aneinander stoßenden Chitinhalbringen besteht. Mit dieser Feststellung war auch die taxonomische Zuordnung gegeben. Die Graptolithen werden heute als ausgestorbene Gruppe innerhalb der Stomochordaten angesehen.

Im Gegensatz zu den Graptolithen hat bei den *Conodonten* auch eine verfeinerte Untersuchungsmethode nicht zur Klärung ihrer systematisch-phylogenetischen Stellung geführt. Die Conodonten sind mikroskopisch kleine, zahnartige Gebilde (Abb. 39) aus paläozoischen und triadischen Ablagerungen. Man hielt sie ursprünglich für echte Zähne, doch zeigen histologische Untersuchungen,

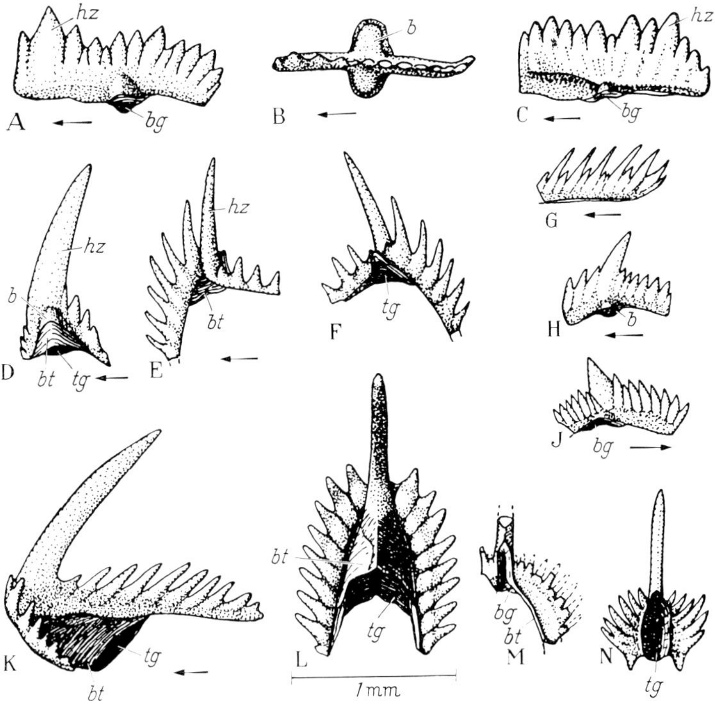

Abb. 39. Conodonten aus dem Silur. A—C *Ctenognathus*, D *Prioniodina*, E und F *Lonchodina*, G *Hindeodella*, H und J *Ozarkodina*, K *Ligonodina*, L—N *Trichonodella*. b Basis, bg Basisgrube, bt Basistrichter, hz Hauptzacke, tg Trichtergrube. (Nach W. Gross, 1957)

daß das Wachstum in umgekehrter Richtung erfolgt als bei den Zähnen. Dies und das Material, aus dem sie bestehen, schließen nicht nur Zähne von Wirbeltieren, sondern auch Kiefer von Wirbellosen (z. B. von Ringelwürmern, die als Scolecodonten bezeichnet werden) aus. Vermutlich handelt es sich um Hauteinlagerungen einer völlig ausgestorbenen Chordatengruppe, die sonst keine Hartteile besaß.

Mit der taxonomischen Beurteilung ist nicht nur die Grundlage für die räumliche (Chorologie) und zeitliche Verbreitung (Biostratigraphie), sondern auch für die Verbreitungs- und Stammesgeschichte (Phylogenese) gegeben.

Die biostratigraphische Analyse der Fossilien, die der Geologie zur relativen Altersbestimmung fossilführender Sedimentgesteine verhilft, beginnt gleichfalls bereits mit der Aufsammlung der Fossilien. Voraussetzung für die Altersdatierung sind *Leitfossilien*, also Fossilien, die für eine bestimmte Zeitspanne (z. B. [Bio-]Zone, Stufe oder auch größere Zeiteinheiten kennzeichnend sind.

Wichtig ist das Erkennen von Fossilresten, die erst nach der Fossilisation umgelagert wurden, also dadurch in geologisch jüngere Ablagerungen gelangten. Beispiele für ein derartiges Großexperiment der Natur bilden die während der Eiszeit durch das Inlandeis von Skandinavien nach Norddeutschland verfrachteten, zahllosen Findlingsblöcke samt ihren Fossileinschlüssen.

Abgesehen von dieser, durch die Art des Vorkommens eingeschränkten Auswertbarkeit von Leitfossilien zur Altersbestimmung ist eine weitere, biologisch bedingte Fehlerquelle zu berücksichtigen. Nämlich die sog. Fazies, d. h. die durch örtliche Gegebenheiten bedingte Ausbildung von Sediment und organischem Inhalt (z. B. See- und Meeresablagerungen etc.). Fazielle Unterschiede können als geologische Altersunterschiede gedeutet werden und umgekehrt. Andrerseits können — zumindest in räumlich begrenzten Gebieten — Faziesveränderungen als Grundlage für die Biostratigraphie dienen. Die biostratigraphische Gliederung der jungtertiären Ablagerungen des Wiener Beckens beruht weniger auf dem stammesgeschichtlichen Wandel der einzelnen Gruppen als vielmehr auf den ökologisch bedingten Veränderungen, indem die ursprünglich rein marinen Ablagerungen im Laufe der Zeit durch brachyhaline und brackische sowie schließlich von Süßwasserablagerungen abgelöst werden. Der zur älteren „Torton"-zeit (Lageniden- und Sandschaler-Zone) rein marine Faunencharakter der Ablagerungen des Wiener Beckens zeigt bereits im jüngeren „Torton" (Buliminen-Bolivinen- und Rotalien-Zone) eine Verarmung, die auf eine starke Isolierung des Wiener Beckens schließen läßt. Diese war im Sarmat sicher vorhanden. Die artenreiche Marinfauna ist einer artenarmen, aber dafür um so individuenreicheren Fauna gewichen. Dieser schrittweise verfolgbare, im wesentlichen ökologisch bedingte Formenwechsel widerspiegelt somit ein natürliches Großexperiment und läßt dementsprechend eine stratigraphische Feingliederung (= Ökostratigraphie) zu.

Daß aber fazielle Unterschiede zugleich die Parallelisierung gleichaltriger Ablagerungen wesentlich erschweren können, leuchtet ein. Daher sind grundsätzlich nur Faunen und Floren gleicher, sog. isopischer Fazies zu vergleichen, sollen Fehlschlüsse in der altersmäßigen Parallelisierung vermieden werden. Es genügen bereits die Differenzen zwischen der Fauna und Flora der Rand- und Beckenfazies, wie sie in jedem Meer oder See vorhanden sind. Die Lösung derartiger Probleme ist eigentlich Aufgabe der Chorologie und damit zugleich einer ökologischen Analyse. Man spricht neuerdings von der Paläoökologie und versteht darunter im wesentlichen das, was man seinerzeit Paläobiologie nannte. Da jedoch der Begriff Paläobiologie in sehr verschiedenem Umfang gebraucht wird (einerseits im Sinne von O. ABEL nur die Erforschung der Lebensweise der fossilen Organismen betreffend, andrerseits die gesamte Paläozoologie und Paläobotanik [Zoologie + Botanik = Biologie] umfassend, also logischerweise ein Synonym zum Begriff Paläontologie, wie bereits L. DOLLO, R. RICHTER u. O. H. SCHINDEWOLF feststellten), so sei in diesem Rahmen dieser Ausdruck vermieden und nur von Paläoökologie und Paläoethologie (vgl. S. 129) die Rede. Als eigentlicher Begründer der Paläoökologie ist der Schweizer Naturforscher O. HEER anzusehen, der anläßlich der Bearbeitung der Öhninger Fossilien erstmalig paläoökologische Gesichtspunkte berücksichtigte

Rekonstruktion fossiler Lebewesen

Bevor jedoch auf die paläoökologische Analyse eingegangen sei, noch einige Bemerkungen zu den in der Paläontologie üblichen *Rekonstruktionen.* Oft wird dem Paläontologen die Frage gestellt, ob Rekonstruktionen vorzeitlicher Lebewesen wissenschaftlich überhaupt begründet sind. Die Herstellung von Rekonstruktionen gehört zweifellos zu den Arbeitsmethoden der Paläontologie, es geht jedoch lediglich darum, die Grenzen der wissenschaftlich begründeten Rekonstruktionen zu kennen und sie nicht zu überschreiten und damit eine Kenntnis vorzutäuschen, die nicht vorhanden ist.

Abb. 40. Rekonstruktion eines Brontotheriers (*Brontops* cf. *robustus* Marsh) aus dem Alttertiär von Dakota (USA). a) Skelett, b) Oberflächenmuskulatur, c) Habitus. (Nach H. F. Osborn, 1929)

Rekonstruktionsmethoden werden vornehmlich bei vorzeitlichen Wirbeltieren angewendet. Es ist dabei nicht an die schon erwähnten Skelettmontagen gedacht, sondern vielmehr an die *Wiederherstellung fossil nicht überlieferter Reste*, also im wesentlichen der Weichteile. Als solche kommen einerseits die Muskulatur, andrerseits die Körperbedeckung (Fell, Schuppen, Befiederung etc.) in Betracht. Grundlage für derartige Rekonstruktionen bieten

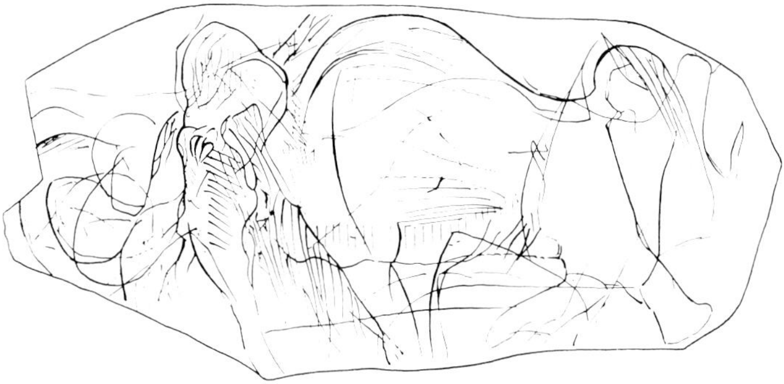

Abb. 41. Mammut *(Mammonteus primigenius)*. Von einem jungpaläolithischen Menschen auf ein Stoßzahnfragment eingeritzte Zeichnung. La Madeleine, Dordogne. Länge des Bruchstückes 245 mm. (Nach E. LARTET aus O. ABEL, 1927, umgezeichnet)

das vollständige Skelett und entsprechende Kenntnisse der nächst verwandten lebenden Formen. Aus der Abb. 40 wird die Methode einer exakten Rekonstruktion eines ausgestorbenen Wirbeltieres ersichtlich, indem der Skelettrekonstruktion jene der Muskulatur folgt, die schließlich die Grundlage für die Habitusrekonstruktion bildet. Diese ist um so leichter, je größer der Verwandtschaftsgrad mit lebenden Arten ist. Bei den jungeiszeitlichen Großtieren bilden die Höhlenzeichnungen des paläolithischen Menschen eine wertvolle zusätzliche Hilfe, denn dieser hat vor allem seine Jagdtiere in meist überaus naturalistischer Weise festgehalten (Abb. 41). Dadurch ist das Aussehen (Habitus) dieser Formen bekannt. Gerade über den Habitus der vorzeitlichen Wirbeltiere sind mangels paläontologischer Urkunden nur in seltenen Ausnahmefällen exakte Aussagen möglich. Art der Behaarung und Mähnenbildung bei Säugetieren, Befiederung bei Vögeln, Beschaffenheit der Körperoberfläche, Hautlappen und -kämme bei Reptilien und Amphibien bilden bei Rekonstruktionen ausgestorbener Wirbeltiere bevorzugt Anlaß zur Kritik. Über die Färbung der vor allem im populärwissenschaftlichen Schrifttum verbreiteten und oft außerordentlich bunt dargestellten Rekonstruktionen von Sauriern, vom Urvogel und Stegocephalen (altertümlichen Amphibien des Paläozoikums und der Triaszeit), die übrigens schon vor einigen Jahren auch in die Philatelie Eingang gefunden haben, können von wissenschaftlicher Seite nur Vermutungen geäußert werden, womit nicht behauptet sein soll, daß Farberhaltung bei fossilen Lebewesen nicht bekannt ist (vgl. S. 28). Andrerseits lassen indirekte Schlußfolgerungen auch Aussagen über fossil nicht überlieferte Eigenschaften und Merkmale längst ausgestorbener Formen zu, von denen in der heutigen Fauna keine Verwandten mehr leben. So ist für die Vorfahren der Säugetiere unter den Reptilien (Therapsida), die durch Skelettfunde hauptsächlich aus Triasablagerungen nachgewiesen sind, auf Grund des Vorkommens sog. Ethmo- und Nasoturbinalia in der Nasenhöhle nicht nur die Warmblütigkeit (Homoeothermie) anzunehmen, sondern auch eine Behaarung. Es werden daher diese Reptilien wegen dieser und anderer im Skelett vorhandener Eigenschaften auch im englischsprachigen Schrifttum „mammal-like reptiles" (= säugetierähnliche Reptilien) genannt (vgl. S. 102).

Ähnliches gilt für die gänzlich ausgestorbenen Flugsaurier (Pterosaurier), die aus Jura- und Kreideablagerungen in zahlreichen, mehr oder minder vollständigen Skelettexemplaren bekannt wurden. Sie besaßen eine durch den stark verlängerten 4. Finger spannbare Flughaut. Neben kurzschwänzigen Arten (Pterodactyloidea) existierten langschwänzige Formen mit einem endständigen, horizontalen Schwanzsegel (Rhamphorhynchoidea), über deren Exterieur man dank der vorzüglichen Erhaltung einzelner Exemplare Bescheid weiß (Abb. 42). Der heutigen Fauna fehlen richtige Vergleichsformen, da es unter den rezenten Reptilien keine Flatterflieger gibt (der Flugdrache, *Draco volans*, segelt lediglich mit Hilfe einer seitlichen, durch die verlängerten Rippen gespannten Flughaut) und die biologisch vergleichbaren Flughunde Säugetiere sind, die außerdem durch die Ausbildung ihrer Flughaut abweichen. Besonders die Art und Weise der Fortbewegung auf dem Land und ihre Ruhestellung ist wiederholt von Paläontologen und Zoologen diskutiert worden. Nach O. ABEL läßt sich die Ruhestellung mancher Flugsaurier mit jener der Flughunde vergleichen.

Aber auch der Paläobotaniker muß Rekonstruktionen anfertigen, wenn er zu einer Vorstellung von der Wuchsform bzw. vom

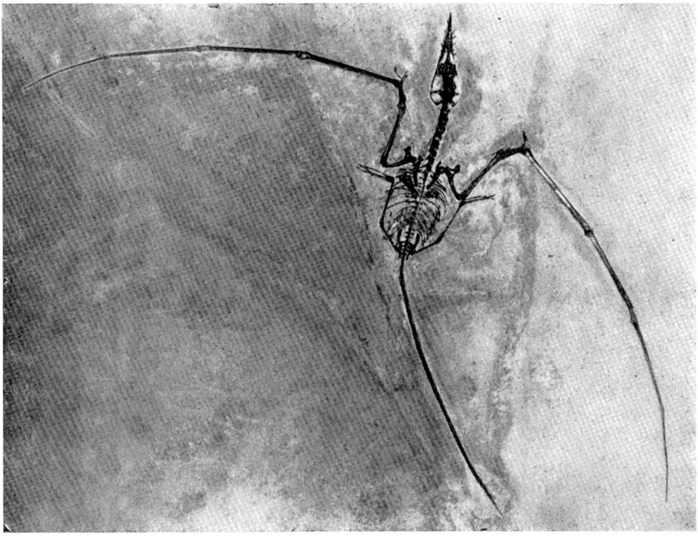

Abb. 42. Flugsaurier (*Rhamphorhynchus gemmingi* H. v. MEYER) aus den Ober-Jura-Plattenkalken von Solnhofen. Rhombenförmiges Schwanzsegel im Umriß erkennbar. Ca. $^1/_8$. Orig. Senckenberg-Museum, Frankfurt a. M.

Habitus einer Pflanze gelangen will. Er steht dabei vor eher größeren Schwierigkeiten als der Wirbeltierpaläontologe, die hauptsächlich durch den Erhaltungszustand bedingt sind (vgl. S. 56). Dieser läßt die einstige Zusammengehörigkeit der einzelnen pflanzlichen Teile, besonders bei baumförmigen Gewächsen, oft problematisch erscheinen. Es sei nur an die Schuppenbäume (Gattung *Lepidodendron*) des Karbons erinnert, deren Wurzeln als „Stigmarien“ und deren Zapfen als „*Lepidostrobus*“ beschrieben wurden. Aber auch die dichotome Gabelung von Wurzeln und Ästen wurde erst an vollständigeren Funden richtig erkannt. Der

a

b

c

Abb. 43

zunehmende Fortschritt unserer Kenntnis widerspiegelt sich in den verschiedenen Rekonstruktionen (Abb. 43), zu denen noch paläoökologische Probleme kommen.

Als weiteres Beispiel seien die Pteridospermatophyten (Farnsamer) erwähnt, völlig ausgestorbene Pflanzen, die in ihrem

Abb. 44. Das Silur-Meer und seine Bewohner. Rekonstruktion der Fauna der Budnaner Schichten bei Prag. Mit Kopffüßern aus der Verwandtschaft des Perlbootes *(Orthoceras* und *Cyrtoceras)*, Trilobiten *(Aulacopleura* und *Cheirurus)*, Korallen *(Favosites, Omphyma* und *Xylodes)*, Schnecken *(Murchisonia* und *Cyclotropis)*, Armfüßern *(Conchidium)* und Seelilien *(Scyphocrinites)*. Die Farbmuster der Schalen der Kopffüßer entsprechen den Originalen. (Nach J. Augusta and Z. Burian, 1956)

Habitus durchaus Farnen glichen, jedoch im Gegensatz zu diesen auf Grund ihres anatomischen Baues und der Art der Fortpflanzung echte Samenpflanzen und zwar Nacktsamer (Gymnospermen) sind. Sie sind charakteristische Elemente der Steinkohlen-

---

Abb. 43. Rekonstruktion des europäischen Steinkohlen„waldes" im Wandel der Zeit. a) Nach Saporta, 1881, b) Nach Kukuk, c) Nach einem Diorama im Field-Museum in Chicago. a) und c) (Nach R. Kräusel, 1950.) b) (Nach W. E. Petrascheck, 1956) flora. Wir wollen hier etwas dem historischen Gang der Forschung folgen. Zunächst kannte man nur eine Anzahl fossiler Wedel von typischem Farnbau (jedoch ohne Sporangien), die allerdings an Achsen saßen, deren Anatomie von der eines Farnes gänzlich verschieden war und an die von Cycadeen („Palmfarne"), also Samenpflanzen, erinnerte, weshalb man sie Cycadofilices („Cycadeenfarne") nannte. Daneben kannte man längst Gebilde, die zweifellos Samen waren, doch nur eine einzige Gattung *(Cordaites)*, deren Natur als Samenpflanze gesichert war. Vollständigere Funde bestätigten den zunächst nur als Vermutung geäußerten Zusammenhang zwischen farnähnlicher Beblätterung und den isoliert vorliegenden Samen. Charakteristisch ist für die Farnsamer, daß ihnen richtige Blüten fehlten und daß die Samen meist auf besonderen Wedeln saßen.

Mit der Rekonstruktion des einzelnen Tieres oder der Pflanze ist es jedoch nicht getan. Letztes Ziel der Paläontologie ist die Wiederherstellung sog. *Lebensbilder*, d. h. das rekonstruierte Einzeltier in seiner einstigen Umwelt darzustellen (Abb. 44). Damit kommen wir wieder zur Paläoökologie zurück.

Paläoökologie, Paläophysiologie und Paläoneurologie

Die Methoden der Paläoökologie sind sehr vielfältig. Einige wenige Beispiele mögen dies zeigen. Aufgabe der Paläoökologie ist die Erforschung der Beziehungen der fossilen Lebewesen zu ihrer belebten und unbelebten Umwelt und damit der einstigen Lebensräume in Form sog. Lebensbilder, über die noch im Kapitel VIII etwas ausführlicher die Rede sein soll. Es handelt sich also im Gegensatz zur Stratigraphie oder besser gesagt zur Chronologie, die eine *zeitliche* Gliederung zum Ziel hat, um eine Art *räumliche* Gliederung. Daraus ergeben sich die oben bereits erwähnten Berührungspunkte. Aber auch die Analyse fossiler Lebensspuren fällt in den Aufgabenbereich der Paläoökologie. Da aber diesen ebenfalls ein eigenes Kapitel gewidmet ist, so seien an dieser Stelle nur einige grundsätzlich wichtige Analysen gebracht, welche die Möglichkeiten, aber auch die zahlreichen bei der paläoökologischen Untersuchung zu berücksichtigenden Fehlerquellen zeigen sollen.

Der Ökologe, der es mit lebenden Tieren und Pflanzen zu tun hat, geht von Assoziationen (Vergesellschaftungen) bzw. von Biozönosen, sog. Lebensgemeinschaften, aus. Der Paläoökologe hat nur in den seltensten Fällen fossile Biozönosen vorliegen. Er muß die einstigen Assoziationen bzw. Lebensgemeinschaften erst mühsam aus sog. Oryktozönosen (fossile Grabgemeinschaften[14] rekonstruieren. Wie aus dem Schema (Abb. 45) hervorgeht, sind grundsätzlich autochthone und allochthone Fossilvorkommen (vgl. S. 29) auseinanderzuhalten. Es ergibt sich dadurch eine enge Verbindung mit der Biostratinomie bzw. Taphonomie, jenen Wissenszweigen, die sich mit den Vorgängen vom Absterben von Tieren und Pflanzen bis zu deren definitiver Einbettung (in das Sediment) befassen. Denn für die paläoökologische Analyse sind die Vorgänge *vor* der Fossilisation wesentlich. Zugleich ist aber auch eine eingehende Kenntnis der ökologischen Ansprüche bzw. der Lebensweise rezenter Tiere und Pflanzen notwendig. Da es dabei vielfach (vgl. auch Kapitel VII) um Fragen geht, die vom Zoologen (und Botaniker) nicht oder nur am Rande berücksichtigt werden, ist die Sammlung einschlägiger Beobachtungen durch Vergleichsstudien an rezenten Lebewesen notwendig. Es handelt sich um die sog. „Aktuopaläontologie" im Sinne von R. Richter, die gelegentlich als „experimentelle Paläontologie" bezeichnet wird. Sie gehört zwar stofflich nicht in den Rahmen der Paläontologie, hat aber zur Klärung biostratinomischer Fragen entscheidend beigetragen (vgl. S. 16 über die fossilen Quallen aus den Solnhofener Plattenkalken). Auf sie sei noch im Kapitel VII zurückgekommen.

Die Lebensweise eines fossilen Tieres kann meist aus dem Körperbau (durch Vergleich mit rezenten Organismen) erschlossen werden, nach dem Grundsatz, daß jedes Lebewesen Anpassungserscheinungen an seine Umwelt zeigt, die meist um so auffälliger sind, je stärker diese Bindung ist. Zusätzlich sind sowohl Sediment, in dem die Fossilreste vorkommen, als auch etwaige Lebensspuren zu berücksichtigen. Man kann aus dem Körperbau

[14] Der meist verwendete Ausdruck Taphozoenose bezieht sich nur auf *rezente* Grabgemeinschaften, die jedoch mangels der fossilen Erhaltungsfähigkeit nicht identisch sind mit Oryktozönosen; dies gilt auch für sog. Thanatozönosen (Totengesellschaften).

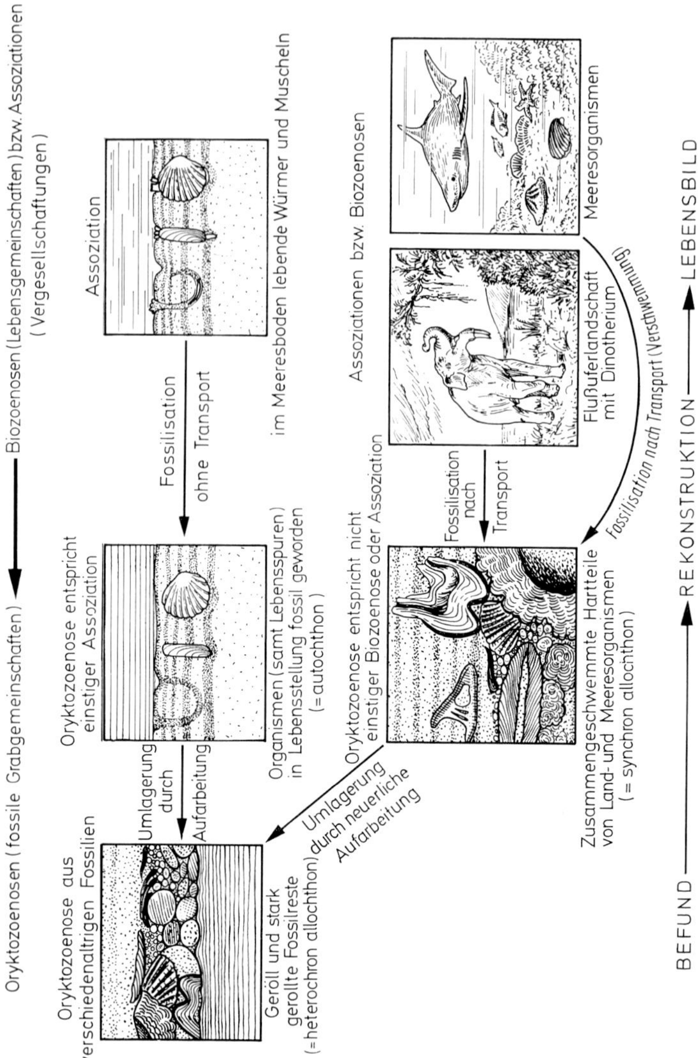

Abb. 45. Fossile Grabgemeinschaften (Oryktozönosen) und die Rekonstruktion der einstigen Assoziationen oder Lebensgemeinschaften (Schema)

entnehmen, ob es sich um planktonische, nektonische oder benthonische Lebewesen, um terrestrisch lebende, fliegende, baumbewohnende oder grabende Formen handelt usw. Aber auch die Art des Vorkommens ist für die Beurteilung der Lebensweise wichtig. Aus dem Gebiß läßt sich auf die Ernährungsweise (Raub- und Friedfische; Raubtiere und Pflanzenfresser, letztere wieder mit Blattäsern und Grasfressern und dgl. mehr) schließen. Nur indirekt lassen sich jedoch gewisse ökologische Ansprüche, wie etwa hinsichtlich Temperatur bzw. Klima und Wassertiefe, in der die Formen leben, beurteilen. In den letzten Jahren hat man durch die *Geothermometrie* auf Grund von Radioisotopen des Sauerstoffes (Verhältnis zwischen $^{16}O : ^{18}O$) im Kalziumkarbonat (Aragonit) zahlreiche absolute Daten über die Wassertemperatur zur Bildungszeit von Kalkskeletten fossiler Lebewesen (z. B. Rostren von Belemniten, Foraminiferengehäuse, Deckel von Ammoniten, Skelette von Korallen) gewinnen können. Man spricht daher von „fossilen Thermometern" oder „Karbonatthermometern". Abgesehen von der Voraussetzung vollmariner Salinität ($35\,^0/_{00}$) sind jedoch verschiedene Fehlerquellen auszuschalten, die mit dem Schalenwachstum der Lebewesen und der jeweiligen Meerestiefe, in der sie leben, verbunden sind. Weiters hat sich gezeigt, daß nur primär aragonitische Gehäuse aus thermisch nicht beeinflußten Tongesteinen richtige Werte liefern. Umkristallisation in Kalzit sowie Aragonitschaler aus nachträglich stärker erwärmten Tonen führen zu falschen Temperaturwerten.

Die „normale" Auswertung von Fossilien als Klimazeugen beruht fast ausschließlich auf Vergleich mit rezenten, verwandten Formen (z. B. Palmen, Zimt- und Kampferbäume, Lorbeergewächse etc. sowie Riffkorallen [Durchschnittstemperatur des kältesten Monats nicht unter 22° C] als Indikatoren für tropisches bis subtropisches Klima; Zwergweiden und -birken sowie Schnekken [*Succinea oblonga elongata* und *Arianta arbustorum alpicola*] für arktisches bzw. alpines Klima etc.). Eine Beurteilung der klimatischen Ansprüche aus den Skelettresten fossiler Wirbeltiere ist gleichfalls nicht möglich. Hier sind nur Schlußfolgerungen über die Ernährungsweise (z. B. Wald- und Steppenelefanten als Laubäser bzw. Grasfresser) und damit wiederum über rezente verwandte Formen möglich. Dasselbe gilt für die Beurteilung der Wassertiefe, in der die fossilen Formen einst lebten (z. B. gegenwärtig aktives Riffwachstum von Riffkorallen nicht tiefer als 46 m; Lithothamnien [Steinalgen] und Seepocken [Balanen] im Brandungsbereich, Leuchtsardinen [Scopeliden = Myctophiden] als

Tiefseebewohner etc.), die sich aus dem Sediment allein nicht mit Sicherheit erschließen läßt[15]. Neuerdings werden auch Lebensspuren mit Erfolg als bathymetrische Indikatoren herangezogen, wie A. SEILACHER gezeigt hat (s. S. 147). Bei dieser indirekten Beurteilung muß jedoch berücksichtigt werden, daß sich die ökologischen Ansprüche bzw. die Lebensweise im Laufe der Zeit geändert haben könnten. So finden sich sessile (festgewachsene) Seelilien (Crinoiden) gegenwärtig vorwiegend in größeren Meerestiefen, während die fossilen Crinoiden hauptsächlich Bewohner der Flachmeere waren. Ähnliches gilt für die heutigen Tiefseekrebse, für verschiedene Tiefseefische (Macruriden etc.) und Tiefseemollusken *(Neopilina)*, deren fossile Verwandte aus Flachwasserablagerungen oder direkten Strandbildungen vorliegen. D. h., sie wurden erst nachher zu Tiefseebewohnern. Ähnliches gilt für die Mehrzahl der nordischen und alpinen Elemente unter den Säugetieren, deren Vorfahren noch in der ausgehenden Tertiärzeit bzw. in der ältesten Eiszeit in warmgemäßigten Klimazonen lebten (z. B. Eisfuchs, Eisbär, Vielfraß, Elch) oder Steppen- bzw. Felsbewohner waren (z. B. Alpenmurmeltier, Alpenschneehase, Schneemaus, Alpensteinbock).

Daher gestaltet sich auch die ökologische Beurteilung geologisch sehr alter Faunen und Floren recht schwierig, ganz abgesehen davon, daß bisher stets stillschweigend das *Prinzip des Aktualismus* vorausgesetzt wurde. So ist bis heute noch nicht eindeutig geklärt, unter welchen klimatischen Bedingungen die Steinkohlen„wälder" existierten. Wohl sind Hinweise für ein tropisches Klima vorhanden, doch reichen diese allein nicht aus. Ein weiteres Problem boten verschiedene morphologische Merkmale der Lepidophyten (baumförmige Bärlappgewächse) des Karbon, die nur bei xerophilen, d. h. trockenheitsliebenden Pflanzen auftreten (z. B. nadelförmige Beblätterung, Zahl und Anordnung der für die Transpiration wichtigen Spaltöffnungen etc.). Dem Vorkommen und der Begleitflora nach gediehen die Lepidophyten jedoch nur an ausgesprochen feuchten Standorten (Sumpfwälder). Dieser vermeintliche Widerspruch wird jedoch aus der Anatomie dieser

[15] Wohl können in einzelnen Fällen sichere Angaben gemacht werden, doch sind dies die Ausnahmen (z. B. Priele, Nachweis von Regentropfen und echten Trockenrissen in marinen Sedimenten als Nachweis für den Ebbe-Flutbereich).

Pflanzen verständlich. Im Gegensatz zu den heutigen Holzgewächsen beträgt der Anteil des Holzkörpers, der u. a. für die Leitung des Wassers von den Wurzeln zu den Blättern notwendig ist, maximal 15 % des gesamten Stammquerschnittes, der hauptsächlich aus Rindensubstanz besteht. Den Lepidophyten fehlte das für die Nadel- und Laubbäume so kennzeichnende sekundäre Dickenwachstum des Holzes, weshalb die (erforderliche) Stützfunktion von der mächtigen Rinde übernommen werden mußte. Durch die Konstruktion des wasserleitenden Anteils liegt bei den Lepidophyten trotz des reichlichen Wasserangebotes der Fall einer physiologischen Trockenheit vor[16]. Damit ist ein Fragenkreis angeschnitten, der in Übereinstimmung mit den obigen Termini als *Paläophysiologie*[17] bezeichnet werden müßte. Die ursprüngliche Fassung dieses Begriffes durch F. NOPCSA war freilich in wesentlich eingeschränkterem Umfang verwendet worden, indem NOPCSA vor allem Fragen der Endokrinologie und ihre Bedeutung für die Körpergröße fossiler Wirbeltiere und damit für ihre Evolution, darunter verstand. Immerhin kann auch der Paläontologe physiologische Verhältnisse an vorzeitlichen Lebewesen mit hohem Grad an Wahrscheinlichkeit erschließen. Es sei hier nur das Problem der Homoeothermie (Warmblütigkeit) erwähnt, die nach Fossilfunden nicht nur Säugetieren und Vögeln zukam, sondern bereits den Vorfahren der Säugetiere, den Therapsiden, eigen war (s. S. 102).

Ein in Zusammenhang mit biologischen Wachstumsrhythmen stehender Fragenkreis sei hier noch kurz erwähnt, da er ebenfalls in den Bereich der Paläophysiologie fällt und für die Astronomie von grundsätzlicher Bedeutung ist. Von rezenten Steinkorallen (Skleraktinien) sind feinste Wachstumsringe am Skelett bekannt, die täglichen Zuwachsstreifen entsprechen und über deren Ursachen (Tag- und Nacht- bzw. Gezeitenwechsel) diskutiert wird. Auf Grund analoger Zuwachsstreifen am Skelett (Epitheca) paläozoischer Korallen (Rugosen) hat J. W. WELLS nachzuweisen versucht, daß die Zahl der Tage im Jahr vom Ordovizium bis zum

---

[16] Der xeromorphe Charakter von Moorpflanzen kann auch mit dem Stickstoffmangel in Zusammenhang stehen.

[17] Auch die sog. Paläophotobiologie (J. L. WILSER) betrifft Fragen der Paläophysiologie.

Oberkarbon von annähernd 412 auf ungefähr 385 abgenommen hat, was eine konstante Abnahme der Erdrotation vom Ordovizium bis zur Gegenwart bedeuten würde. Es ist verständlich, daß derartige und ähnliche Befunde über rhythmische Wachstumsvorgänge an vorzeitlichen Lebewesen für den Geophysiker und Astronomen (z. B. Nachweis bzw. Einfluß des Mondes, Dauer des Mondtages und deren Konsequenzen) nicht gleichgültig sein können.

Ein weiteres, heute als *Paläoneurologie* (T. EDINGER) bezeichnetes Arbeitsgebiet der Paläontologie, sei in diesem Zusammenhang erwähnt. Die Paläoneurologie befaßt sich mit dem Zentralnervensystem der fossilen Lebewesen und damit hauptsächlich mit deren Gehirn. Dieses kann als natürlicher oder künstlicher Ausguß des Cavum cranii (Schädelhöhle) auch bei fossilen Wirbeltieren (s. S. 14) untersucht und entsprechend ausgewertet werden. So ist das Gehirn der Flugsaurier durchaus vogelähnlich gebaut, indem die mit dem Flugvermögen gekoppelten Zentren gut entwickelt sind, während es beim Urvogel, der ein verhältnismäßig schlechter Flatterflieger war, reptilähnlich gestaltet ist. Bei der Auswertung bestimmter Gehirnstrukturen an fossilen Endocranialausgüssen ist allerdings Vorsicht geboten. So ist die Annahme von T. EDINGER auf Grund gut entwickelter „Hörzentren" an einem „fossilen Gehirn", die Fledermäuse wären bereits im ältesten Tertiär (Paleozän) Dämmerungsjäger auf Insekten gewesen, die sich mit Ultraschall orientierten, nicht zutreffend. Damit wollen wir zur paläoökologischen Analyse zurückkehren.

Das folgende, aus dem Bereich der Wirbeltierpaläontologie gewählte Beispiel soll nicht nur die Verknüpfung mit der Paläobotanik, sondern auch die Bedeutung von paläoökologischen Analysen für die Paläoanthropologie aufzeigen. Dem Paläoanthropologen, der sich mit der Erforschung früher Menschenformen beschäftigt, stehen als Studienobjekte nur Skelett- und Gebißreste zur Verfügung.

Als der erste Fund eines sog. Australopithecinen — ein Calvarium eines Individuums im Kindesalter (Abb. 46) — im Jahre 1925 gelang, waren sich die Fachgelehrten keineswegs einig über die systematische Zugehörigkeit desselben, wie auch das geologische Alter unsicher war, da der Rest aus einer Spaltenfüllung stammt. Im Prinzip ging es darum, zu entscheiden, ob es sich um einen Menschenaffen oder einen Menschen handelte. Die Beantwortung dieser Frage, die an sich bei einem nicht erwachsenen Individuum nur schwer möglich ist, gelang erst nach ungefähr zwei Jahrzehnten, als weitere und vollständigere Funde von diesen Australopithecinen gemacht wurden. Heute hat sich das Fundgut und dadurch unsere Kenntnis von diesen Lebewesen bedeutend erweitert, wenngleich auch noch nicht sämtliche Skelett-

Abb. 46. *Australopithecus africanus* (DART). Der erste Fund (Kinderschädel) eines Australopithecinen von Taungs, Südafrika. (Nach G. H. R. VON KOENIGSWALD, 1960)

elemente bekannt sind[18]. In der Gehirngröße, oder besser gesagt der Schädelkapazität — allein diese ist meßbar und wurde seinerzeit als entscheidend für die Zugehörigkeit zu den Hominiden, also den Menschen, angesehen — vermitteln die Australopithecinen zwischen rezenten Menschenaffen (z. B. Schimpanse, Gorilla) und dem sog. Pekingmenschen *(„Sinanthropus pekinensis“ = Homo erectus pekinensis)*, während das in systematischer Hinsicht sehr wichtige Gebiß ausgesprochen menschlich (hominid) ausgebildet ist und sich dadurch wesentlich von dem sämtlicher Menschenaffen unterscheidet. Diese Tatsache, sowie weitere Erkenntnisse, einschließlich des geologischen Alters (Ältestpleistozän)

[18] Vgl. G. H. R. VON KOENIGSWALD: Die Geschichte des Menschen. Verständl. Wiss. 74, Springer-Verlag, Berlin 1968.

führten schließlich dazu, weniger den Bau des Schädels und die Gehirngröße als entscheidend für die Zuordnung zu den Hominiden zu betrachten, sondern den aufrechten Gang, die Bipedie, für dessen Beurteilung der Bau des Beckens entscheidend ist. Wie Beckenreste belegen, gingen die Australopithecinen aufrecht, sie bewegten sich bereits nach Art des heutigen Menschen zweibeinig (biped) fort. Damit war nicht nur das Problem geklärt, wieso das so außerordentlich primitiv wirkende Schädeldach des Trinilmenschen *(„Pithecanthropus erectus“ = Homo erectus erectus)* von Java

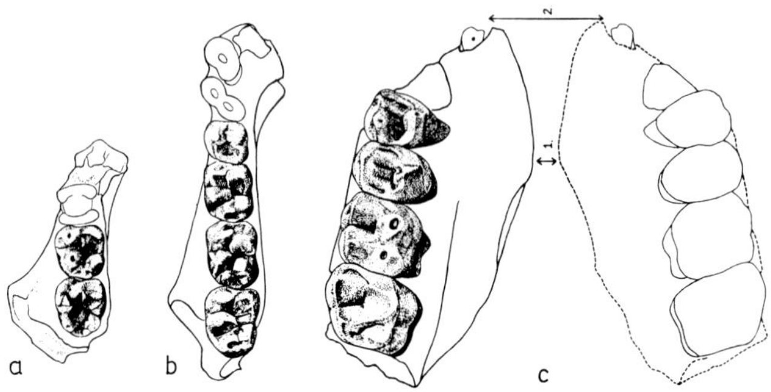

Abb. 47. *Ramapithecus brevirostris*. a) Unterkiefer mit M2-3 sin., c) Oberkiefer mit P^3—M^2 dext., Zahnbogen spiegelbildlich ergänzt) als Hominide und b) *Dryopithecus (Sugrivapithecus)* als Pongide aus dem Alt-Pliozän Südasiens. Beachte kurzen Kieferast und Rundbogengebiß bei *Ramapithecus*. a) und b) $^1/_2$ nat. Gr., c) $^2/_3$ nat. Gr. (Nach E. L. Simons, 1961 und 1964)

mit einem völlig „modern“ anmutenden (d. h. dem jetzigen Menschen, *Homo sapiens*, entsprechenden) Oberschenkelknochen vergesellschaftet war, sondern auch bewiesen, daß der aufrechte Gang bei den Hominiden früher entwickelt war als die für den heutigen Menschen so charakteristische Ausbildung des Großhirns. Aus dieser Tatsache geht ferner hervor, daß der Lebensraum der frühen Hominiden nicht im Urwald gesucht werden kann, sondern in der freien Landschaft. Diese Feststellung ist für die Suche nach den geologisch ältesten Hominiden äußerst wichtig. Diese müssen, wie die Australopithecinen vermuten lassen, im (jüngeren) Tertiär gelebt haben. Neuerdings sind solche Reste aus dem Mio-Pliozän Südasiens und Ostafrikas bekannt geworden (*Ramapithecus* = *„Kenyapithecus“*; Abb. 47). Als geologisch ältester

Hominide wurde jedoch der bereits vor Jahrzehnten aus jungmiozänen oder altpliozänen Braunkohlen der Toskana beschriebene *Oreopithecus bambolii* durch den Schweizer Paläontologen J. HÜRZELER angesehen. J. HÜRZELER kam zu diesem Ergebnis auf Grund der Neuuntersuchung der damals vorliegenden Reste (Kiefer- und Gebißreste sowie das Fragment einer Ulna [Elle]). Schien diese Deutung bereits auf Grund der morphologischen Merkmale unzutreffend, so sprach auch der nach den Fundumständen für diese Art anzunehmende einstige Lebensraum gegen obige Ansicht.

Wie die Erfahrung lehrt, handelt es sich bei den aus Braunkohlen — nicht ihren Begleitschichten in Form von Mergeln oder Sanden — überlieferten Wirbeltieren entweder um Wasser- (Sumpf-) oder um Waldbewohner und nicht um solche der freien Landschaft. Die im Jahre 1958 durch J. HÜRZELER geglückte Bergung eines ziemlich vollständigen Skeletts von *Oreopithecus bambolii*, welches auch eine Beurteilung der Gliedmaßenproportionen zuläßt, hat diese Annahme voll bestätigt. *Oreopithecus bambolii* ist eine ausgesprochene Kletterform mit verlängerten Armen gewesen, ähnlich dem heutigen Schimpansen und war dadurch ein Urwaldbewohner. Gegen eine bipede Fortbewegungsweise, wie sie für Hominiden charakteristisch ist, sprechen nicht nur der einstige Lebensraum und die verlängerten Vorderextremitäten, sondern auch der Bau des Beckens, der nach H. SCHULTZ dem eines Schimpansen am nächsten kommt.

Zur obigen Erfahrungstatsache, daß die aus Braunkohlen stammenden Wirbeltiere Wald- oder Wasserbewohner sind, erscheinen noch einige erläuternde Bemerkungen notwendig. Eingehende Untersuchungen der Holz- und Blattreste (mittels Kutikularanalyse) sowie der Früchte und Samen aus den verschiedenen Schichten tertiärzeitlicher Braunkohlen haben gezeigt, daß verschiedene Pflanzenverbände an der Bildung beteiligt waren, deren Reihenfolge in Abb. 48 etwas schematisiert dargestellt ist.

Ausgehend von einem offenen See im Verlandungsstadium, ähnlich den Everglades in Florida, bilden sich Bruchwaldmoore bzw. überflutete Sumpfzypressenbestände (Cypress-Swamps), wie sie etwa aus Louisiana bekannt sind, aus Taxodien sowie aus *Glyptostrobus* und *Nyssa* (Tupelobaum), die schließlich von einem

Trockenwald aus Sequoien (*Sequoia langsdorffii*, eine verwandte Form des kalifornischen Rotholzbaumes *Sequoia sempervirens*) abgelöst werden, der das Klimax- oder Endstadium darstellt und

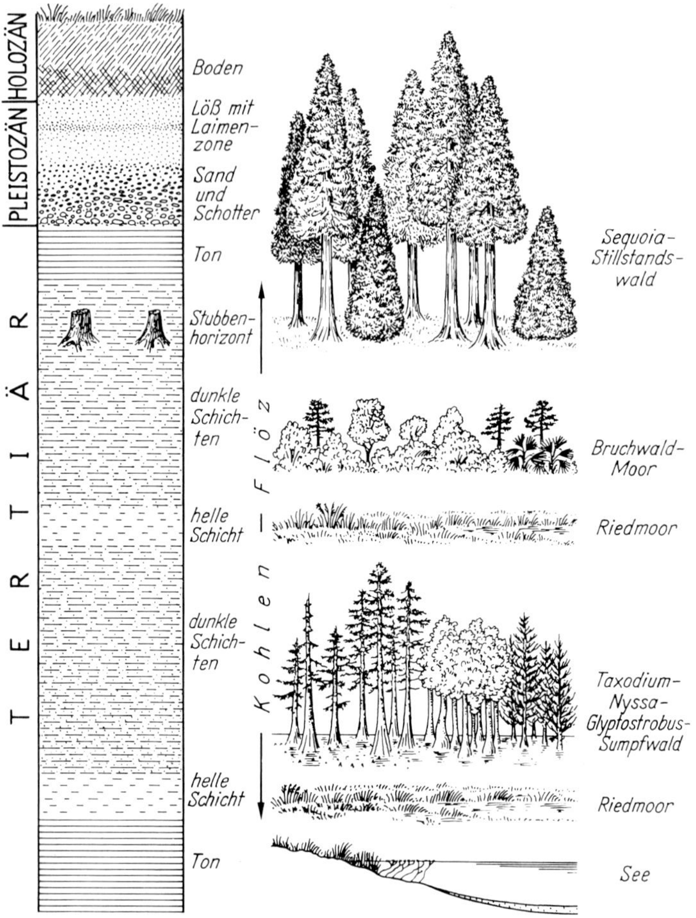

Abb. 48. Schema zur Entstehung von Braunkohlen. Links Braunkohlenflöz mit hellen und dunklen Lagen sowie einem Stubbenhorizont. Rechts die Pflanzengemeinschaften, aus denen die Kohle entstand; Riedmoore, *Taxodium-Nyssa-Glyptostrobus*-Sumpfwälder, Bruchwaldmoore mit Erlen, Weiden, Kiefern und Zwergpalmen und schließlich das Endstadium, der Sequoien-Trockenwald. (Nach E. THENIUS, 1962, ergänzt)

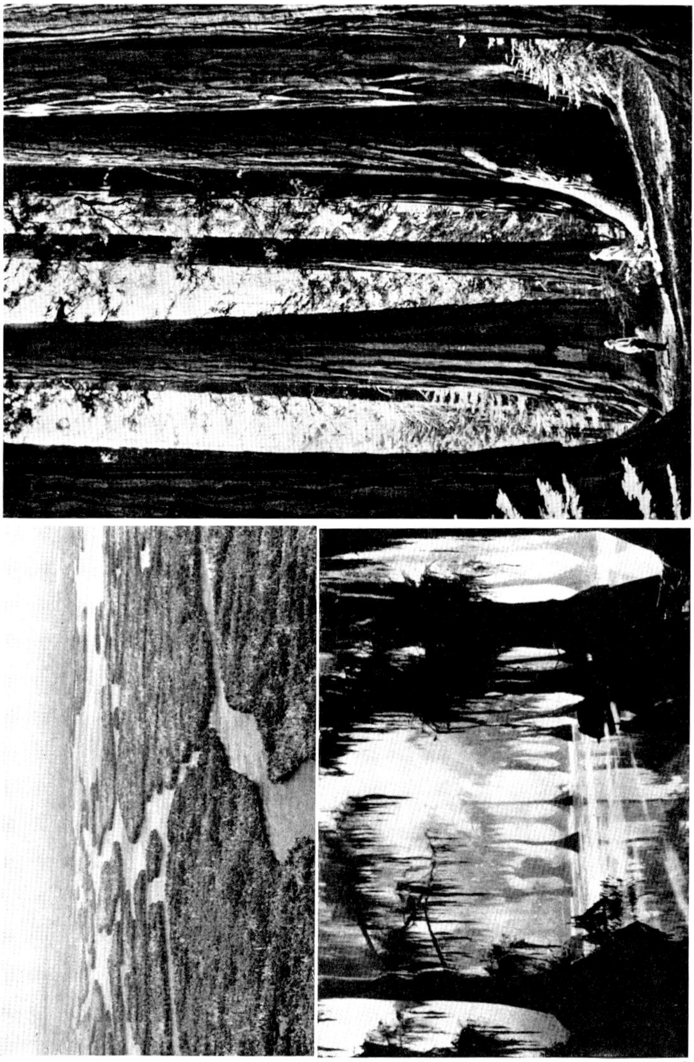

a b c

Abb. 49. Lebende Braunkohlen„wald"-Stadien aus den USA. a) Riedmoore in Form der Everglades, Florida National Park, b) Cypress-swamps mit *Taxodium distichum*, Florida National Park, c) Klimax-Stadium in Form der Redwood-Wälder, Sequoia National Park, Kalifornien. Photos frdlw. von U.S.I.S. zur Verfügung gestellt

dementsprechend dauerhaft war (Abb. 49). Daher bestehen auch die meisten sog. Stubbenhorizonte in Braunkohlen aus Sequoien. Da Fossilisationsbedingungen nur zur Zeit der „feuchten" Stadien

(„Everglades", Bruchwaldmoore und Sumpfzypressenwälder) gegeben waren, sind, entsprechend dem Lebensraum, fossil nur See- oder Sumpfbewohner bzw. Waldformen zu erwarten. Reste von Steppen- und Savannenbewohnern werden daher in Braunkohlen selbst nicht oder nur ganz ausnahmsweise anzutreffen sein.

Wie sehr auch für die Paläoökologie die Gunst der Fossilüberlieferung entscheidend sein kann, möge der folgende Fall zeigen, mit dem wir dieses Kapitel beschließen wollen. Der rezente afrikanische Lungenfisch (Gattung *Protopterus*), der in zeitweise austrocknenden Gewässern vorkommt, vergräbt sich zur Trockenzeit im Schlamm und bildet eine Kapsel um seinen eingerollten Körper, die außen aus Schlamm, innen jedoch aus einem zu lederartiger Konsistenz erhärtenden Schleimkokon besteht. Während des Trockenschlafes sind die Lebensfunktionen weitgehend herabgesetzt. Durch einen Atemschlitz in der Kapsel kann der Fisch mit Hilfe der Lungen seinen Sauerstoffbedarf decken, bis neue Regenfälle die Gewässer wieder entstehen lassen und die Fische aus ihren erweichenden Kapseln schlüpfen. In den letzten Jahren wurden derartige, im Trockenschlaf fossil gewordene Lungenfische (z. B. Gattung *Gnathorhiza*) mehrfach aus dem Ober-Karbon und dem Perm der USA beschrieben. Sie zeigen, daß diese Eigenschaft bereits jungpaläozoischen Lungenfischen zukam.

V. Fossilien als Zeitmarken

Leitfossilien als Grundlage für die Biostratigraphie

Jede Zeit hat ihre charakteristischen Versteinerungen. Diese erstmals von WILLIAM SMITH praktisch ausgewertete Kenntnis hat zum Begriff *Leitfossil* (L. v. BUCH) geführt. Sie ermöglichen die Altersbestimmung fossilführender Sedimente, die für den Geologen außerordentlich wichtig ist, da eine rein lithologische (gesteinsmäßige) Analyse der Gesteine eine Altersbestimmung nicht zuläßt. Breccien und Konglomerate, Sandsteine und Kalke, Schiefer und Mergel, Tone und Oolithe und andere anorganische Absatzgesteine konnten sich unter entsprechenden Voraussetzungen jederzeit in der Vorzeit bilden. Erst Leitfossilien, also auf eine bestimmte Zone beschränkte Versteinerungen, ermöglichen eine Alterseinstufung und eine Parallelisierung von Sedimentgesteinen. Es ist das Arbeitsgebiet der *Biostratigraphie* bzw. Biochronologie. Ausgehend vom sog. *Lagerungsgesetz*[19], das durch NICOLAUS STENO (1669) erstmalig gefunden wurde, haben vergleichende Untersuchungen gezeigt, daß überall eine regelmäßige Abfolge von tierischen und pflanzlichen Fossilien in solchen Gesteinen vorhanden ist, die ihren Niederschlag in der sog. Formationstabelle (s. Zeittafel auf S. 200) gefunden hat und deren Grundgliederung in Europa gewonnen wurde. Eine derartige Gliederung hat von örtlich gegebenen Profilen mit einer beobachtbaren Aufeinanderfolge von Fossilien ihren Ausgang genommen. Der feststellbare Wechsel in der Zusammensetzung der fossilen Faunen und Floren, der seinerzeit mit weltweiten Katastrophen und folgenden Neuschöpfungen zu erklären versucht wurde, ist durch die stammesgeschichtliche Entwicklung bedingt. Dadurch ist auch eine schrittweise Annäherung der Faunen und Floren der Erdneuzeit (Tertiär und Pleistozän) an die gegenwärtige gegeben. Diese Feststellung, die jedoch nur bedingt anwendbar ist, wurde ursprünglich als Grundlage für die Gliederung der Tertiärablagerungen herangezogen, indem der Prozentanteil rezenter Arten innerhalb der fossilen Faunen als entscheidend angesehen wurde.

Relative und absolute Chronologie (Geochronometrie)

Die stammesgeschichtliche oder phylogenetische Entwicklung ist jedoch auch die Voraussetzung für das Vorhandensein von Leitfossilien und damit für eine relative Chronologie der Vorzeit überhaupt. Die Fossilien ermöglichen keine Angaben über das absolute Alter der Fundschichten, sondern nur eine relative Datierung. Durch Fossilien belegtes Geschehen erfolgte nicht vor so und soviel Jahren, sondern im Eozän oder im Miozän etc.

Absolute Daten, wie sie die *Geochronometrie* liefert, sind einerseits durch den Zerfall radioaktiver Elemente, andrerseits durch die jahreszeitliche Schichtung mancher Sedimente möglich[20]. Letztere

[19] Das Lagerungsgesetz besagt, daß bei Sedimentgesteinen — ungestörte Lagerung vorausgesetzt — die geologisch ältesten die untersten, die geologisch jüngsten Ablagerungen die obersten Schichten bilden.

[20] Vgl. dazu H. W. FRANKE: Methoden der Geochronologie. Verständl. Wiss. **98**, Springer-Verlag, Berlin 1969.

hat zur sog. Bänderton- oder Warvenchronologie geführt, die sich der in den Schmelzwasserseen entstandenen, jahreszeitlich geschichteten Tone als Grundlage bedient. Derartige Bändertone sind vorwiegend aus der Spät- und Nacheiszeit Nordeuropas erhalten, als das ganz Skandinavien bedeckende Inlandeis langsam nach Norden zurückwich. Grundsätzlich der gleichen Methode bedient sich die Dendrochronologie, die vergleichende Jahresringdatierung an Holzgewächsen. Während die Bändertone und die Jahresringe durch ihr Gefüge einen zeitkennzeichnenden Zustand bewahrt haben und eine Registrierung der Jahre ermöglichen, erlauben die radioaktiven Mineralien umgekehrt eine Aussage durch die Verwandlung, die seit der Zeit ihrer Bildung durch den ständigen Zerfall eingetreten ist. Sie wirken als „geologische Uhren", die mit Sanduhren verglichen werden können. Ist die Geschwindigkeit bekannt, mit welcher der Sand herabrieselt, so läßt sich aus dem Verhältnis beider Mengen (im oberen und unteren Teil der Sanduhr) die Zeit berechnen, die seit dem Beginn des Ablaufes verstrichen ist. Radioaktive Mineralien entstehen in magmatischen Schmelzen, indem es durch fortschreitende Abkühlung zur Auskristallisierung und damit zur Bildung dieser Mineralien kommt. Ab dem Zeitpunkt ihrer Bildung beginnt die „Sanduhr" zu laufen.

Die konstanten Zerfallszeiten radioaktiver Elemente bzw. von Radio-Isotopen bilden die Grundlage der absoluten Datierung der erdgeschichtlichen Perioden. Jedes radioaktive Element hat eine charakteristische „Halbwertszeit" (Zeit, in der die Hälfte des Elementes ungeachtet der physikalischen Einflüsse [Druck, Temperatur etc.] zerfällt), die experimentell festgestellt und absolut konstant ist. Uran rund 4,5 Milliarden, Thorium ungefähr 15 Milliarden Jahre. Es sind richtige Atomuhren. Gewisse Differenzen in den nach ihnen gewonnenen Daten sind meist auf Fehlerquellen bei der Parallelisierung magmatischer Gesteine, die radioaktive Mineralien enthalten, mit fossilführenden Ablagerungen zurückzuführen. Immerhin kann die Dauer der einzelnen erdgeschichtlichen Perioden als annähernd gesichert gelten (vgl. Zeittafel).

Die wichtigsten radioaktiven Elemente sind Uran (Atomgewicht 238), Aktino-Uran (235) und Thorium (232). Aus diesen Elementen entstehen durch den Zerfall (Ausstrahlung von Alpha-

und Beta-Teilchen sowie Gamma-Strahlung) nacheinander verschiedene Elemente, von denen nur das letzte unveränderlich ist und die Eigenschaften des Bleies besitzt (Atomgewicht 206, 207 und 208 nach den oben genannten Ausgangselementen).

Die auf Radioisotopen, d. h. auf radiogenen Isotopen beruhenden Datierungsmethoden sind erst in den vergangenen Jahrzehnten entwickelt worden. Die bekannteste ist die Radiokarbonmethode, die sich des Kohlenstoffisotopes ^{14}C bedient. Gewöhnlicher Kohlenstoff hat das Atomgewicht 12 (= ^{12}C). Viel seltener sind die Kohlenstoffabarten mit den Atomgewichten 13 (^{13}C) und 14 (^{14}C). Letztere ist in der Lufthülle in Form von Kohlensäure vorhanden und wird von pflanzlichen Organismen über die Assimilation aufgenommen. Über diesen Umweg gelangt ^{14}C entweder über den natürlichen Kreislauf in die Atmosphäre zurück oder wird mit den organischen Resten im Boden abgelagert, wo der mit dem Absterben begonnene Zerfall weitergeht. Infolge der kurzen Halbwertszeit (5,730 Jahre) kann die ^{14}C-Methode nur für die Gliederung der letzten 50000 Jahre herangezogen werden. Dem Paläontologen hat sie wertvolle Daten über den Zeitpunkt des Aussterbens eiszeitlicher Säugetiere geliefert.

Eine weitere Radio-Isotopenmethode ist die Kalium-Argonmethode (^{40}K bildet ^{40}Ar), die infolge ihrer Halbwertszeit vor allem für die Gliederung der Tertiärzeit wichtig ist; mit Hilfe der Uranmethode konnte diese bisher kaum näher gegliedert werden. Ausgangsmaterial ist Biotit, Glaukonit, Muskovit und Hornblende, die jedoch auf höhere Temperaturen durch Argonverlust verschieden reagieren und dadurch unterschiedliche (Alters-)Werte liefern können. Meist wird dadurch nur das geologisch jüngste, mit einer Temperaturerhöhung verbundene Ereignis, altersmäßig erfaßbar. Auch die Rubidium-Strontiummethode spielt eine wesentliche Rolle.

In ihrer Gesamtheit lassen diese „geologischen Uhren" nicht nur eine absolute Datierung des Phanerozoikums (Paläo-, Meso- und Kaenozoikum) zu, sondern auch des Präkambriums und damit Schlüsse auf die vermutliche Dauer des Bestehens der Erde, die neuerdings mit mindestens 4,5 Milliarden Jahren angegeben wird. Diese Zeitspanne ist ungefähr neunmal länger als die seit dem Beginn des Erdaltertums vergangene Zeit, mit dem die

Fossilführung erst richtig einsetzt. Auf die Strecke London—Wien übertragen, würde dies bedeuten, daß erst ab Linz reichlicheres Leben zu erwarten wäre.

Für den Paläontologen ist jedoch die genauere absolute Datierung jener Zeitspanne wichtig, aus der reichlich fossilführende Ablagerungen überliefert sind. Das ist mit dem Beginn des Kambrium der Fall, seit dem annähernd 550 Millionen Jahre vergangen sind. Diese absoluten Daten ermöglichen Vorstellungen über die Evolutionsgeschwindigkeit, d. h. über das Tempo der stammesgeschichtlichen Entwicklung, von der noch im Kapitel VI die Rede sein wird.

Es sei hier noch auf den sogenannten Fluortest hingewiesen, der für die Paläontologie sehr wertvoll sein kann. Dieser beruht auf dem Fluorgehalt von Knochen und Zähnen, der in der Regel mit dem höheren geologischen Alter zunimmt. Da diese Zunahme im Gegensatz zum Zerfall radioaktiver Elemente stark von verschiedenen äußeren Faktoren beeinflußt wird, ist der Fluortest zur Altersdatierung nur beschränkt verwertbar. Hingegen hat er sich bei Fossilfälschungen (s. S. 32) oder bei der Beurteilung der Herkunft verschleppter Fossilreste bestens bewährt.

Die Gliederung von Absatzgesteinen durch Fossilien erfolgte meist dort, wo reiche Faunen vorhanden waren und die ursprüngliche Lagerung nicht gestört ist, wie etwa im süddeutschen Juragebirge. Hier haben die grundlegenden Untersuchungen der Ammoniten durch F. A. Quenstedt (1809—1889) und seinem Schüler A. Oppel (1831—1865) zur klassisch gewordenen Gliederung des Jura geführt, nachdem bereits in England ähnliche Gliederungsversuche vorausgegangen waren. Es ist verständlich, daß die stratigraphische Gliederung von derartigen, tektonisch nicht oder nur wenig gestörten Gebiete ihren Ausgang genommen hat und nicht von tektonisch stark beanspruchten Gesteinsserien, wie sie uns meist in den Alpen oder im Himalaya entgegentreten.

Ähnlich klassisch gewordene Gebiete, die für die Chronologie einer Periode maßgebend waren, sind das Bergland von Wales (Kambrium und Ordovizium), das Ostseegebiet (Silur), Südwestengland (Devon), Belgien (Karbon), Mitteldeutschland (Perm und Trias), Südwestfrankreich und Westschweiz (Kreide), Pariser, Londoner, Belgisches und Wiener Becken (Tertiär).

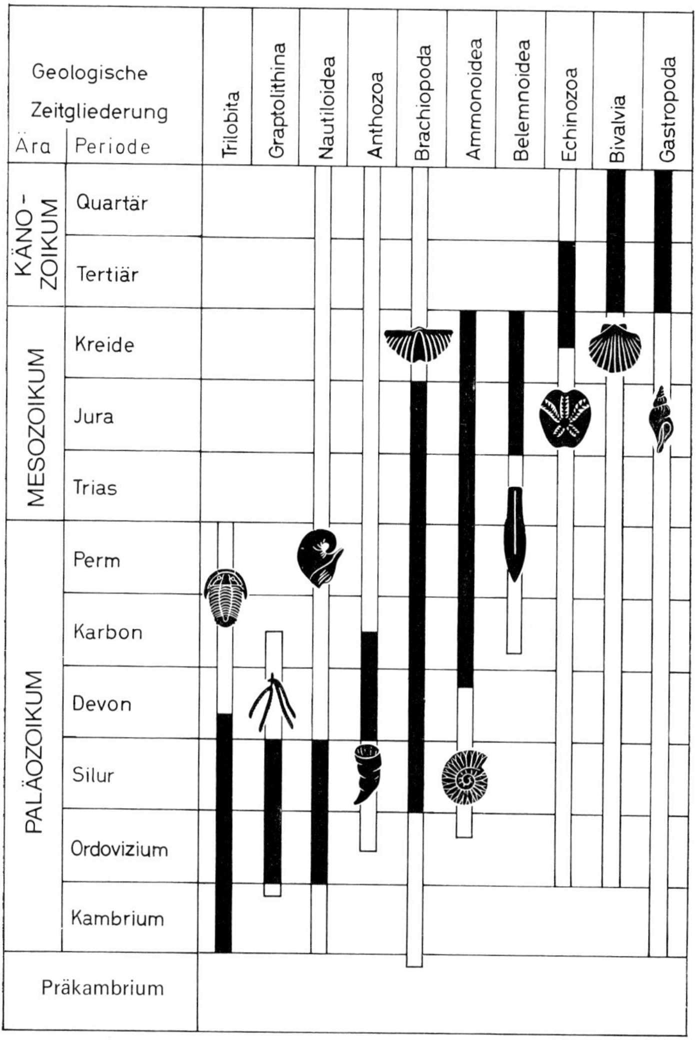

Abb. 50. Zeittabelle mit den wichtigsten Makrofossilgruppen unter den Evertebraten. Weiße Säule = zeitliche Verbreitung, schwarz = Zeitspanne, in der als Leitfossilien wichtig. (Nach E. THENIUS, 1970, verändert)

Dadurch erklären sich auch die verschiedenen stratigraphischen Namen, soweit sie von geographischen Begriffen abgeleitet sind (Kambrium nach dem alten Namen für Wales in England; Ordovizium nach den Ordoviciern in Nordwales; Gotlandium nach der Insel Gotland in der Ostsee; Silur nach dem keltischen Volksstamm der Silurer in Südwales; Devon nach der englischen Grafschaft Devonshire; Perm nach der Landschaft im Ural; Jura nach dem süddeutschen Juragebirge). So wurde in wenigen Jahrzehnten, vornehmlich zwischen 1820 und 1850, das stratigraphische System aufgestellt, das in den Grundzügen heute noch gültig ist.

Als Leitfossilien werden vor allem jene Organismengruppen herangezogen, die innerhalb einer bestimmten Zeitspanne die raschesten Änderungen erkennen lassen und die auch entsprechend häufig und zugleich weit verbreitet sind. Die wichtigsten Leitfossilien werden durch die Trilobiten (Kambrium-Silur), Graptolithen (Ordovizium-Silur), Ammoniten (Devon-Karbon, Trias-Kreide), Nautiloideen (Altpaläozoikum), Belemniten (Jura-Kreide), Foraminiferen (Permokarbon, Kreide, Tertiär), Brachiopoden (Paläozoikum-Mesozoikum), Echinodermen (Paläozoikum-Tertiär), Reptilien (Mesozoikum) und Säugetiere (Tertiär, Pleistozän) gestellt (Abb. 50). Es ist verständlich, daß die Reste von Leitfossilien charakteristisch genug sein müssen, um eine einwandfreie Identifizierung mit artgleichen Individuen bzw. eine sichere Trennung von anderen Arten zuzulassen.

Ortho- und Parachronologie — Begriff der Zone

Die durch Leitfossilien gewonnene Grundgliederung eines bestimmten Zeitabschnittes kann als Orthochronologie bezeichnet werden, während eine durch einen ökologisch bedingten Faunen- oder Florenwechsel bedingte Altersgliederung einer Parachronologie entspricht[21].

Die durch Fossilien abgrenzbare Grundeinheit in zeitlicher Hinsicht ist die *Bio-Zone*. Ihre Dauer wird nach A. Oppel durch die Lebensdauer einer Art bestimmt (z. B. Zone des *Psiloceras*

[21] O. H. Schindewolf schränkt den Begriff Orthochronologie auf die durch „klassische" Leitfossilgruppen (z. B. Ammoniten, Trilobiten, Graptolithen) beruhende zeitliche Gliederung ein und bezeichnet etwa die durch Mikrofossilien (z. B. Foraminiferen, Ostracoden, Conodonten) gewonnene als Parachronologie.

planorbe; Abb. 51). Daraus ergibt sich, daß artlich voneinander verschiedene Angehörige einer Ahnenreihe die idealen Leitfossilien abgeben, da bei ihnen eine Art von der nächst jüngeren abgelöst wird und dadurch jeweils eine Art für eine bestimmte Zone charakteristisch ist. Höhere chronologische Einheiten werden als

allgemeine Gliederung			Schichtglieder		Zonenfossilien
Lias	Sinemurium	β_2	untere Tone	Oxynoticeraten-Schichten	Echioceras raricostatoides 
					 Oxynoticeras oxynotum
		β_1			Asteroceras obtusum 
					 Asteroceras turneri
		α_3	Gryphaeen-Kalke	Arietiten-Schichten	Arnioceras geometricum 
					 Vermiceras spiratissimum
	Hettangium	α_2	Angulaten-Sandsteine	Schlotheimien-Schichten	Schlotheimia angulata 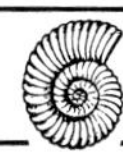
		α_1	Psiloceraten-Tone	Psiloceraten-Schichten	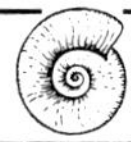 Psiloceras planorbe

Abb. 51. Ammoniten als Zonen-Fossilien im älteren Jura (Lias) von Schwaben (Süddeutschland). (Nach E. Thenius, 1970, umgezeichnet)

Stufe (z. B. Hettangium), Epoche (z. B. Lias), Periode (z. B. Jura) und Aera (z. B. Mesozoikum) bezeichnet. Im deutschen Schrifttum entspricht der Name Formation der Periode, während er in der englischsprachigen Literatur einen grundsätzlich anderen Inhalt hat, indem als formation ein mehr oder minder einheitlicher Gesteinskomplex bezeichnet wird, der im Gelände als solcher charakteristisch genug auftritt.

Auf die neuerdings vorgeschlagene und z. T. auch schon gehandhabte Trennung von chronologischen Begriffen für die Litho-, Bio- und Chronostratigraphie kann hier nicht eingegangen werden.

Interkontinentale Korrelation

Die Abgrenzung der einzelnen Epochen und höherer chronologischer Einheiten ist Sache internationaler Übereinkunft. Es existieren zahlreiche, ständige stratigraphische Kommissionen, die sich aus Spezialisten zusammensetzen und deren Aufgabe die international gültige Festlegung der Grenzen bzw. Lösung derartiger strittiger Fragen ist. Ein solches Beispiel bildet das sog. Danien und damit die Kreide-Tertiärgrenze. Das Danien wird von verschiedenen Autoren als jüngste Stufe der Kreide, also des Mesozoikums, von anderen hingegen als älteste Stufe des Tertiärs, also des Kaenozoikums, betrachtet. Solche Meinungsverschiedenheiten sind meist in der verschiedenen Bewertung des Zeitpunktes des Aussterbens bzw. Erstauftretens von Leitfossilien begründet, welches nicht gleichzeitig erfolgt ist. Abgesehen von diesen Verschiedenheiten hat sich gezeigt, daß die stammesgeschichtliche Entwicklung der verschiedenen Organismengruppen durchaus nicht konform verläuft, so daß also Faunen- und Florenschnitte nicht immer zusammenfallen müssen (s. Zeittafel), sondern letztere stets früher einsetzen.

Auf Grund derartiger Feststellungen und der Tatsache, daß Meerestransgressionen im Gelände augenfällig in Erscheinung treten, ist von geologischer Seite immer wieder der Versuch unternommen worden, die Grenzen stratigraphischer Einheiten nach tektonischen Phasen, Transgressionen und anderen anorganischen Vorgängen bzw. ihren Folgeerscheinungen (z. B. Transgressionskonglomerate etc.) zu ziehen. Dazu muß betont werden, daß anorganische Vorgänge wiederholbar sind, gegenüber den auf der stammesgeschichtlichen Entwicklung beruhenden, nicht umkehrbaren Vorgängen. Ganz abgesehen davon ist eine sichere weltweite Parallelisierung — und dies ist ebenfalls Aufgabe der Chronologie — nur mit Hilfe von Fossilien möglich. Freilich bereitet die Gleichsetzung oder Parallelisierung fossilführender Ablagerungen räumlich weit entfernter Gebiete, vor allem die interkontinentale Korrelation auch mit Fossilien oft große Schwierigkeiten. Als besonders geeignet haben sich dafür pelagisch lebende Organismen (= Hochseebewohner) erwiesen, die meist — zumindest innerhalb bestimmter Klimazonen — weltweit verbreitet sind. Es sind dies einerseits Planktonorganismen, also im Wasser schwebende Lebewesen von geringer Größe (z. B. Foraminiferen, Radiolarien, Diatomeen, Silicoflagellaten, Coccolithineen einschließlich Discoasteriden), andererseits nektonische Formen, d. h. aktiv schwimmende Organismen von zum Teil beachtlichen Dimensionen, wie sie unter den Haien, Knochenfischen, Walen und Cephalopoden anzutreffen sind.

Besondere Bedeutung haben die Planktonorganismen erlangt, da ihre Skelettreste infolge ihrer mikroskopischen Größe auch in kleinsten Materialmengen (z. B. Bohrkernen von Bohrungen) in größerer Zahl enthalten sind. Es sind vor allem die Globigerinen, die für die interkontinentale Korrelation tertiärzeitlicher Ablagerungen eine besonders wichtige Rolle spielen. In jüngster Zeit verwendet man auch sog. Nannoplankton (= Zwergplankton, das eine Größe von 40 μ nicht überschreitet und dadurch wesentlich kleiner ist als gewöhnliche Planktonorganismen; vor allem Discoasteriden als Kalkflagellaten) mit großem Erfolg für die Parallelisierung tertiärzeitlicher Ablagerungen.

Nach Beobachtungen an der „Wander"geschwindigkeit können die für eine weltweite Verbreitung notwendigen Ausbreitungszeiten mariner (und auch kontinentaler) Lebewesen vernachlässigt werden, da die dafür benötigte Zeitspanne (einige Jahrhunderte bis maximal einige Jahrtausende) mit unseren derzeitigen Meßmethoden für die Vorzeit nicht erfaßt werden kann. Abgesehen von aktiver Ausbreitung bei Nektonten spielen Strömungen eine große Rolle für die weltweite Verbreitung von Planktonorganismen (sei es im Larvenstadium oder im erwachsenen Zustand).

Biostratigraphie und Ökologie

Im Gegensatz zu diesen weltweit verbreiteten marinen Plankton- und Nektonlebewesen besitzen marine Bodenbewohner, also benthonisch lebende Formen, eine räumlich meist sehr beschränkte Verbreitung. Sie sind oft auf einzelne Meeresbecken beschränkt (z. B. Pariser, Londoner oder Belgisches Becken) und fehlen benachbarten Räumen, wo sie durch andere Arten und Rassen ersetzt werden. Es sind also richtige, geographisch bedingte Unterschiede in den zeitgleichen Faunen und Floren vorhanden, die eine Parallelisierung gleichaltriger Ablagerungen sehr erschweren. Ein weiterer Faktor ist jedoch die Faziesverschiedenheit, die bereits eine Gleichsetzung räumlich benachbarter Ablagerungen unmöglich machen kann (vgl. Kap. IV, S. 60). Es ist daher Aufgabe der

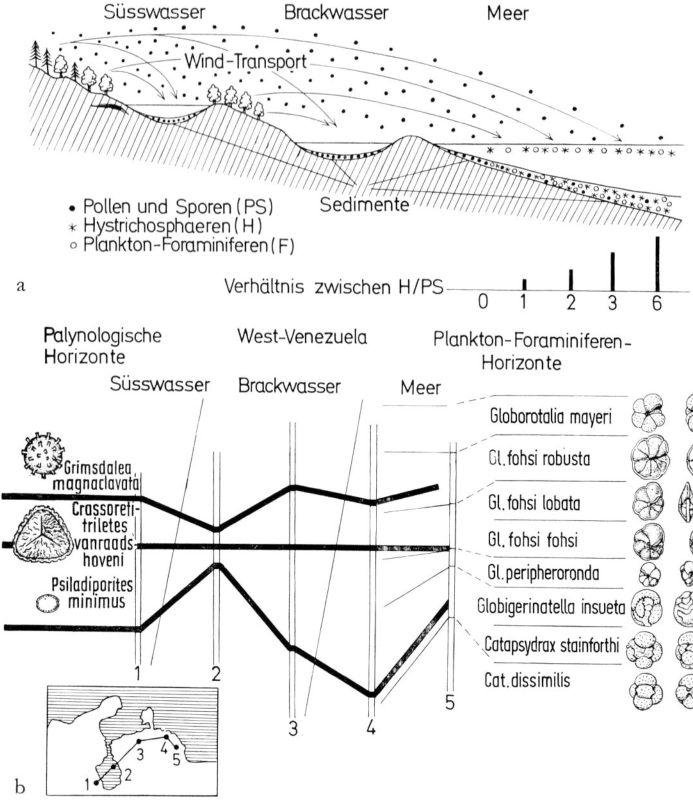

Abb. 52. Palynologie und Stratigraphie. Parallelisierung von nichtmarinen mit marinen Ablagerungen durch Weitflugpollen und -sporen. Oben: Schema. (Nach G. Charrier, 1965, umgezeichnet und ergänzt). Unten: Parallelisierung von 5 Bohrungen miozäner Süßwasser-, Brackwasser- und Meeres-Ablagerungen. Rechts: Plankton-Foraminiferen-Horizonte. (Nach C. A. Hopping, 1967, ergänzt umgezeichnet)

Biostratigraphen, faziell bedingte Unterschiede von altersmäßigen auseinanderzuhalten. Für die Parallelisierung von Ablagerungen innerhalb eines bestimmten Sedimentationsraumes (Sedimente der Rand- und Beckenfazies wie etwa die Leithakalke und der Badener

Tegel im Miozän des Wiener Beckens) lassen sich faziesbrechende Leitfossilien heranziehen, d. h. Lebewesen, die nicht an eine bestimmte Fazies gebunden sind, sondern, um beim obigen Beispiel zu bleiben, in sandigen, kalkigen und tonigen Sedimenten vorkommen. Sehr wertvolle Dienste kann hier die Palynologie leisten, indem der Blütenstaub windblütiger Pflanzen vom Wind außerordentlich weit verweht wird und dadurch in den verschiedensten Sedimenten zur Ablagerung gelangt, deren Gleichaltrigkeit aus dem übereinstimmenden Pollenspektrum hervorgeht (Abb. 52). Pollen und Sporen sind daher für die Parallelisierung von terrestrischen und marinen Sedimenten sehr wichtig.

Weitere Schwierigkeiten bei der chronologischen Einstufung ergeben sich aus der Umlagerung von Leitfossilien in geologisch jüngere Ablagerungen, wie dies durch sekundäre Aufarbeitung in der Küstenzone (Brandungsbereich) oder durch submarine Gleitungen bzw. sog. Trübströme (turbidity currents) immer wieder möglich ist. Es ist selbstverständlich, daß Fossilien auf heterochron allochthoner Lagerstätte (s. S. 29) nicht zur Altersbestimmung herangezogen werden können. Vielfach läßt der Erhaltungszustand die Umlagerung der Fossilien erkennen.

Andrerseits ist die exakte spezifische oder subspezifische Bestimmung der Leitfossilien die Voraussetzung für eine gesicherte stratigraphische Auswertung. Konvergenz- oder Parallelerscheinungen müssen einwandfrei ausgeschaltet werden können. Die für die einzelnen Leitfossilgruppen charakteristischen Merkmale sind derartig vielfältig, daß in diesem Rahmen nicht darauf eingegangen werden kann. Es sei nur erwähnt, daß für die Ammoniten die Ausbildung der Lobenlinien, für die (paläozoischen) Nautiloideen Gesamtform, Bau und Lage des Sipho, für die Korallen Bau und Anordnung der Septen, für die Muscheln die Gesamtform, die Ausbildung des Schlosses und die Schalenskulptur, für die Brachiopoden die Schalenform, die Stielöffnung, das Schloß und das Armgerüst, für Großforaminiferen die Anfangskammern und die Art der Spirale, für Säugetiere die Ausbildung des Gebisses für die systematische Gliederung wichtig ist.

Daß allerdings die Kenntnis der systematischen Stellung von Leitfossilien nicht unbedingte Voraussetzung für die stratigraphische Verwertbarkeit ist, zeigen die Sporae dispersae (= isoliert vorliegende Pollenkörner und Sporen), die Aptychen (Deckel von Ammonitengehäusen), die zahnähnlichen Conodonten, von denen bereits auf S. 58 die Rede war, und die Otolithen (Gehörsteine der Fische). Die Zugehörigkeit dieser Reste, die besonders gut erhaltungsfähig sind, zu bestimmten Arten ist fast immer fraglich. Die einzelnen „Arten“ müssen nur gegeneinander abgrenzbar sein bzw. eine Identifizierung zulassen.

Für die stratigraphische Gliederung mariner Ablagerungen werden die herkömmlichen Leitfossilien wie Ammoniten, Graptolithen, Belemniten, Brachiopoden, Korallen etc. herangezogen, wenn auch die Mikrofossilien (Foraminiferen, Conodonten etc.) in den letzten Jahren durch entsprechende Berücksichtigung immer mehr Bedeutung erlangt haben, während Ostracoden (Muschelkrebschen) und pflanzliche Fossilien keine wesentliche Rolle spielen. Für die Gliederung limnischer und terrestrischer Ablagerungen hingegen bilden außer Wirbeltieren und nichtmarinen Mollusken die Ostracoden und Pflanzenreste die wichtigsten Leitfossilien. Letztere sind als Makrofossilien für die Stratifizierung und Parallelisierung der karbonischen Steinkohlenreviere bzw. -flöze unentbehrlich, während für die Gliederung der hauptsächlich tertiärzeitlichen Braunkohlen pflanzliche Mikrofossilien (Pollen und Sporen) eine größere Rolle spielen als Makrofossilien (Blatt- und Holzreste, Früchte und Samen).

Palynologie und Stratigraphie

Pollen bzw. Sporen haben besonders in jüngster Zeit bei der Alterseinstufung von Salzvorkommen eine entscheidende Rolle gespielt, da im Salz und in den Begleittonen (sog. Haselgebirge) der alpinen Salzstöcke (z. B. Salzkammergut, Hall in Tirol etc.) andere Fossilien fehlen oder weitgehend zurücktreten. Erst die sehr kennzeichnenden Pollenspektren haben eine Einstufung in die jüngere Permzeit (Abb. 53) und damit eine Gleichsetzung mit den Zechsteinsalzen Deutschlands (Rheintal etc.) ermöglicht, nachdem vorher allgemein eine Einstufung in die ältere Triaszeit (skythische Stufe oder Buntsandstein) vorgenommen worden war.

Die ursprüngliche Bedeutung der Pollenanalyse lag jedoch in der Erforschung der spät- und nacheiszeitlichen Waldgeschichte

Mitteleuropas, die durch zahllose, an Moorprofilen gewonnene Pollendiagramme rekonstruiert werden konnte. Die schrittweise Wiederbewaldung der zur Eiszeit waldlosen Gebiete ermöglicht zugleich eine Chronologie des Spät- und Postglazials. Durch neuere Untersuchungen lassen sich jedoch auch die verschiedenen

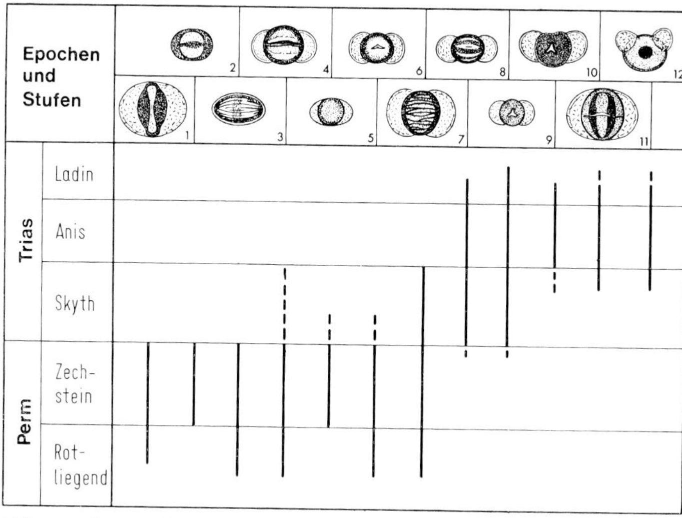

Abb. 53. Sporen-Stratigraphie. Zeitliche Verbreitung von Luftsacksporen aus Perm und Trias. 1—7 typische Sporen aus alpinen Stein-Salzen, welche die Einstufung in das Ober-Perm (Zechstein) dokumentieren. 1 *Paravesicaspora splendens*, 2 *Lueckisporites parvus*, 3 *Vittatina ovalis*, 4 *Lueckisporites microgranulatus*, 5 *Klausipollenites schaubergeri*, 6 *Jugasporites perspicuus*, 7 *Striatites jacobii*, 8 *Taeniaesporites novimundi*, 9 *Triadispora staplini*, 10 *Tr. falcata*, 11 *Illinites kosankei*, 12 *Microcachryidites fastidioides*. (Nach W. Klaus, 1965, aus E. Thenius, 1970)

Warmzeiten innerhalb der Eiszeiten selbst gliedern und auf Grund der prozentuellen Zusammensetzung bzw. der etwas abweichenden Reihenfolge im Erscheinen der einzelnen Baumarten auch auseinanderhalten. Wie aus diesen Bemerkungen hervorgehen dürfte, beruht die Gliederung quartärer Ablagerungen mit Hilfe von Pollenspektren (die zu einem Pollendiagramm zusammengefaßt werden) nicht auf dem Leitfossilprinzip, das einen phylogenetischen Artwandel voraussetzt, sondern auf ökologisch bedingten Vorgängen (Wiederbewaldung bzw. Rückzug der Baumvegetation[22], indem die Zusammensetzung der Pollenflora zu Beginn der Eiszeit — abgesehen vom Auftreten einiger tertiärzeitlicher Relikte — nicht wesentlich von der gegenwärtigen verschieden war. Es ist dies ein weiteres Beispiel der sog. Parachronologie.

Abschließend noch einige Bemerkungen über die Bedeutung von Lebensspuren als Zeitmarken. Nur ganz ausnahmsweise sind Lebensspuren zeitgebunden, wie dies nach den bisherigen Erfahrungen für die Kotschnur *Tomaculum problematicum* gilt, die bisher nur aus dem Ordovizium von Böhmen, des Rheinlandes, Thüringens, Englands und Südfrankreichs bekannt wurde. Im allgemeinen stößt die stratigraphische Verwertbarkeit von Lebensspuren auf Schwierigkeiten, da sie vielfach faziell gebunden sind (z. B. Flyschlebensspuren: Helminthoiden, Chondriten und Fucoiden im Kreideflysch, der vorwiegend mergelig entwickelt ist, Schnekkenspuren, *Taonurus* und *Palaeodictyon* im Eozänflysch, der hauptsächlich aus Sandsteinen besteht) und meist weit weniger differenziert sind als die erzeugenden Tiere selbst (z. B. Kriechspuren, Grabgänge etc.), weshalb auch verschiedene Organismen als Erzeuger einer Lebensspurentype in Betracht gezogen werden müssen (z. B. Sternspuren von Krebsen [*Corophium*] und Muscheln [*Scrobicularia*] möglich).

VI. Fossilien und Stammesgeschichte

Die Paläontologie als wesentliche Stütze der Abstammungslehre

Wie bereits in der Einleitung erwähnt, ist die Erforschung der stammesgeschichtlichen Entwicklung zu einer der Hauptaufgaben der Paläontologie geworden. Erst die Fossilien ermöglichen die Dokumentierung der real abgelaufenen Phylogenese, die heute von jedem wissenschaftlich arbeitenden Biologen anerkannt wird, kann doch allein schon die abgestufte Formenmannigfaltigkeit der Organismen (Hierarchie) als Beweis für die Abstammungslehre

[22] Bei quartärzeitlichen Pollendiagrammen werden nur die Baumpollen (BP), einschließlich der Hasel, gattungsmäßig getrennt und im Diagramm berücksichtigt, während die Masse der Nichtbaumpollen (NBP) meist nur in ihrer Gesamtheit dargestellt wird.

angesehen werden. Aber mit der Anerkennung einer stammesgeschichtlichen Entwicklung allein ist es noch nicht getan. Sehr oft gehen die Ansichten der einzelnen Wissenschaftler über die phylogenetischen Zusammenhänge, die ihren Ausdruck meist in sog. „Stammbäumen" finden, auseinander. Können derartige „Stammbäume" schon infolge der zweidimensionalen Darstellung nur als Schemata betrachtet werden, so beruhen die Meinungsverschiedenheiten über den stammesgeschichtlichen Ablauf meist auf der verschiedenen Bewertung der einzelnen Merkmale bzw. ihrer Homologisierung. Der Homologiebegriff bildet eine der wesentlichsten Voraussetzungen für jede taxonomische und phylogenetische Untersuchung. Einander homologe Organe sind entstehungsgleich (z. B. der Vogelflügel und die Flosse eines Wales; nicht hingegen der Vogelflügel mit dem Insektenflügel etc.). Das wichtigste Homologiekriterium bilden die gegenseitigen Lagebeziehungen, die trotz großer — meist funktionell bedingter — Formunterschiede einander homologe Organe erkennen lassen.

Die „Lückenhaftigkeit der Fossilüberlieferung"

Die Bedeutung der Paläontologie wurde erst verhältnismäßig spät erkannt und ist zum Teil historisch begründet. Noch G. Cuvier, der Begründer der Wirbeltierpaläontologie, vertrat die Konstanz der Art und konnte diesen Standpunkt seinen damaligen wissenschaftlichen Gegenspielern, Lamarck und Geoffroy St. Hilaire gegenüber, die von der stammesgeschichtlichen Entwicklung der Organismen überzeugt waren, auch durchsetzen. Führte doch die Annahme von der Unveränderlichkeit der Art zur sog. Katastrophentheorie, die ihren extremsten Verfechter in dem französischen Paläontologen A. d'Orbigny fand. In Übereinstimmung mit seiner Theorie suchte er die damals längst erkannten faunistischen und floristischen Unterschiede in den verschiedenaltrigen Ablagerungen durch wiederholte Schöpfungsakte zu erklären. Erst durch die Pionierarbeiten von Ernst Haeckel (1834 bis 1919), angeregt durch das grundlegende Werk von Ch. Darwin (Der Ursprung der Arten, 1859), erhielt auch die Paläontologie entsprechende Impulse und wurde zur Klärung des stammesgeschichtlichen Ablaufes im Laufe der Erdgeschichte herangezogen. Der Schweizer L. Ruetimeyer war einer der ersten, der nach dem Erscheinen von DARWINS Buch die Probleme, die sich daraus für die Paläontologie ergaben, ernstlich in Angriff nahm. Im Jahre 1856 hatte jedoch bereits der Wiener Paläontologe M. HÖRNES stammesgeschichtliche Änderungen an fossilen Schnecken (Gattung *Cancellaria*) festgestellt.

Dennoch spielte aber damals die Paläontologie keine entscheidende Rolle in der Beurteilung stammesgeschichtlicher Fragen. Einerseits erwies sich das von den Biologen nur zu oft gebrauchte Schlagwort von der „Lückenhaftigkeit der Fossilüberlieferung", andererseits die von verschiedener Seite angezweifelte Beweiskraft der Fossilien für stammesgeschichtliche Fragen als starkes Hemmnis. Dazu kam noch, daß die von paläontologischer Seite vertretenen Ansichten über die Evolutionsmechanismen absolut nicht mit den Ergebnissen der Genetik in Einklang zu bringen waren.

Wie sieht es nun tatsächlich mit der Lückenhaftigkeit der Fossilüberlieferung und mit den „Beweisen" der Paläontologen für die Evolutionslehre aus? Zur Zeit DARWINS fehlten solche Beweise in Form von Übergangsformen freilich fast völlig, was auch DARWINS Ausdruck „missing link" besagt. Allerdings darf nicht übersehen werden, daß sich die Vorstellungen über diese „missing links" oder jetzt besser „connecting links" im Laufe der Zeit etwas gewandelt haben, besonders seitdem der *Mosaikmodus der Entwicklung* (= sog. Watsonsche Regel) erkannt worden war (s. S. 104). So lange derartige „Übergangsformen" nur vereinzelt vorlagen, entsprachen sie den theoretisch geforderten Ansprüchen nur in den seltensten Fällen. Erst reichere Fossilfunde, die einen Einblick in die einstige Formenmannigfaltigkeit und in die Zusammensetzung der einzelnen, aufeinanderfolgenden Populationen ermöglichten, haben in den letzten Jahrzehnten zu einem gründlichen Wandel der Auffassungen geführt und zugleich gezeigt, daß die Ergebnisse der Paläontologie durchaus mit jenen der Genetik in Einklang zu bringen sind. Die Paläontologie ist dadurch zu einer der wichtigsten Stützen der Abstammungslehre geworden. Dieser Wandel ist nicht zuletzt auf die in neuester Zeit etwas forcierte Heranziehung fossiler Populationen zurückzuführen, wie sie besonders in der Mikropaläontologie vorliegen. Dadurch ist dieser, ursprünglich nur für die geologische Praxis gedachte Zweig der Paläontologie zu einer für stammesgeschichtliche Fragen bedeutsamen Wissenschaft geworden. Aber auch an fossilen Kleinsäugern (Mikromammalia) aus Spaltenfüllungen bzw. aus limnischen Sedimenten, aus denen sie durch Schlämmen

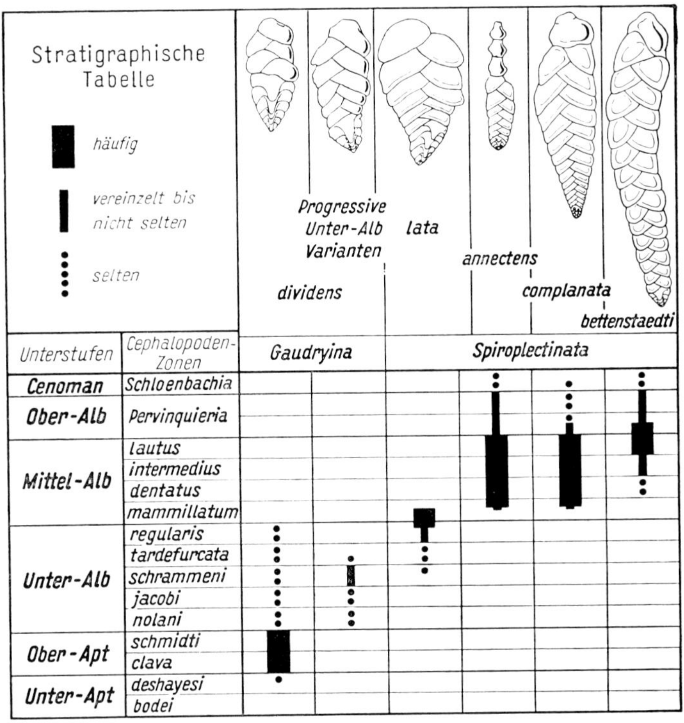

Abb. 54. Vertikale Reichweite und Häufigkeit der Foraminiferen *Gaudryina dividens* und der vier *Spiroplectinata*-Arten aus der Kreide Nordwestdeutschlands, als Beispiel für eine Art- und Gattungsablösung. (Nach B. Grabert, 1959)

gewonnen werden, lassen sich Populationsstudien machen. Bettenstaedt spricht daher direkt von einer *Fossilgenetik*, die wertvolle Aufschlüsse über die Entstehung von Arten gibt, die entweder in Form einer Aufspaltung in zwei Arten (Speziation) oder durch Artumwandlung (Transformation) erfolgen kann.

Die hauptsächlich bei Mikrofossilien mögliche Verwendung von Populationen an Stelle von Einzelindividuen hat nicht nur interessante Erkenntnisse erbracht, sondern zugleich auch das Schlagwort von der „Lückenhaftigkeit der Fossilüberlieferung" — wenigstens auf diesem Sektor — weitgehend ausschalten kön-

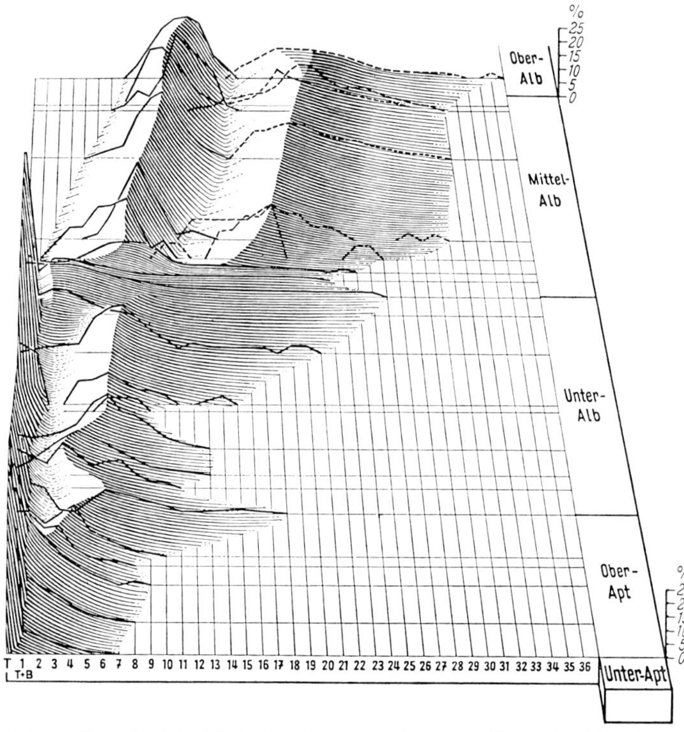

Abb. 55. Raumbild der Variationskurven zur Artenwandlung durch Speziation der in Abb. 54 dargestellten Foraminiferen innerhalb einer Zeitspanne von etlichen Millionen Jahren. Links die *Gaudryina*-Stammlinie als steile, gratartige Felsmauer. Von ihr spaltet sich als Gipfelzug der Seitenzweig der progressiven *Gaudryina dividens*-Varianten ab. Tal und Gipfelzug verlieren sich in einem breiten Abhang, der der großen Variationsbreite von *Spiroplectinata lata* entspricht, aus der durch Differenzierung die beiden *Spiroplectinata*-Äste *(Sp. annectens* und *complanata)* hervorgehen. (Nach B. GRABERT, 1959)

nen. Die eminente Bedeutung dieser fossilen Populationen liegt darin, daß sie aus Profilen stammen, die oft eine bedeutende Mächtigkeit erreichen können (z. B. bei Tiefbohrungen). Derartige profilmäßig aufgesammelte und ausgewertete Fossilpopulationen — und das gilt auch für Makrofossilien — lassen erkennen, wie es zu schrittweisen Merkmalsverschiebungen innerhalb der einzelnen Populationen in den verschiedenen, aufeinanderfolgenden Ablagerungen kommt, so daß die Ausgangspopulation von der Endpopulation gänzlich verschieden ist. In den Abb. 54 bis 56 sind zwei Beispiele gebracht, aus denen nicht nur die subspezifische (= unterartliche) und die spezifische (= artliche), sondern auch die generische (= gattungsmäßige) Differenzierung während der Phylogenese hervorgeht, wobei diese allerdings verschiedentlich — mit dem Hinweis, daß Foraminiferengehäuse für derartige Untersuchungen ungeeignet seien — nicht anerkannt werden. Der Zoologe kann heute, mangels genügender Zeit und entsprechender Generationsfolgen, bestenfalls die unterartliche Differenzierung, etwa in Form von geographischen Rassen verfolgen.

Probleme der stammesgeschichtlichen Entwicklung

Die oben angeführten Beispiele lassen erkennen, daß der unterartliche und artliche Wandel durch Summation kleinster Evolutionsschritte im Laufe der Zeit an Fossilfunden belegbar ist. Es erhebt sich damit die Frage, ist die *gesamte* Evolution der Organismen durch derartige kleine Evolutionsschritte, also durch die sog. Mikroevolution oder Mikrophylogenie, erklärbar oder gehorcht die transspezifische Evolution und damit zugleich die Makroevolution oder Makrophylogenie bzw. Megaevolution (im Sinne von G. G. SIMPSON) anderen Regeln? Sind große, sprunghafte Veränderungen, die völlig neue Organisationstypen schaffen, notwendig bzw. nachgewiesen oder reicht die Mikroevolution aus? Dieser heftig diskutierte Problemkreis ist engstens mit der bereits erwähnten Lückenhaftigkeit der Fossilüberlieferung verknüpft, kann aber nur im Zusammenhang mit den Ergebnissen der Genetik behandelt werden.

Was die Fossilfunde betrifft, so sind dort, wo lückenlose Profile mit reicher Fossilführung vorliegen, nur die oben angeführten schrittweisen Veränderungen an den Fossilien feststellbar. Scheinbare größere Sprünge mit entsprechenden (transspezifischen) Abweichungen sind — abgesehen von ökologisch bedingtem Wechsel — durch Erosionslücken bedingt, wie unter anderem die statistisch-phylogenetischen Untersuchungen von R. BRINKMANN an

Ammoniten aus dem Jura (Dogger) Englands (Gattung *Kosmoceras*) und von R. KAUFMANN an Trilobiten (Gattung *Olenus*) aus dem Kambrium Schwedens gezeigt haben (Abb. 56). Damit stehen die Ergebnisse der Genetiker in Einklang, die im Experiment

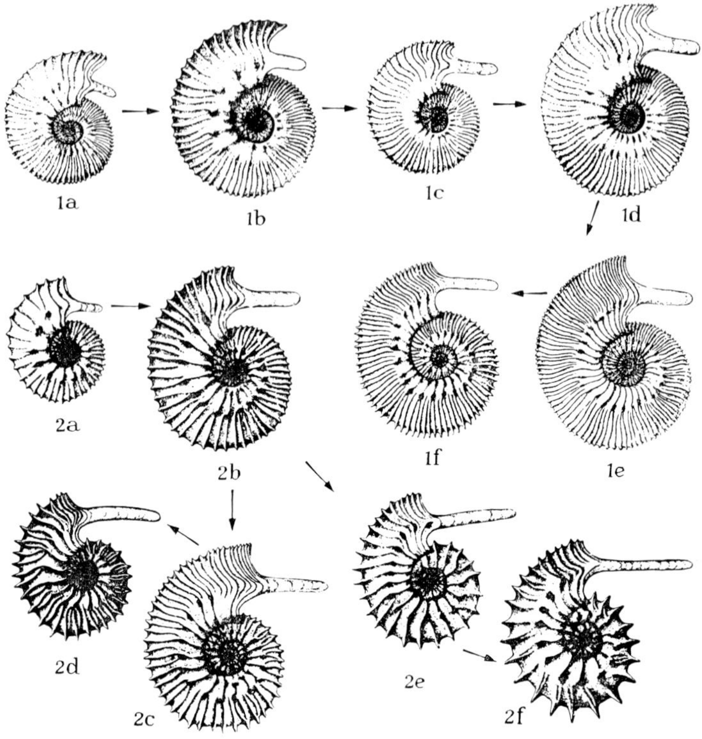

Abb. 56. Evolution der Kosmoceratiden (Ammoniten) aus dem Mittel-Jura von Peterborough, England. Beachte Entwicklung des Ornamentes und der Ohren. 1a—f = Untergattung *Gulielmiceras*, 2a—f = Untergattung *Spinikosmokeras*. (Nach R. C. MOORE, 1957)

nur kleine sprunghafte Veränderungen feststellen konnten, die — sofern sie erblich sind — auf sog. Mutationen[23] (Genveränderun-

[23] Die Erscheinung der Polyploidie (Vervielfachung des Genbestandes: Diploidie, Tetraploidie etc.), wie sie vor allem bei Pflanzen bekannt ist und unter anderem zu großwüchsigen Individuen führt, ist wohl in ökologischer Hinsicht durch die Ausbildung konkurrenzfähiger Ökotypen bedeutsam, aber für die Gesamtevolution bedeutungslos.

gen) beruhen. Simultane Komplexmutationen, die für das plötzliche Auftreten völlig neuer Organisationstypen notwendig wären, konnten bisher nicht nachgewiesen werden. Da die Gene unabhängig voneinander und richtungslos mutieren, ist die Wahrscheinlichkeit, daß tatsächlich ein lebensfähiger Organismus durch eine derartige simultane Komplexmutation (z. B. fünf Mutationen) entsteht, so gering, daß selbst unter günstigen Voraussetzungen (Population von 100000000 Individuen, Generationsdauer 1 Tag und Mutationsrate 0,00001), nach der Wahrscheinlichkeitsrechnung für ein einmaliges Auftreten eine Zeitspanne notwendig wäre, die das Alter der Erde um das Hundertfache übertrifft (G. G. SIMPSON). Das heißt, mit den Ergebnissen der Genetik lassen sich große, sprunghafte Veränderungen, die mit durchgreifenden Umkonstruktionen verbunden sind, nicht in Einklang bringen. Nach Ansicht der Anhänger obiger Auffassung hätten sich diese Umkonstruktionen allerdings in einer plastischen Phase der frühjugendlichen Individualentwicklung vollzogen, weshalb niemals reife Zwischenformen fossil überliefert wären.

Damit wollen wir wieder zurück zur Lückenhaftigkeit der Fossilüberlieferung. Bedenkt man, von welchen Zufällen die Einbettung und Fossilisation organischer Reste abhängig ist und bedenkt man ferner, daß es Zufall ist, daß sie gefunden werden und in die richtigen Hände gelangen, so überrascht eine Lückenhaftigkeit der paläontologischen Urkunden, zumindest in Form von Makrofossilien, keineswegs. Es lassen sich dauernde Wissenslükken von derzeitigen, prinzipiell überbrückbaren, unterscheiden. Die Ursache der dauernden Wissenslücken ist die begrenzte Erhaltungsmöglichkeit von Weichteilen. Die gesamte Weichteilanatomie ist dem Paläontologen, von wenigen Ausnahmen abgesehen, grundsätzlich verschlossen. Lediglich die Gehirnanatomie höherer Wirbeltiere bildet eine Ausnahme, indem, wie bereits auf S. 14 ausgeführt wurde, die Steinkernbildung einen Ersatz für das Gehirn bietet. Die derzeitigen Wissenslücken verringern sich mehr und mehr, wie die folgenden Beispiele zeigen mögen. Noch 1859, als DARWIN sein Werk über die Entstehung der Arten veröffentlichte, waren keine Fossilfunde bekannt, die über die Herkunft des Menschen[24] und über die Abstammung der Säugetiere überhaupt

[24] Fußnote siehe Seite 102.

Aufschluß gegeben hätten. Seither liegen nicht nur zahlreiche jungeiszeitliche Neandertalerfunde aus Europa, Vorderasien und Nordafrika, sondern auch ein reiches Material der alteiszeitlichen „*Pithecanthropus*"-Gruppe und der ältesteiszeitlichen Australopithecinen vor, das sich laufend vermehrt. Diese Funde haben wichtige Daten und neue Erkenntnisse gebracht, die man noch vor 30 Jahren für unmöglich hielt. In jüngster Zeit sind überdies auch tertiärzeitliche Funde bekannt geworden (s. o.), die vermutlich als Hominiden klassifiziert werden können.

Noch besser sind wir dank der Fossilfunde über die Herkunft der Säugetiere orientiert. Heute bietet die Ableitung der Säugetiere von Reptilien keine Schwierigkeit mehr, im Gegenteil, durch die zahlreichen vorliegenden Funde sah man sich gezwungen, eine rein künstliche Grenze zwischen Reptilien und Säugetieren zu ziehen. Dies mag den Nichtfachmann zweifellos überraschen, für den zwischen Reptilien und Säugetieren grundsätzliche morphologisch-anatomische und physiologische Unterschiede vorhanden sind. Diese treffen wohl für die rezenten Vertreter zu, sie gelten aber nicht für die Therapsiden (= Stammgruppe der Säugetiere innerhalb der Reptilien) und die geologisch ältesten Säugetiere. Unter den Therapsiden der Triaszeit lassen sich mehrere Stammlinien unterscheiden (z. B. Ictidosauria, Cynodontia, Tritylodontia), die sämtlich den „trend" zu säugetierähnlichen Formen zeigen, weshalb im englischen Schrifttum auch von „mammal-like reptiles" gesprochen wird (Abb. 57). Die schrittweisen Umbildungen betreffen nicht nur den Schädel und das übrige Skelett, sondern auch das Gebiß und, wie man indirekt schließen kann, auch physiologische Eigenschaften und fossil nicht erhaltungsfähige Merkmale. Diese „mammal-like reptiles" waren zweifellos homoeotherm (Warmblüter) und behaart und dürften ihre Jungen aus Milchdrüsen ernährt haben. Die für den Paläontologen entscheidenden Merkmale liegen jedoch im Bau des Unterkiefers und der Gehörregion, die an Hand der Fossilfunde sicher beurteilbar sind. Bei den Säugetieren sind 3 Gehörknöchelchen (Malleus, Incus, Stapes) im Mittelohr entwickelt, bei Reptilien stets nur 1 Ge-

[24] Der klassisch gewordene Fund des Neandertalers erfolgte wohl im Jahre 1856 durch den Lehrer J. C. FUHLROTT, doch wurde die Bedeutung dieses Fundes, vor allem wegen des autoritären Urteils des Anatomen R. VIRCHOW, damals mit Ausnahme von FUHLROTT selbst, nicht erkannt.

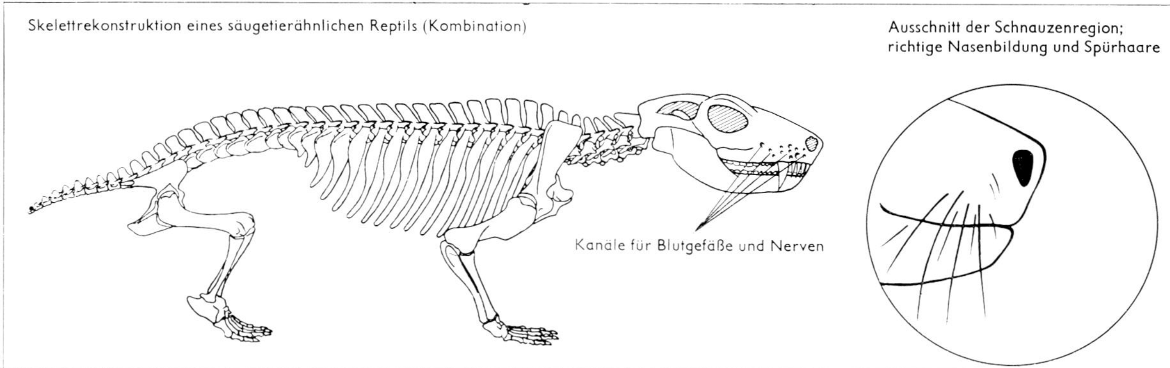

Abb. 57. Säugetierähnliches Reptil (Therapside) aus der Trias Südafrikas. Skelettrekonstruktion. Beachte Kanäle bzw. Gruben für Nerven, Blutgefäße und Haarwurzeln im Oberkiefer, die auf Lippenbildung und Spürhaare (siehe Ausschnitt) hinweisen. Dadurch indirekt auch ein Haarkleid als Wärmeschutz und Warmblütigkeit (Homöothermie) anzunehmen

hörknöchelchen (Stapes). Bereits im vorigen Jahrhundert hatte der Anatom C. Reichert auf Grund der Untersuchungen von Säugetier- und Reptilienembryonen die Homologisierung des Malleus mit dem Articulare (einem Unterkieferknochen) und des Incus mit dem Quadratum (einem Schädelknochen) zur Diskussion gestellt. Die Fossilfunde haben diese Theorie, die man im Hinblick auf die großen Verdienste E. Gaupps jetzt Reichert-Gauppsche Theorie nennt, durch den Nachweis von Therapsiden mit einem Doppelgelenk (*Diarthrognathus* aus der Ober-Trias von Südafrika, *Probainognathus* aus der Mittel-Trias von Südamerika) bestens bestätigt. Damit ist auch der anscheinend unüberbrückbare Unterschied zwischen Reptilien mit sog. primärem Unterkiefergelenk (zwischen Articulare und Quadratum) und Säugetieren mit einem sekundären Unterkiefergelenk (zwischen Dentale und Squamosum) gefallen. Die Fossilfunde zeigen auch hier, daß kleine, schrittweise Veränderungen und nicht große Sprünge zu diesen Differenzen geführt haben. So ist bei den Doppelgelenken das primäre Kiefergelenk innen, das sekundäre außen gelegen, so daß Quadratum und Articulare nunmehr ohne Beeinträchtigung der Kaufunktion in den Dienst der Schallübertragung als Gehörknochen gestellt werden konnten. Diese anatomische Umkonstruktion zeigt zugleich, daß während der stammesgeschichtlichen Entwicklung ein richtiger Funktionswechsel eingetreten ist, wie er auch in anderen Fällen erfolgte. Weiters lehren die Fossilfunde, daß die einzelnen Merkmale innerhalb der verschiedenen Stammlinien nicht synchron, also gleichzeitig, evoluierten und dadurch verschiedene Therapsiden nicht zu Säugetieren wurden. Die Regelmäßigkeit dieser Feststellung berechtigte zur Aufstellung der nach dem englischen Wirbeltierpaläontologen D. M. S. Watson benannten Evolutionsregel (sog. Mosaikmodus der Entwicklung).

Mit den obigen Beispielen ist zugleich das Problem der Ursachen der stammesgeschichtlichen Entwicklung berührt und die Frage nach Gesetzmäßigkeiten, welche für die Evolution maßgeblich sein könnten, aufgeworfen. Es ist dies ein Fragenkreis, der in diesem Rahmen nur am Rande berührt werden kann, da dafür nicht der Paläontologe, sondern der Genetiker zuständig ist.

Das Evolutionsmaterial bilden *Nachkommenüberschuß* der Organismen und die *Mutabilität*, was bereits Ch. Darwin richtig erkannte. Da die erblichen Veränderungen, die Mutationen, richtungslos auftreten, die Evolution jedoch durchaus nicht richtungslos verlaufen ist, muß ein Faktor vorhanden sein, der dies in der freien Natur bewirkt. Es ist dies die Selektion oder „*natürliche Auslese*“, wie sie DARWIN bezeichnete. Dieser Mechanismus führt im Laufe der Zeit zu schrittweisen Veränderungen und schließlich zur Vervollkommnung von Anpassungseinrichtungen. *Der Selektionsmechanismus ist nach der Überzeugung der meisten Biologen der einzige, die Evolution richtende Faktor!*

Derartige zunehmende Anpassungssteigerungen sind seinerzeit von paläontologischer Seite als „Beweise“ für eine Orthogenese oder Orthoevolution, d. h. eine gerichtete Entwicklung, angeführt und somit gegen die von den Genetikern angenommenen Vorstellungen verwendet worden. Als bekanntestes Beispiel für eine derartige Orthoevolution wird stets die durch den amerikanischen Paläontologen O. MARSH begründete „natürliche Stammlinie des Pferdes“ angeführt. Abgesehen davon, daß nicht von einer Orthoevolution, sondern bestenfalls von einer Orthoselektion gesprochen werden könnte, ist, wie G. G. SIMPSON, der derzeit führende Säugetierpaläontologe, gezeigt hat, die Phylogenie der Pferde absolut kein Beispiel für eine geradlinige Entwicklung. Es sind nämlich zahlreiche Stämme innerhalb der Equiden zu unterscheiden, von denen nur ein einziger überlebt. Der Verlauf der Phylogenese war weder kontinuierlich noch geradlinig. Die heutigen Einhufer bilden nur einen Seitenzweig, während der Hauptstamm (Anchitherien) bereits im jüngsten Tertiär ausgestorben ist (Abb. 58). Die Evolution der Pferde, die durch Fossilfunde seit dem Eozän belegbar ist, hat auch gezeigt, wie wichtig die Unterscheidung von Stufen- und Ahnenreihen ist, sollen Fehlinterpretationen in phylogenetischer Hinsicht vermieden werden. So bilden die in Europa nachgewiesenen Equidengattungen *Anchitherium* (Miozän), *Hipparion* (Pliozän) und *Equus* (Quartär) lediglich eine Stufenreihe[25]. Sie sind jeweils von Nordamerika über

[25] Bei einer Ahnenreihe stammen die einzelnen, aus verschiedenaltrigen Ablagerungen herrührenden Angehörigen voneinander ab. Bei einer Stufenreihe ist dies nicht der Fall. Schließlich seien noch die sog. anatomischen (oder morphologischen) Reihen erwähnt, die aus gleichzeitig lebenden, aber verschieden hoch spezialisierten Arten zusammengestellt werden und lediglich eine Vorstellung über den möglichen Ablauf der stammesgeschichtlichen Entwicklung vermitteln sollen.

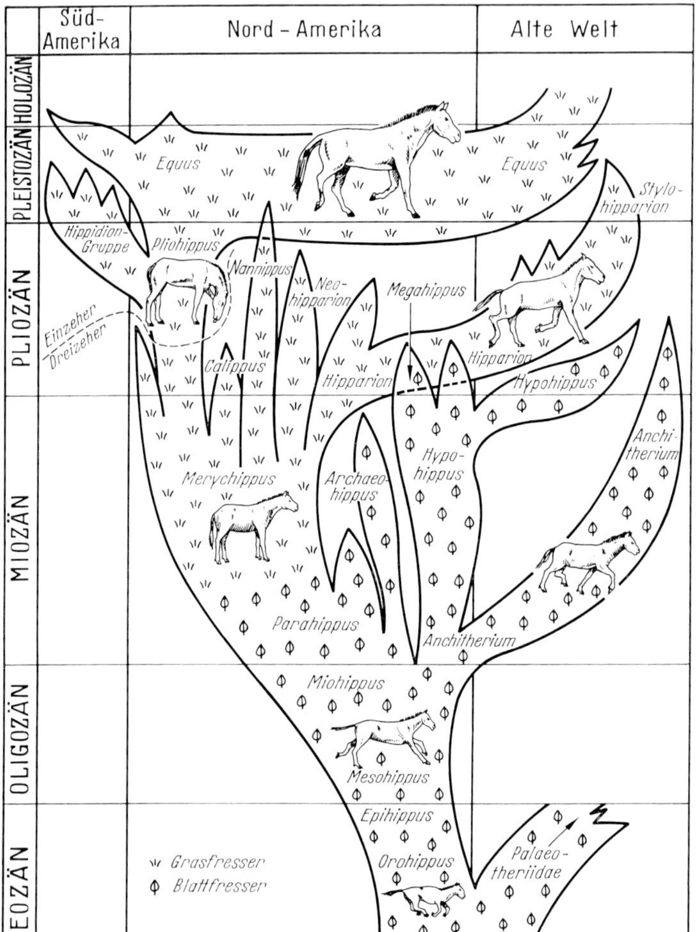

Abb. 58. Stammbaum der Pferde. Dargestellt sind die wichtigsten Gattungsvertreter. Rekonstruktionen maßstäblich. (Nach G. G. SIMPSON, 1951, ergänzt)

die damals landfeste Beringstraße nach Europa gelangt. Weiter wird der Zusammenhang mit der Umwelt ersichtlich, der nicht nur in der Ernährung und damit im Gebiß (Abb. 59) zu erkennen ist, sondern auch im Gesamthabitus. Die alteozänen Equiden waren fuchsgroße, drei- bis vierzehige Huftiere, die ähnlich den heutigen afrikanischen Duckerantilopen als Urwaldbewohner in einem tropischen Klima heimisch waren und durchaus nicht pferdeartig aussahen. Aus ihnen entwickelten sich schließlich die miozänen Anchitherien, die mit *Hypohippus* und *Megahippus* im Pliozän ausstarben. Es waren pferdegroße, dreizehige Pferde und ihrer Er-

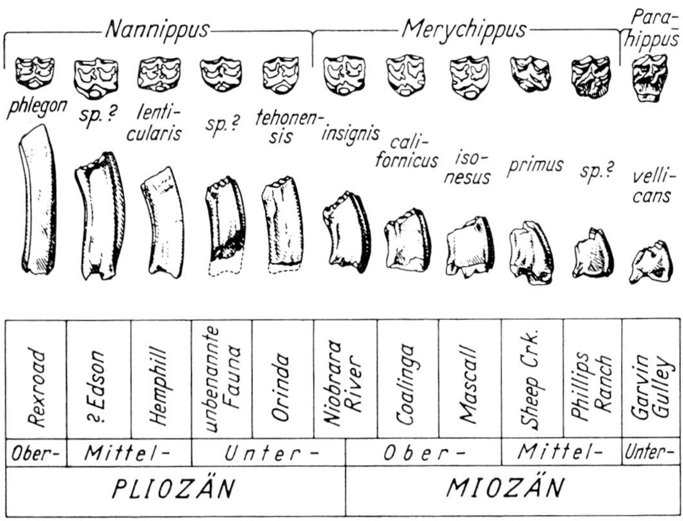

Abb. 59. Zunahme der Kronenhöhe der Backenzähne (M sup.) innerhalb der mio-pliozänen Pferde Nordamerikas. Beachte konstante Zunahme. (Nach G. H. R. von Koenigswald, 1960)

nährung nach Blattäser. Die zu den heutigen Einhufern führende Entwicklungslinie trennte sich bereits im ausgehenden Alttertiär vom Hauptstamm und zeigt im Gegensatz zu den waldbewohnenden Anchitherien eine rapide Zunahme der Kronenhöhe der Backenzähne, die in Zusammenhang mit der nunmehrigen Ernährung von Steppengräsern steht, die sich im Jungtertiär auszubreiten begannen. Innerhalb der grasfressenden Equiden erfolgt eine Aufspaltung in mindestens sechs verschiedene Stämme, von denen nur ein einziger Stamm (Gattung *Equus* i. w. S.) die Gegenwart erreichte. Es sind die echten Einhufer. Die in der Eiszeit ausgestorbenen Hipparionen waren gleichfalls Grasfresser, jedoch keine richtigen Einhufer, sondern noch dreizehig. Die Zusammenhänge zwischen Umwelt und Anpassung, wie sie die Entwicklung der Pferde zeigt, ist jedoch nicht so zu verstehen, daß die Umwelt die Organismen prägt und die Evolution direkt beeinflußt, sondern daß mutativ entstandene Erbänderungen durch die vorhandenen wechselnden Umweltbedingungen über den Selektionsmechanismus zu einer steigenden Anpassung geführt haben.

Mit diesem Beispiel ist jedoch eine Reihe weiterer Fragen verknüpft, auf die hier kurz hingewiesen sei. So ist die *Evolutionsgeschwindigkeit* keineswegs konstant. Sie kann sowohl innerhalb einer Stammlinie wechseln, als auch an einzelnen Organen verschieden sein, wie etwa die Ausbildung des Gehirns und des Gebisses lehrt. Lassen Schädel und Gebiß die Zugehörigkeit der eozänen Gattung *Hyracotherium* (= „*Eohippus*") zu den Equiden einwandfrei erkennen, so verhält sich das „Gehirn" (Ausguß des Cavum cranii, s. S. 14) wesentlich primitiver und erinnert an jenes ursprünglicher Insektenfresser bzw. Beuteltiere. Vergleichende Untersuchungen über die Evolutionsgeschwindigkeit haben gezeigt, daß diese bei den Säugetieren im Paleozän, also im ältesten Tertiär und im Pleistozän (Eiszeit) im allgemeinen wesentlich rascher war als zur übrigen Tertiärzeit (Eozän bis Pliozän). Sie wird mit den damals freien Lebensräumen in Verbindung gebracht. Zu Beginn der Tertiärzeit waren die terrestrischen Lebensräume durch das Aussterben der mesozoischen „Dinosaurier" weitgehend unbesetzt, während der Eiszeit war ähnliches durch den wiederholten Wechsel von Kalt- und Warmzeiten bedingt. Die „Pferdereihe" ist zugleich ein Beispiel für die Größenzunahme im Laufe der Stammesgeschichte (Deperetsche Regel), indem die geologisch jüngsten Arten die größten, die geologisch ältesten die kleinsten sind. Die „Pferdereihe" ist aber auch ein Beispiel für die zunehmende Spezialisierung während der Phylogenese. Diese betrifft das Backenzahngebiß ebenso wie die Gliedmaßen. Eine derartige Zunahme der Spezialisationshöhe oder des Anpassungsgrades schränkt natürlich die Evolutionsmöglichkeiten etwas ein, so daß hier ein zusätzlicher Faktor zum Fragenkreis „Orthogenese" vorliegt. Meist führt aber die zunehmende Spezialisierung zugleich zum Artentod, wie die nach dem amerikanischen Paläontologen E. D. COPE benannte Regel[26] vom Überleben der weniger spezialisierten Arten zum Ausdruck bringt. Zunehmende Spezialisierung ist nicht nur eine der weitestverbreiteten Eigentümlichkeiten des Evolutionsgeschehens, sondern auch eine der häufigsten Voraussetzungen zum Aussterben. Damit ist ein weiterer Fragenkreis berührt, nämlich das Problem des *Aussterbens*. Es ist hier nur das natürliche Aussterben berücksichtigt, nicht die gewaltsame Vernichtung oder Ausrottung durch den Menschen. Diese ist allerdings fast immer nur eine Beschleunigung des natürlichen Aussterbens und vielfach erst mit Einführung von Feuerwaffen möglich geworden (z. B. Ausrottung der Stellerschen Seekuh oder des südafrikanischen Quaggas, einer Zebraform)[27].

Unter natürlichem Aussterben ist jener biologische Vorgang zu verstehen, der zum Verschwinden einer Art oder ganzer Stämme geführt hat. Das Verschwinden eines Formenkreises durch evolutive Umbildung in eine neue Art, wie sie als Transformation bezeichnet wird, und wie sie bei den oben geschilderten Ahnenreihen eintritt, fällt selbstverständlich nicht unter den Begriff Aussterben. Die Ursachen des Aussterbens sind nach wie vor unbekannt, doch können verschiedene Voraussetzungen oder Faktoren diesen Vorgang zweifellos beschleunigen. Großklimatische Änderungen, Feinde und Seuchen werden als Ursachen angesehen und durch Beispiele zu belegen versucht. Tatsächlich scheint großklimatischen Änderungen auch eine auslösende Wirkung zuzukommen, doch dürften die eigentlichen Ursachen in den Lebewesen selbst zu suchen sein. Als wichtigste Voraussetzung kann der Anpassungsgrad betrachtet werden. So starben am Ende der Eiszeit nur die hochspezialisierten Arten aus (z. B. Mammut, Fellnashorn, Steppenwisent, Riesenhirsch, Höhlenbär etc.), denen eine Anpassung an den neuen Lebensraum, wie er etwa durch die Wiederbewaldung entstand, unmöglich war. Für das Aussterben von Dinosauriern am Ende der Kreidezeit scheinen auch pathologische Eischalenstrukturen eine Rolle gespielt zu haben, wie raster-

---

[26] Dieses „law of unspecialized" wurde allerdings bereits vor E. D. COPE durch den englischen Zoologen R. WALLACE im Jahre 1855 formuliert.

[27] In prähistorischer Zeit ist, mit Ausnahme der flugunfähigen Moas auf Neuseeland durch die Maoris und vielleicht auch der Riesenhalbaffen von Madagaskar durch die Ureinwohner keine einzige Wildform vom damaligen Menschen ausgerottet worden, obwohl dieser zahlreiche *Großwildarten* bejagte.

elektronenmikroskopische Untersuchungen an Dinosaurier-Eiern durch H. K. Erben vermuten lassen.

In Zusammenhang mit der Erörterung der Ursachen des Aussterbens muß auch das Vorkommen von Riesen- und Zwergformen erwähnt werden. So scheint in manchen Tierstämmen die Ausbildung von Zwergformen dem Aussterben vorangegangen zu sein. Als Beispiel werden die eiszeitlichen Zwergelefanten der *Palaeoloxodon-antiquus*-Gruppe von den Mittelmeerinseln, eiszeitliche Zwergelefanten von Celebes und das spätglaziale sibirische Mammut (*Mammonteus primigenius beresovkius = sibiricus*), welches kleiner war als das Mammut der Würmeiszeit (Höchststand), sowie die eiszeitlichen Zwergflußpferde des Mittelmeergebietes und Madagaskars genannt. Alle diese Formen sind gegenwärtig ausgestorben. Sie lebten in Gebieten, in denen heute weder Elefanten noch Flußpferde vorkommen. Ist nun das Auftreten von Zwergformen vor dem Aussterben eine allgemeine Regel? Die Antwort auf diese Frage kann nur lauten: Keineswegs. In anderen, ausgestorbenen Stämmen endete die Entwicklung mit Riesenformen (z. B. Titanotherien, Riesenfaultiere, Riesengürteltiere, Riesenstrauße, viele Dinosaurier, Riesenskorpione etc.), in anderen sind es „Normalformen", wobei Begriffe wie Riesen und Zwerge stets nur relative sein können.

Im Laufe der Phylogenese tritt aber nicht nur eine zunehmende Spezialisierung ein, sondern auch eine Höherentwicklung, die — evolutionsmäßig betrachtet — nicht als schädliche Erscheinung angesehen werden kann, sondern auf eine zunehmende Emanzipation von der Umwelt hinzielt (z. B. Warmblütigkeit, Gehirnentwicklung, Art der Fortpflanzung etc.). Derartige Differenzierungen waren es auch, die innerhalb der Primaten schließlich den Menschen entstehen ließen.

Zuletzt sei noch auf eine Evolutionsregel hingewiesen, die nach dem belgischen Paläontologen L. Dollo benannt wurde. Es ist das sog. „Irreversibilitätsgesetz", demzufolge die Entwicklung nicht umkehrbar ist. In der heutigen Fassung gilt es nicht mehr als Gesetz, sondern nur als Regel und besagt im Sinne von O. Abel, daß ein einmal völlig rückgebildetes (reduziertes) Organ im Laufe der Phylogenese nicht mehr in der alten Form wiederkehren kann. Das heißt, aus einem Einhufer kann kein mehrzehiges Huftier mehr entstehen etc. Wachstumsbedingte Formänderungen können allerdings zu einer Wiederholung von Ahnenstadien und damit zu einer Art Umkehr der stammesgeschichtlichen Entwicklung führen, wie dies kürzlich J. Wiedmann an den „Nebenformen" der Ammoniten (sog. heteromorphe Ammonoidea) zeigte (Abb. 63 auf S. 116).

Beispiele fossil belegter Phylogenese: Rüsseltiere, Bären, Lungenfische, Ammoniten

Anschließend einige weitere Beispiele aus der Stammesgeschichte. Durch Fossilfunde ist die Geschichte der Rüsseltiere (Proboscidier; Elefanten etc.) ähnlich gut bekannt, wie jene der Pferde. Während die Proboscidier gegenwärtig nur durch zwei Arten (indischer und afrikanischer Elefant) vertreten und auf Südasien und Afrika beschränkt sind, waren die Rüsseltiere einst fast weltweit verbreitet und sehr formenreich entwickelt. Die geologisch ältesten Proboscidier sind aus eozänen Ablagerungen Afrikas, ihrer Urheimat, bekannt geworden. Es waren kaum tapirgroße Säugetiere, denen sowohl ein Rüssel als auch Stoßzähne abgingen. Lediglich ein Paar der Schneidezähne ist vergrößert, die bei den späteren Rüsseltieren zu Stoßzähnen wurden. Bei den oligozänen Palaeomastodonten ist die Oberlippe bereits verlängert, bei den jungtertiären Mastodonten zu einem richtigen Rüssel umgebildet (Abb. 60). Mit der Ausbildung des Rüssels wird auch der Schädel umgestaltet, um entsprechende Ansatzstellen für die Rüssel- und auch die Kaumuskulatur zu liefern. Das Backenzahngebiß erfährt nämlich ebenfalls schrittweise Änderungen, die schließlich zum kompliziert gebauten, aus zahlreichen Lamellen bestehenden Elefantenbackenzahn geführt haben und damit einen ähnlichen Wechsel in der Ernährung gegenüber den tertiärzeitlichen Proboscidiern anzeigen, wie wir ihn bei den Equiden kennenlernten, nur daß dieser Wechsel bei diesen bereits im Jungtertiär erfolgt ist. Entgegen der ursprünglichen Auffassung haben sich die Elefanten nicht aus den sog. Stegodonten, sondern direkt aus tertiärzeitlichen Mastodonten entwickelt. Die rezenten Elefanten sind demnach nur als letzte Überlebende eines einst über ganz Eurasien und Afrika, Nord- und Südamerika verbreiteten Stammes der Säugetiere anzusehen.

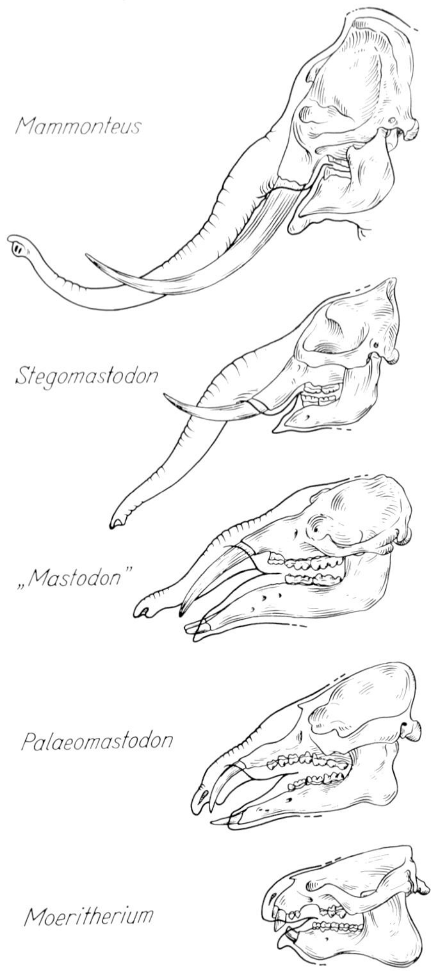

Abb. 60. Evolution der Proboscidea. Die Entstehung des Rüssels und der Stoßzähne. *Moeritherium* — Eozän, *Palaeomastodon* — Oligozän, „*Mastodon*" — Miozän, *Stegomastodon* — Plio-Pleistozän, *Mammonteus* — Pleistozän. (Nach E. Thenius und H. Hofer, 1960)

Nicht minder gut belegt ist die Fossilgeschichte der Bären (Ursiden). Die Fossilfunde lassen erkennen, daß die lebenden Arten ein phylogenetisch verschieden hohes Alter besitzen. Zu den geologisch ältesten Bären gehört der südamerikanische Brillenbär *(Tremarctos ornatus)*, der mit den übrigen Bären nicht näher verwandt ist, ferner der Malayenbär *(Helarctos malayanus)* und der Lippenbär *(Melursus ursinus)*, der allerdings zahlreiche sekundär erworbene Spezialisationsmerkmale aufweist. Die Braunbären *(Ursus arctos)* und Eisbären *(Ursus [Thalarctos] maritimus)* sind geologisch gesehen — die jüngsten Ursiden. Die durch Kragenbären *(Ursus [Euarctos] thibetanus)* und Baribal *(Ursus [Euarctos] americanus)* in Asien und Nordamerika verbreiteten Schwarzbären stehen stammesgeschichtlich auf einer etwas primitiveren Stufe als die Braunbären. Die größten Bären, nämlich der eiszeitliche Höhlenbär *(Ursus spelaeus)* Europas und die eiszeitlichen Kurzschnauzbären *(Arctodus* = „*Arctotherium*“*)* Amerikas sind ausgestorben.

Ein gänzlich anderes Bild der stammesgeschichtlichen Entwicklung zeigen die Lungenfische, deren lebende Angehörige von den devonischen Vorfahren nur geringfügig verschieden sind (Abb. 61). Sie sind in drei verschiedenen Gattungen auf die Südkontinente beschränkt (*Epiceratodus* — Australien; *Protopterus* — Afrika; *Lepidosiren* — Südamerika), nachdem sie einst weltweit verbreitet waren. Der australische Lungenfisch ist im Aussehen von der Gattung *Ceratodus* aus der Permotrias kaum verschieden, kann also als richtiges „lebendes Fossil“ bezeichnet werden (s. Kap. X). Die rezenten afrikanischen und südamerikanischen Lungenfische weichen hauptsächlich durch die stark umgebildeten paarigen Flossen, die Rückbildung der Schuppen und den aalartig verlängerten Körper von ihren paläozoischen Ausgangsformen ab. Sie sind untereinander näher verwandt. Ihre Trennung dürfte erst zur Kreidezeit erfolgt sein (s. a. Kap. IX).

Von den Wirbellosen (Evertebraten) seien die Ammoniten erwähnt, deren Evolution dank zahlreichen Fossilfunden in den Grundzügen bekannt ist. Es sind beschalte Kopffüßer (Cephalopoden), ähnlich dem heutigen *Nautilus*, die jedoch mit dem Ende des Mesozoikums aussterben. Die stets planspiral eingerollten Gehäuse der Ammoniten lassen sich von geradegestreckten (orthoconen) Formen des Altpaläozoikums (Bactriten) ableiten, die wiederum auf primitive Nautiloideen (Sphaerorthoceratinen) zurückgeführt werden können (Abb. 62). Bemerkenswert ist die zunehmende Komplikation der sog. Lobenlinie (Ansatzstelle der Septen an der Außenschale) der Ammoniten im Laufe der Stammesgeschichte, die von der einfach gewölbten goniatitischen (Devon — Karbon) über die bereits einseitig ausgezackte cerati-

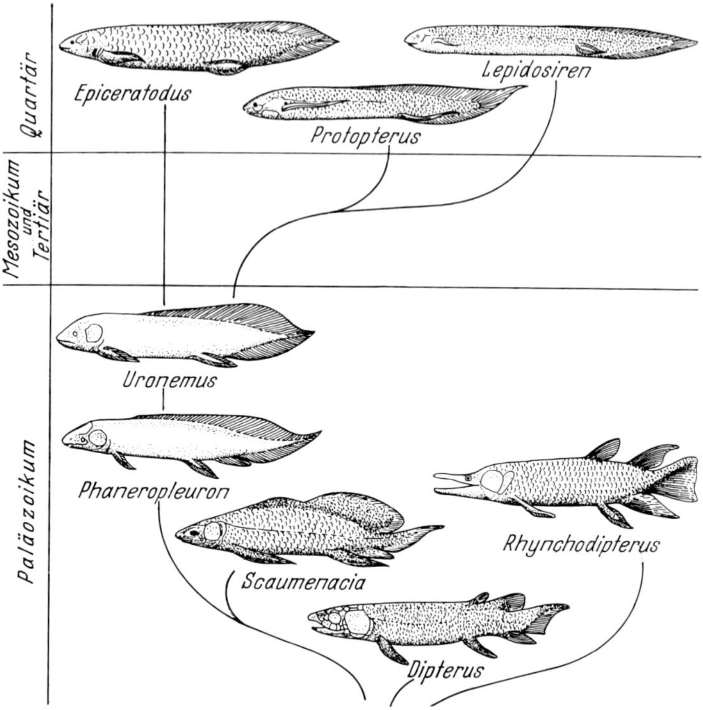

Abb. 61. Evolution der Lungenfische (Dipnoi). Größte Formenfülle im Paläozoikum (Devon). Gegenwärtig nur die Ceratodontidae (*Epiceratodus:* Australien) und die Lepidosirenidae (*Protopterus:* Afrika, *Lepidosiren:* Südamerika) erhalten geblieben

tische (Perm — Trias) zur komplizierten ammonitischen (Trias bis Kreide) führt, gelegentlich jedoch sekundär wieder vereinfacht wird (pseudoceratitisches Stadium: Kreide). Auch die Schalenskulptur verhält sich ähnlich, indem eine zunehmende Komplikation durch Rippen (Einfachrippen — Spaltrippen), Knoten und dgl. eintritt und sekundäre Vereinfachungen (Abbaurippen) ebenfalls festzustellen sind. Interessant ist der Schnitt an der Trias-

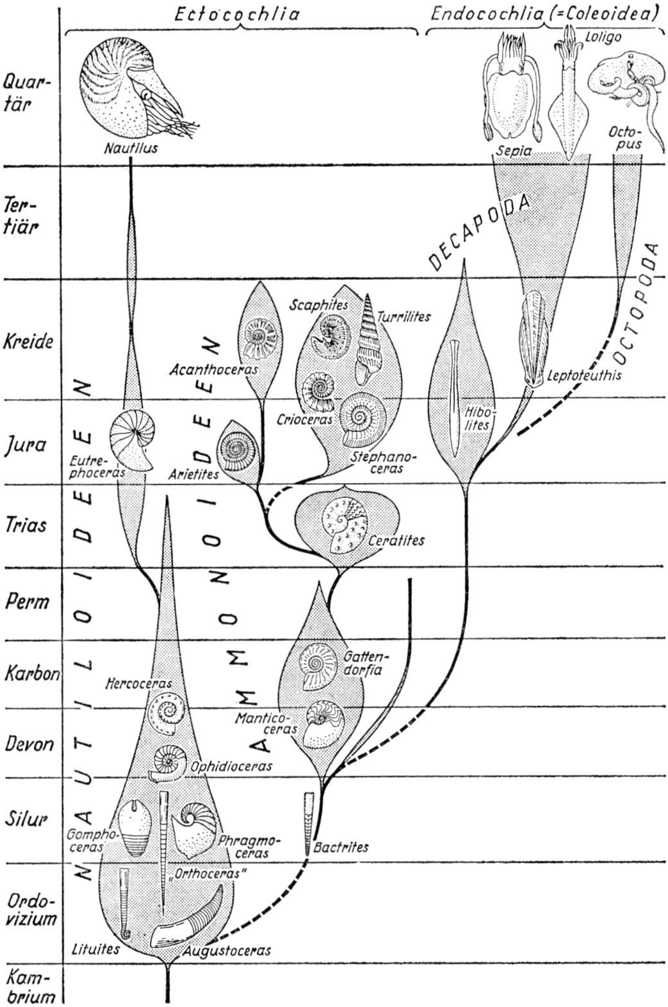

Abb. 62. Evolution der Kopffüßer (Cephalopoda). Vereinfachte Darstellung. Formenfülle der Nautiloidea im Paläozoikum, *Nautilus* als einziger Überlebender. Beachte Aussterben der Ammoniten am Ende der Trias und der Kreide. Ammoniten und „echte" Tintenfische (Coleoidea) mit gemeinsamer Stammgruppe (Bactritida). (Nach E. THENIUS, 1965)

Jurawende, der durch ein Aussterben sämtlicher Ammoniten mit Ausnahme der Phylloceratiden und Lytoceratiden bedingt ist, welche die Stammgruppen der Jura- und Kreideammoniten bilden. Bemerkenswert ist ferner das Auftreten sog. Nebenformen mit abweichender Gehäuseform (z. B. unvollständige spiralige Einrollung, unregelmäßig aufgerollte Gehäuse, teilweise gestreckte Gehäuse) in der jüngeren Trias bzw. in der Kreidezeit (Abb. 63).

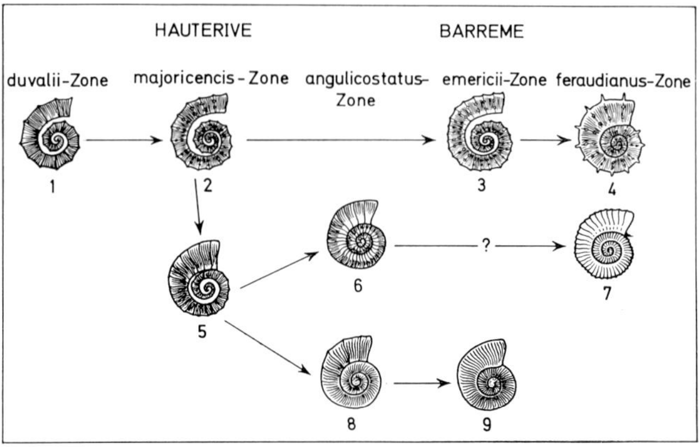

Abb. 63. Evolution heteromorpher Ammoniten in der Unter-Kreide. Crioceratiden mit Tendenz zur Wiederaufrollung. *Crioceratites* mit verschiedenen Untergattungen (1—5 = *Crioceratites*, 6, 8 und 9 = *Pseudothurmannia*, 7 = *Hemihoplites*). (Nach J. Wiedmann, 1969)

Diese Nebenformen sind allerdings nur auf bestimmte Familien beschränkt. Über die Ursachen des Aussterbens der Ammoniten (und anderer Lebewesen) am Ende des Mesozoikums wird diskutiert. Man muß jedoch berücksichtigen, daß dieses Aussterben weder ganz plötzlich, noch — bei den einzelnen Gruppen — gleichzeitig erfolgte. Anzeichen einer Verminderung der Arten- und Formenfülle machen sich bei manchem mesozoischen Stamm vor dem Erlöschen bemerkbar. Als Ursache wird eine weltweit wirksame Klimaverschlechterung betrachtet, doch werden auch außerirdische Ursachen (ungehinderte kosmische Einstrahlung durch vorübergehenden Wegfall des irdischen Magnetfeldes bei einer Umpolung) zur Erklärung herangezogen.

„Connecting links“: Psilophyten, Monoplacophoren, Ichthyostegalia, Seymouria, Archaeopteryx

Haben uns die bisher besprochenen Beispiele manchen Einblick in den stammesgeschichtlichen Ablauf vermittelt, so waren es — abgesehen von den Therapsiden (säugetierähnlichen Reptilien) — keine Muster für „connecting links“, also von Übergangsformen zwischen zwei heute mehr oder minder weit voneinander im System stehenden Formengruppen. Wir wollen dieses Kapitel mit einigen derartigen Beispielen abschließen.

Zuerst ein Beispiel aus dem Pflanzenreich. Gegenwärtig bilden die Bärlappgewächse (Lycopodiales), Schachtelhalme (Equisetales oder Articulata) und Farne (Filicales) drei deutlich voneinander getrennte systematische Einheiten unter den Landpflanzen, die vom Systematiker als Gefäßsporenpflanzen (Pteridophyten) bezeichnet werden. Gemeinsam ist ihnen die Gliederung in Wurzel, Achse und Blätter, doch sind nicht nur in der Beblätterung charakteristische Unterschiede vorhanden (Bärlappgewächse und Schachtelhalme = Kleinblättler oder Mikrophyllineen; Farne = Großblättler oder Makrophyllineen). Bei den Schachtelhalmen sitzen die wohl ebenfalls kleinen Blätter an bestimmten Knoten des Stengels quirlförmig beisammen, wodurch sich eine deutliche Gliederung des Pflanzenkörpers (daher auch der Name Articulata) ergibt. Weitere Differenzen liegen in der Ausbildung der Fruktifikationsorgane (Lage und Beschaffenheit der Sporangien) der drei genannten Pflanzengruppen.

Wir wollen nun sehen, ob der Paläontologe zur Herkunft und zur Frage nach den stammesgeschichtlichen Zusammenhängen dieser drei Gruppen an Hand von Fossilfunden etwas aussagen kann. Die geologisch ältesten Landpflanzenreste liegen aus dem Silur vor, doch sind vollständigere Funde, die auch über den anatomischen Bau Aufschluß geben, erst aus devonischen Ablagerungen bekannt geworden. Immerhin wurde bereits vor mehr als 100 Jahren der erste Rekonstruktionsversuch einer derartigen Pflanze veröffentlicht. Es sind Pflanzen, die weder als Bärlappe, Schachtelhalme noch als Farne bezeichnet werden können, denn sie bestehen aus einem am Boden hinkriechenden, keine echten Wurzeln tragenden „Wurzelstock“ und einem gänzlich blattlosen, mehrfach dichotom geteilten Luftsproß, an dessen letzten

Verzweigungen endständige Sporangien (Sporenbehälter) sitzen. Man nennt sie Nacktpflanzen (Psilophyten) und die Zeit, in der sie ihre Hauptverbreitung und größte Formenfülle erreichten, nämlich das Unter-Devon, das Zeitalter der Psilophyten. Unsere Kenntnis von diesen geologisch ältesten Landpflanzen hat sich im Laufe der letzten Jahrzehnte stark vermehrt. Es sind auch beblätterte Psilophyten bekannt geworden. Dank verkieselter Funde aus dem Devon von Rhynie in Schottland sind auch Feinheiten des inneren Baues (Leitbündel, Spaltöffnungen, Inhalt der Sporangien etc.) erkennbar. Es sind echte Gefäßpflanzen, im Gegensatz zu den Algen, Tangen und Pilzen, die übrigens eine Gliederung in Wurzel, Achse und Blätter vermissen lassen und deshalb als Lagerpflanzen oder Thallophyten (nach thallus = Lager) bezeichnet werden und welche die einzigen Pflanzen auf der Erde waren, bevor die ersten Landpflanzen in Form der Psilophyten auftraten. Die wesentlichsten Entwicklungsschritte bestehen in der Ausbildung von Gefäßbündeln (zur Leitung des bei der Assimilation bzw. Transpiration benötigten Wassers), von Stützgewebe (das bei Wasserpflanzen nicht notwendig ist) und einer Kutikula (Blattoberhäutchen gegen die Austrocknung, Pilzbefall und dgl.). Erst dadurch war den Pflanzen der Schritt vom Wasser aufs Land möglich geworden. Zugleich bilden die Psilophyten morphologisch das Bindeglied zwischen Thallophyten und Pteridophyten, wenngleich auch die *devonischen* Psilophyten nicht als direkte Ahnenformen der Bärlappgewächse und der Schachtelhalme betrachtet werden können, da diese im Devon bereits durch primitive, von den verschiedenen Psilophyten etwas abweichende Formen nachgewiesen werden konnten. Kommt also der Mehrzahl der Psilophyten auch nicht die Bedeutung als „connecting links" zu, so belegen sie durch ihr Vorhandensein, daß derartige Pflanzen einst überhaupt existiert haben.

Damit wollen wir uns dem Tierreich zuwenden. Seit langem sind aus altpaläozoischen Ablagerungen napfförmige Schalen bekannt, die wegen ihrer Ähnlichkeit mit den heutigen Napfschnekken (Patellen) auch als Reste von solchen angesehen wurden. Erst der Weichtierforscher W. Wenz erkannte im Jahre 1938, daß es sich hier nicht um echte Napfschnecken handelte, sondern um Schnecken, die sich grundsätzlich von den übrigen Gastropoden unterscheiden, weshalb er sie als eigene Ordnung (Tryblidiacea) abtrennte. 1940 wurde sie vom schwedischen Molluskenforscher OHDNER zu einer selbständigen Klasse (Monoplacophora) erhoben und damit den Schnecken, Muscheln etc. als gleichwertige systematische Einheit gegenübergestellt. An der Innenseite der Schale dieser Tryblidiaceen sind nämlich an Stelle des hufeisenförmigen Haftmuskeleindruckes, wie er für Patellen charakteristisch ist, zahlreiche derartige Eindrücke vorhanden, die W. WENZ mit einer Segmentierung in Zusammenhang brachte, wie sie für die wurmartigen Vorfahren der Weichtiere anzunehmen ist. Diese Annahme wurde durch die erst vor wenigen Jahren geglückte Entdeckung lebender Monoplacophoren (*Neopilina galatheae* und verwandte Formen) glänzend bestätigt (s. S. 187). Die Segmentierung dieser rezenten Monoplacophoren betrifft nicht nur die Haftmuskulatur und die Kiemen, sondern auch die Exkretionsorgane (Nephridien) und das Nervensystem. Allerdings entspricht diese Gliederung keiner echten oder Coelom-Metamerie, sondern nur einer Anordnungsmetamerie, da nicht alle erwähnten Organe in gleicher Anzahl vorhanden sind. Entsprechend dieser Feststellung ist eine stammesgeschichtliche Ableitung von Ringelwürmern — wie man auf Grund der fossilen Monoplacophoren annahm — zwar nicht möglich, doch geben die Monoplacophoren eine annähernde Vorstellung von den einstigen präkambrischen Ur-Conchiferen, wie man die ersten schalentragenden Weichtiere bezeichnet.

Weitaus günstiger verhält sich jedoch die Situation bei den Wirbeltieren, deren stammesgeschichtliche Entwicklung zur Gänze in postkambrische Zeit fällt und deshalb durch Fossilfunde entsprechend belegt ist.

Auch hier haben Funde und Untersuchungen in den letzten Jahren entscheidend zur Erweiterung unserer Kenntnisse beigetragen.

Der wesentlichste Fortschritt liegt zweifellos in der Entdeckung der geologisch ältesten Amphibien, die verschiedene, bisher nur von Fischen bekannte Merkmale besitzen und damit bis zu einem gewissen Grad als „connecting links“ angesehen werden können. Es handelt sich um die aus dem sog. Old Red (Ober-Devon) von Ostgrönland seit 1929 durch die dänischen Expeditionen unter der Leitung von Dr. LAUGE KOCH aufgesammelten und von schwedischen Paläontologen bearbeiteten Wirbeltierfunde. Im Jahre 1931 veröffentlichte der junge G. SÄVE-SÖDERBERGH Schädelreste, die er als *Ichthyostega*, was soviel wie Fischdach bedeutet, bezeichnete. War es ein Fisch oder bereits ein Vierfüßler? Die seitherigen Expeditionen lieferten weiteres Material, aus dem hervorging, daß diese *Ichthyostega* ein Vierfüßler war. Aber erst vor wenigen Jahren konnte E. JARVIK zeigen, daß *Ichthyostega* im

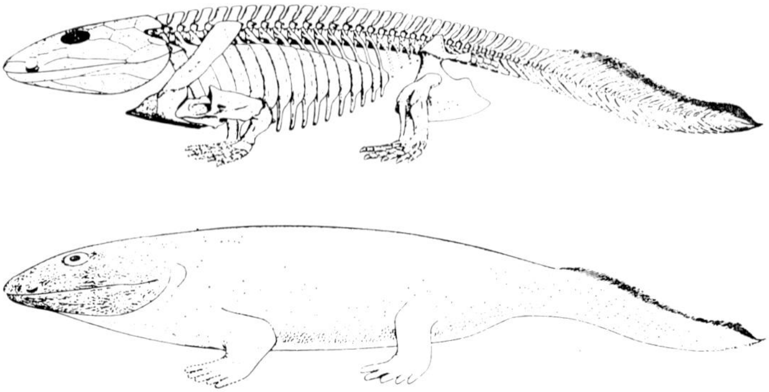

Abb. 64. Das älteste Landwirbeltier *(Ichthyostega)*. Ober-Devon von Grönland. Vereint Merkmale von Fischen (Schwanz- und Rückenflosse, Reste des Kiemendeckels etc.) und Amphibien. Rekonstruktion von Skelett und Habitus. Länge ca. 1 m. (Nach E. JARVIK, 1960)

erwachsenen Zustand einen richtigen Fischschwanz besaß, ferner Reste des Kiemendeckels und der 2. Rückenflosse sowie ein Seitenliniensystem. *Ichthyostega* vereint somit Merkmale von Fischen und Amphibien (Abb. 64). Auch der Bau des Schädels und des Schultergürtels erbrachte weitere Erkenntnisse. Allerdings sind einzelne Merkmale der *Ichthyostega* (Lage der äußeren Nasenöffnung) zu spezialisiert, um sie als direkte Ahnenform der übrigen Lurche ansehen zu können. Dadurch wird jedoch ihre grundsätzliche stammesgeschichtliche Bedeutung nicht zunichte gemacht, besonders wenn man den auf Seite 104 beschriebenen Mosaikmodus der Entwicklung berücksichtigt. Die Ichthyostegalia machen verständlich, wie sich aus Quastenflossern (Rhipidistia) Amphibien entwickelten. Die Ichthyostegalia sind nicht nur die ältesten Tetrapoden, sondern auch die primitivsten Landwirbeltiere.

Eine ähnliche Mittelstellung — allerdings zwischen Amphibien und Reptilien — wird der aus dem Perm von Texas bekannt gewordenen Gattung *Seymouria* zugeschrieben, die im Skelett Merkmale von Lurchen und Kriechtieren vereint, weshalb sie von den Systematikern einmal als Amphibium, einmal als Reptil betrachtet wurde. Allerdings sind gerade die Unterschiede zwischen den Angehörigen dieser beiden Wirbeltiergruppen paläontologisch nicht oder kaum erschließbar, da die Hautbeschaffenheit (nackte, schleimige oder verhornte Haut) und die Art der Fortpflanzung (Larvenstadium im Wasser oder beschalte Eier auf dem Land) als ausschlaggebend betrachtet werden. Dennoch kann auch hier von paläontologischer Seite zu diesem Problem entscheidend beigetragen werden. War man einst der Auffassung, daß in Zusammenhang mit der Reptilwerdung zuerst der Übergang von der aquatischen zur terrestrischen Lebensweise stattfand und erst nach erfolgter Loslösung vom Wasser das Amniotenei[28] „erfunden" wurde, so lassen Fossilfunde aus dem Perm von Texas nach A.-S. Romer die begründete Vermutung zu, daß zuerst das Amniotenei entstand und erst nachher die Loslösung der Tiere vom Wasser erfolgte. Denn die zusammen mit dem geologisch ältesten Amniotenei gefundenen Reptilien (Cotylosaurier und Pelycosaurier) sind durchaus dem Wasser verhaftet (Schwimmhäute, Fischfresser etc.). Die Entwicklung des Amnioteneies war die Voraussetzung zur endgültigen „Eroberung" des Festlandes durch die Wirbeltiere.

Günstiger liegen die Verhältnisse bei dem „connecting link" zwischen Reptilien und Vögeln. Bis zum Jahre 1861 fehlten Vogelreste aus dem Erdmittelalter, dann folgten innerhalb von zwei Jahrzehnten die aufsehenerregenden Funde der sog. Urvögel aus den Solnhofener Plattenkalken des oberen Jura. Dem ersten Skelettfund, dem der Schädel fehlt (= Londoner Exemplar), war die Auffindung einer Feder (als Abdruck) vorausgegangen. Erst der

---

[28] Das für Reptilien, Vögel und Säugetiere kennzeichnende Amniotenei besitzt nicht nur eine widerstandsfähige Hülle (Serosa und Amnion), sondern auch einen embryonalen Harnsack (Allantois), die eine vom Wasser unabhängige Entwicklung der Embryonen ermöglichen. Sind auch Serosa, Amnion und Allantois bei den fossilen Eiern nicht überliefert, so läßt die widerstandsfähige Außenhülle den Schluß auf das einstige Vorhandensein derselben zu, ohne die eine vom Wasser unabhängige Entwicklung nicht stattfinden könnte.

zweite Skelettfund (= Berliner Exemplar) umfaßte auch den Schädel (Abb. 65). Lange Zeit wogte der Streit unter den Gelehrten, ob es sich (noch) um ein Reptil oder (schon) um einen Vogel handelte oder nur eine Zwischenform, die als Ahnenform der letzteren in Betracht käme. Diese Meinungsverschiedenheiten beruhen auf der Kombination der morphologischen Merkmale

Abb. 65. Skelett des Urvogels (*Archaeopteryx lithographica* H. v. M.) aus dem Ober-Jura-Plattenkalk von Solnhofen. Berliner Exemplar; ca. $^1/_7$ nat. Gr.

dieser Urvögel. Eine Analyse sämtlicher Reste dieser Urvögel (*Archaeopteryx lithographica*[29]), einschließlich des erst vor kurzem erfolgten dritten Skelettfundes, zeigte, daß sie primitive, d. h. typische Reptilmerkmale (z. B. bezahnte Kiefer, Kreuzbein aus 6 Wirbeln, lange Schwanzwirbelsäule, Ausbildung des Gehirns, freie, bekrallte Finger) mit echten Vogelmerkmalen (z. B. Federn,

[29] Die seinerzeit vorgenommene artliche bzw. sogar gattungsmäßige Trennung der einzelnen Reste beruht, wie neuere Untersuchungen durch G. de Beer und F. Heller bewiesen haben, im wesentlichen auf individuellen (altersbedingten) Differenzen (früherer oder späterer Verschluß der einzelnen Knochennähte etc.). Sämtliche Reste gehören einer Art an.

Gabelbein [= Furcula], nach hinten gerichtete Schambeine, opponierende Großzehe) vereinen. Sind es Reptilien oder sind es Vögel? Im Prinzip ist der Streit um diese Auffassung belanglos, wie bereits am Beispiel der Therapsiden gezeigt werden konnte.

Die Ableitung der Vögel von Reptilien (Archosaurier) wird heute kaum mehr ernstlich angezweifelt. Die Grenzziehung zwischen Reptilien und Vögeln ist Sache der Konvention. Nimmt man den Besitz von Federn als *das* Charakteristikum der Vögel an, so ist *Archaeopteryx lithographica* ein Vogel. Es ist ein altertümlicher, aber echter Vogel gewesen und nicht als reine Konvergenzerscheinung unter den Reptilien anzusehen. Dafür sprechen zahlreiche Merkmale, die in diesem Rahmen im einzelnen nicht besprochen werden können (14 Skleralplatten des Auges und die Diastaxie des Flügels bei *Archaeopteryx lithographica*; ferner den „*Archaeopteryx*"-Schwanz rezenter Vogelembryonen etc.). Zugleich wird auch die taxonomische Bewertung einzelner Merkmale deutlich. Gäbe es nämlich außer den Urvögeln keine weiteren Vögel, so würden diese von den Systematikern vermutlich nur als aberrante Reptilien, nicht jedoch als Vertreter einer eigenen Wirbeltierklasse, eben die Vögel, klassifiziert werden.

Die zunehmende Kenntnis derartiger stammesgeschichtlicher Übergangsformen hat jedoch auch gezeigt, daß verschiedene, seit altersher als systematisch einheitlich aufgefaßte Kategorien „polyphyletischen" Ursprunges, besser gesagt polygenetischer oder polyradicaler Entstehung sind. Sie haben sich unabhängig voneinander aus verschiedenen Wurzeln entwickelt, was bedeutet, daß die bisher als natürliche Einheiten angesehenen Wirbeltierklassen zum Teil keine sind und eigentlich — soll das System Ausdruck unseres Kenntnisstandes auch in stammesgeschichtlicher Hinsicht sein — aufgelöst werden müßten. Dies gilt nicht nur für die Amphibien mit den Schwanzlurchen (Urodelen) einerseits, den Froschlurchen (Anuren) andererseits, sondern auch für die Reptilien.

Zusammenhänge zwischen der stammesgeschichtlichen Entwicklung von Pflanzen- und Tierreich

Überblickt man den stammesgeschichtlichen Großablauf, so zeigt sich eine bemerkenswerte, theoretisch jedoch zu erwartende

Gesetzmäßigkeit in der Entwicklung. Die pflanzliche Entwicklung eilt der tierischen voraus. Sie ist gewissermaßen die Wegbereiterin. Dies wird besonders deutlich, wenn man die Grenzen zwischen Palaeo- und Mesophytikum bzw. Meso- und Kaenophytikum mit jenen des Palaeo- und Mesozoikums bzw. Meso- und Kaenozoizums. vergleicht. Die einander entsprechenden Grenzen decken sich nicht, indem die nach den Pflanzen zu ziehenden jeweils eine halbe Periode früher liegen (zwischen Unter- und Ober-Perm an Stelle Perm/Trias bzw. zwischen Unter- und Oberkreide und nicht zwischen Kreide und Tertiär). Die Pflanzen „eroberten" zuerst das Festland, sie bildeten durch ihre Assimilationstätigkeit (Photosynthese) nicht nur die Ernährungsgrundlage der Pflanzenfresser, sondern indirekt auch der Fleischfresser unter den Tieren. Auch die Entwicklung von Blütenpflanzen (Angiospermen), von Steppengräsern etc. hat ihren „Widerhall" in der Tierwelt (blütenbesuchende Insekten, Einhufer) gefunden, so daß man direkt von einer Ko-Evolution sprechen kann.

Anfänge des Lebens: Präkambrische Fossilien

Zum Abschluß dieses Kapitels noch einige Bemerkungen zum Problem der Entstehung des Lebens auf der Erde und damit zu den geologisch ältesten Fossilien. Leider vermag die Paläontologie aus verschiedenen Gründen die Frage nach der Entstehung des Lebens auf der Erde, deren Beantwortung für jeden Biologen wichtig wäre, nicht zu lösen. Dennoch geben die ältesten Fossilfunde interessante Hinweise auf die Organisation, auf das zeitliche Auftreten und auf die Evolution früher Lebewesen sowie darauf, daß der organischen Evolution eine *chemische Evolution* vorausging.

Die Suche nach den geologisch ältesten Spuren von Leben auf der Erde ist so alt wie das Studium der ältesten Gesteine selbst. Im Laufe der letzten Jahrzehnte ist aus präkambrischen, also vorkambrischen Gesteinen eine größere Zahl von Funden beschrieben worden. Eine kritische Untersuchung derartiger „präkambrischer Fossilien" hat jedoch gezeigt, daß für zahlreiche Reste weder die organische Natur noch das präkambrische Alter sicher erwiesen ist. Daher ist trotz aller Neufunde in jüngster Zeit ein starker Gegensatz zwischen dem äußerst seltenen Auftreten von tierischen

Fossilien im Präkambrium und der reichen Fossilführung im Kambrium vorhanden. Dieser Faunenschnitt wird auch gegenwärtig stark diskutiert. Es ist nach O. H. SCHINDEWOLF eine echte biologische Erscheinung, die nicht durch die Beschaffenheit und den Grad der Metamorphose der in Frage stehenden Gesteine bedingt ist. Diese müßten — die Existenz von Organismen vorausgesetzt — zumindest Abdrücke von diesen enthalten. Auch Erklärungsversuche, die Fossilarmut des Präkambriums mit dessen vorwiegend kontinentaler Fazies oder mit einem Wechsel von planktonischer zu benthonischer Lebensweise an der Grenze Präkambrium/Kambrium in Zusammenhang zu bringen, sind verfehlt. Die erst neuerdings geäußerte Vermutung, der Übergang zur geschlechtlichen Fortpflanzung hätte zur Formenfülle im Kambrium geführt, erscheint gleichfalls nicht zutreffend.

Eher kommt der Hypothese von M. F. GLAESSNER, wonach die Lebewesen die Fähigkeit zur Kalkabscheidung und damit die Voraussetzung für die Fossilisation erst langsam erworben hätten, Bedeutung zu.

Diese Hypothese wird durch verschiedene Organismengruppen bestätigt, bei denen ursprünglich nur Skelette aus organischen Substanzen (z. B. Horn, Chitin) auftreten, die erst langsam durch Kalkskelette ersetzt werden (z. B. Foraminiferen, Brachiopoden, ? Korallen).

In den letzten Jahren hat man präkambrische Gesteine, wie sie von den sog. „alten Kernen" der Kontinente, wie etwa vom Kanadischen, Brasilianischen und Baltischen Schild, von Südafrika und Australien bekannt sind, systematisch nach Fossilien untersucht. Besondere Aufmerksamkeit hat man Hornsteinen gewidmet, in denen auch Mikrofossilien sehr gut erhalten sind.

Die geologisch ältesten Körperfossilien (wegen Chemofossilien s. S. 12) sind aus mehr als 3 Milliarden Jahre alten Gesteinen bekannt. Es sind durchwegs Reste von einzelligen und kernlosen Lebewesen, die als Bakterien und Blaualgen (Cyanophyceen) gedeutet werden können. Ob es bereits assimilierende Lebewesen waren, ist fraglich. Chlorophyllderivate sind jedenfalls aus 2 Milliarden alten Gesteinen nachgewiesen. Die ältesten kerntragenden Organismen (Grünalgen) kennt man aus dem jüngeren Präkambrium Australiens.

Aus Sandsteinen und Quarziten des jüngsten Präkambrium Süd-Australiens (Ediacara-Formation) ist in den letzten Jahren eine

Abb. 66. Fossilien aus dem Präkambrium von Ediacara, Südaustralien. 1—4 = *Spriggina floundersi* GLAESSNER, 5—6 = *Parvancorina minchami* GLAESSNER, 7—8 = *Tribrachidium heraldicum* GLAESSNER und DAILY. 9 Problematicum (? Siphonophore). Sämtliche Figuren verkleinert. (Nach M. F. GLAESSNER and B. DAILY, 1959)

Fauna beschrieben worden, die sich ausschließlich aus hartteillosen Organismen zusammensetzt, deren systematische Zuordnung nur teilweise möglich ist. Die Fossilien sind durchwegs als Abdrücke überliefert. Es handelt sich nach M. F. GLAESSNER um medusenähnliche und wurmartige Organismen *(Spriggina, Dickinsonia)*, um Seefedern *(Rangea* und *Pteridium)*, vermutlich um Schwämme sowie um Wirbellose von gänzlich unbekanntem Typus *(Parvancorina* und *Tribrachidium*; Abb. 66). Ähnliche Formen sind auch aus Südwestafrika und England beschrieben worden, doch werden die von GLAESSNER auf Seefedern bezogenen Reste neuerdings als Chordatiere (? Tunicaten) gedeutet. Immerhin zeigen diese Funde, daß unsere Kenntnis von den prä- und eokambrischen Lebewesen sehr gering ist und daß die Wurzeln der verschiedenen größeren Stämme des Tierreiches im Präkambrium zu suchen sind.

VII. Vorzeitliche Lebensspuren

Unter dem Titel „Vorzeitliche Lebensspuren" veröffentlichte O. ABEL im Jahre 1935 ein umfangreiches, reich illustriertes Werk, das, um die Worte des Autors zu zitieren, weder ein Handbuch noch ein Lehrbuch der Lebensspurenkunde sein will. Es enthält eine Fülle von mehr oder minder ausführlich besprochenen Beispielen. Seither hat sich, einerseits durch aktuopaläontologische Untersuchungen (s. S. 69) vor allem durch das Institut für Meeresgeologie und Meeresbiologie Senckenberg in Wilhelmshaven, einer Schöpfung von R. RICHTER, andrerseits durch eingehende Analysen fossiler Lebensspuren, neues Material angesammelt, das die Bedeutung fossiler Lebensspuren weiter unterstreicht, weshalb ihnen in diesem Rahmen auch ein eigenes Kapitel gewidmet sei.

Was sind Lebensspuren?

Was versteht der Paläontologe eigentlich unter Lebensspuren? Wie bereits auf Seite 15 kurz angedeutet, faßt man darunter sämtliche Spuren von Lebewesen zusammen, die Hinweise auf ihre Tätigkeit bzw. Lebensweise geben. Meist sind es nur, wie schon der Name andeutet, Spuren, die dem Paläontologen zur Analyse zur Verfügung stehen. Direkte Beobachtungen über die Lebensweise fossiler Organismen oder gar Experimente mit ihnen sind dem Paläontologen nun einmal nicht möglich. Wie weit dennoch auf Grund derartiger Lebensspuren die Lebensweise vorzeitlicher Organismen beurteilt werden kann, sollen die folgenden Beispiele erläutern.

Anorganische Spuren in Form von Fließmarken, Rippeln, Regentropfeneindrücken etc. werden zum Unterschied davon als Marken bezeichnet. Diese Trennung von Spuren und Marken hat sich in der Paläontologie und Geologie bestens bewährt, besitzen doch auch verschiedene Lebensspuren große praktische Bedeutung für den Geologen, wie noch gezeigt werden soll. Als fossile Lebensspuren gelten daher: Bewegungsspuren (Fährten, Kriech- und Grabspuren), Ernährungsspuren (Fraßspuren und Nahrungsreste, Gastrolithen und Koprolithen), Wohnbauten (Grabgänge und Erdbauten, Ätzlöcher von Bohrmuscheln), Lebensgemeinschaften (Symbiosen, Parasitismus etc.), Fortpflanzungsspuren (z. B. Eikokons, Nester) und pathologische Erscheinungen (Knochenbrüche, Spondylarthrosen, Rachitis, Karies etc.).

Aus der Fülle von Beispielen seien nur einige wenige ausgewählt, die sowohl Einblick in die Möglichkeiten der Auswertung (z. B. bei einer Fährtenanalyse) geben, als auch die Bedeutung von Spurenfossilien für verschiedene Nachbarwissenschaften der Paläontologie (Geologie [Salinität], Paläogeographie [Bathymetrie mariner Sedimente], Urgeschichte) aufzeigen sollen.

Fährtenanalysen

Zuerst eine Fährtenanalyse: Von den meisten fossilen Fährten ist der eigentliche Urheber unbekannt. Nur äußerst selten ist dieser am Ende der Spur verendet und fossil erhalten (z. B. Schwertschwanz: *Mesolimulus*; Abb. 67). Die Kriechspuren von derartigen Schwertschwänzen sind ursprünglich wegen ihrer Ähnlichkeit mit Landwirbeltieren auf Amphibien, Flugsaurier und Urvögel bezogen worden. Besonders bekannt sind die als *Paramphibius* beschriebenen Fährten aus Tonschiefern des Ober-Devon in Pennsylvanien, die von Schwertschwänzen aus der Verwandtschaft von *Protolimulus* stammen. Die als *Kouphichnium lithographica* und *Protornis bavarica* bekannten Fährten aus den Solnhofener Plattenkalken sind Kriechspuren von *Mesolimulus*.

Ähnlich wie der Weidmann aus den Fährten des Wildes seine Schlußfolgerungen über den Urheber und sein Verhalten zu ziehen vermag, kann der Paläontologe bei exakter Analyse und geeignetem Fährtenmaterial auf den Erzeuger und sein Verhalten schließen. Man kann deshalb auch von einer *Paläoethologie* sprechen, da

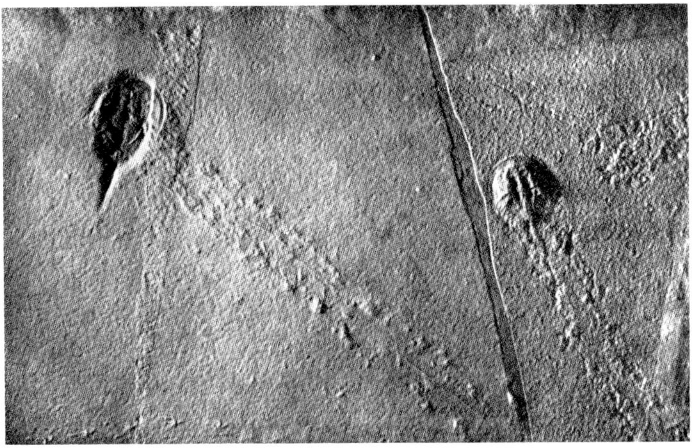

Abb. 67. Lebensspuren und ihre Erzeuger. Am Ende der Fährten verendete und eingebettete Pfeilschwanzkrebse (*Mesolimulus walchi* [DESM.]) aus dem Ober-Jura-Plattenkalk von Solnhofen (Bayern). Orig. Senckenberg-Museum, Frankfurt a. M.

in derartigen Fällen tatsächlich das Verhalten der vorzeitlichen Lebewesen beurteilt werden kann[30]. Damit soll nicht gesagt sein, daß dieses nur aus Fährten beurteilt werden kann. Sämtliche Lebensspuren lassen derartige Aussagen bzw. Schlußfolgerungen zu (s. u.). Nun aber zu einer Analyse fossiler Fährten.

Als sehr gutes Beispiel dienen die Fährten der Chirotherien. Sie sind aus der älteren Trias der germanischen Ausbildung (sog. Chirotheriensandstein Mitteleuropas) in großer Zahl beschrieben worden. Bereits seit mehr als 100 Jahren nicht nur aus Deutschland

[30] In der paläontologischen Literatur hat sich für derartige Analysen die Bezeichnung Palichnologie bzw. Paläotaxiologie eingebürgert. R. RICHTER sprach von einer Paläopsychologie.

bekannt, führte jedoch erst die sorgfältige Analyse durch W. SOERGEL zur richtigen Beurteilung der „Erzeuger" in taxonomischer Hinsicht. Die Chirotherienfährten sind hauptsächlich in Reliefform auf den Schichtunterseiten von Sandsteinbänken erhalten (Abb. 68). Diese Erscheinung läßt auch erkennen, wieso es zur Erhaltung von Fährten kommen kann. Die Fährten selbst

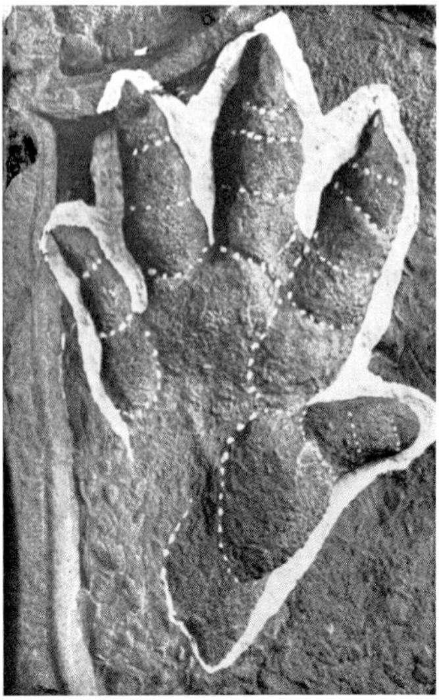

Abb. 68. Fährte (Ausguß) des linken Hinterfußes von *Chirotherium barthi* aus der Trias von Hildburghausen. Relief durch weiße Farbe deutlicher gemacht, Einschnürungen zwischen den Zehen- und Mittelfußpolstern durch weiße Punktreihen bezeichnet. 5. Zehe erinnert an Großzehe; ca. $^1/_3\times$. (Nach W. SOERGEL, 1925)

wurden in einem weichen, tonigen Boden hinterlassen, der, wie Trockenrisse zeigen, meist erst nachher austrocknete und der schließlich von feinkörnigem Sand bedeckt wurde. Dieser Sedimentationswechsel führte zur Erhaltung der Fährten und erklärt zugleich, wieso diese fast ausschließlich in Reliefform überliefert sind. W. SOERGEL konnte ausschließlich aus den Fährten (Skelettreste der „Erzeuger" nicht sind bekannt) nicht nur die Chirotherien selbst (in Form eines Blockmodells) rekonstruieren (Abb. 69a), sondern auch ihre systematische Zugehörigkeit innerhalb der

Reptilien weitgehend einengen, indem er sie den Pseudosuchiern zuordnete. Seine Ergebnisse wurden später in glänzender Weise durch Fossilfunde aus gleichaltrigen Ablagerungen Südamerikas (Gattung *Prestosuchus*) durch F. VON HUENE und neuerdings aus den Südalpen (Gattung *Ticinosuchus*) durch B. KREBS bestätigt (Abb. 69c). Zur Erklärung sei hinzugefügt, daß die sog. Phalangenformel (Zahl der Zehenglieder der einzelnen Zehenstrahlen) für die Reptilsystematik eine große Rolle spielt. Diese

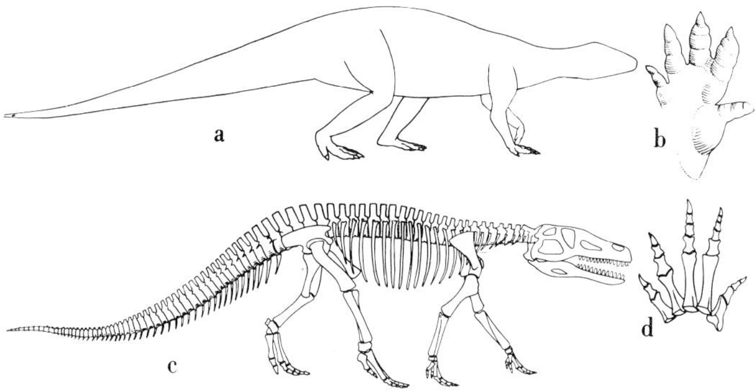

Abb. 69. a) Blockmodell von *Chirotherium;* durch W. SOERGEL nach den Fährten rekonstruiert. b) Fährtenabdruck des Hinterfußes. c) Skelett von *Prestosuchus chiniquensis* v. HUENE aus der Trias von Südamerika, eines Reptils aus der Verwandtschaft von *Chirotherium*. d) Rechter Hinterfuß von *Prestosuchus*. a—b) (Nach W. SOERGEL, 1925). c—d) (Nach F. v. HUENE, 1942)

ist aus den Fährtenabdrücken selbstverständlich zu entnehmen (Abb. 69b). Weiter waren jedoch die Spuren selbst und ihre Anordnung (kein Aufschleifen des Bauches oder Schwanzes) sowie die Beschaffenheit der Haut, die aus einzelnen, besonders gut erhaltenen Fährtenabdrücken ersichtlich ist, von entscheidender Bedeutung.

Spielt die Beschaffenheit des Bodens für die Ausbildung der Fährten auch bei den Chirotherien und damit bei Wirbeltieren eine gewisse Rolle, so ist diese für das Aussehen von Fährten von Wirbellosen noch viel entscheidender. Je nach der Bodenfeuchtigkeit kann eine solche Fährte ganz verschieden aussehen. Unter den von wirbellosen Tieren erzeugten Bewegungsspuren gibt es Kriechspuren, die einerseits zu richtigen Grabspuren, andererseits zu Freßspuren überleiten, deren Trennung demnach oft auf Schwierigkeiten stößt. Unter ihnen sind Spuren mariner Wirbelloser (z. B. Schnecken und Würmer) auch für den Geologen von Bedeutung, da durch sie das stratigraphisch Liegende vom Hangenden auseinandergehalten werden kann, was für tektonisch stark gestörte Gesteinsserien von entscheidender Bedeutung ist.

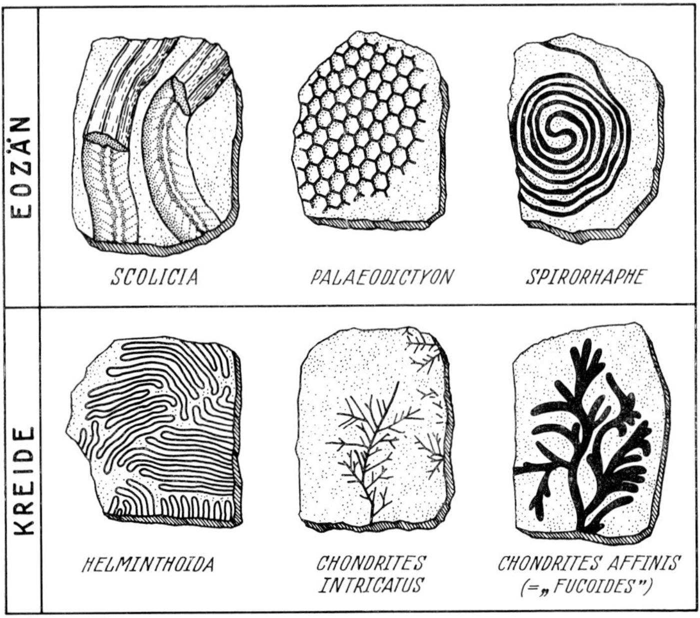

Abb. 70. Charakteristische Lebensspuren von Schnecken *(Scolicia* = *„Palaeobullia")* und Würmern *(Helminthoida, Chondrites, Spirorhaphe* und ? *Palaeodictyon)* aus dem Ober-Kreide und Eozän-Flysch von Europa. Abhängigkeit der Lebensspuren vom Sediment als Ursache der stratigraphischen Unterschiede. Maßstäblich verkleinert

Eine derartige Gesteinsserie ist der sog. Flysch, eine für die Schweiz, Österreich, die ČSSR, Polen, Italien, Jugoslawien etc. charakteristische Abfolge aus Sandsteinen und (Kalk-)Mergeln der Kreide und des Alttertiärs. Sie ist seit langem durch ihren Reichtum an fossilen Lebensspuren (Abb. 70) bekannt, während Makrofossilien stark zurücktreten. Eingehende, durch aktuopaläontologische Untersuchungen gestützte Analysen der Lebensspuren durch A. SEILACHER haben gezeigt, daß die Ablagerung typischer Flyschsedimente, entgegen der bisherigen Ansicht, nicht im Ebbe-Flutbereich, sondern in größerer Meerestiefe, also auch nicht im Flachmeer, erfolgte. Dies wird auch durch die lithologische Analyse (z. B. Geopetalschichtung als Folge von „turbidity currents") und durch die Mikrofossilien bestätigt. Auf die sich daraus für den Paläogeographen bzw. den Tektoniker ergebenden Konsequenzen kann hier nur hingewiesen werden.

In diesem Rahmen kann auf nähere Einzelheiten über Lebensspuren aus dem Flysch nicht eingegangen werden. Erwähnt sei nur, daß die häufigsten Spurentypen (wenigstens in den mesozoischen Anteilen), nämlich die sog. Fucoiden und Chondriten, ursprünglich wegen ihres pflanzenähnlichen Aussehens für Pflanzenreste gehalten wurden. Es handelt sich jedoch um Grabgangsysteme von Würmern, die im Schlamm lebten, wie Aufbau und Lage dieser Spuren einwandfrei erkennen lassen. Ähnliches gilt für die gleichfalls sehr kennzeichnenden Helminthoideen, die in der paläontologischen Literatur, wegen ihrer charakteristischen Form, auch als „geführte Mäander" bezeichnet werden. Sie sind Grabfreßspuren von im Sediment lebenden Würmern, wie sie auch gegenwärtig bekannt sind. Der Verlauf derartiger Spuren ist im wesentlichen durch Thigmotaxis (Anschmiegetrieb) und Phobotaxis (Berührungsscheu) bestimmt, indem einerseits der Berührungsreiz der zuerst gezogenen Spur für die Anlage der weiteren ausschlaggebend ist, andrerseits die Berührungsscheu ein Kreuzen der Spuren verhindert. Der ökonomische Wert dieser, stets in bestimmten Horizonten auftretenden „geführten Mäander" liegt in der bestmöglichen Ausnützung des vorhandenen Schichtpaketes durch diese „sedimentfressenden" Würmer. Wie A. SEILACHER gezeigt hat, läßt sich eine zunehmende „Vervollkommnung" dieser Parkettierspuren vom Paläozoikum bis ins Mesozoikum feststellen, die den Urhebern eine intensivere Nutzung pro Schichteinheit ermöglichte.

Weitere kennzeichnende Flyschlebensspuren sind auf die Tätigkeit von Schnecken zurückzuführen, die auf dem Meeresgrund bzw. im Sediment selbst gelebt und die dementsprechend verschieden gestaltete Spuren hinterlassen haben *(Scolicia = „Palaeobullia"* und *„Subphyllochorda")*. Die Entstehung mancher Lebensspur wird auch heute noch diskutiert, wie etwa die unter dem Namen *Palaeodictyon problematicum* beschriebenen Gebilde. Auch sie werden neuerdings als Fraßspuren gedeutet.

In diesem Zusammenhang scheinen noch einige Bemerkungen zur Lebensspurenanalyse am Platze. Wenn auch der Vergleich mit rezenten Spuren die wesentlichste Hilfe bei der Deutung fossiler Spuren bildet, so entziehen sich diese vielfach unserer Beobachtung, wie etwa bei den im Sediment lebenden Tiefseebewohnern oder die Spuren sind rezent kaum oder nur teilweise im Sediment erkennbar, während sie durch die Diagenese deutlich und von ihren rezenten Äquivalenten verschieden in Erscheinung treten. Ganz abgesehen davon, daß zahlreiche Lebewesen längst ausgestorben sind. Daß diese Umstände die richtige Deutung erschweren oder unmöglich machen, erscheint verständlich und erklärt so manchen Irrtum. So sind die Abdrücke von im Wasser driftenden und nur in bestimmten Abständen den Boden leicht berührenden Ammonitengehäusen aus den Solnhofener Plattenkalken seinerzeit als Schwimmfährten von Quastenflossern und Meeresschildkröten gedeutet worden, bis A. SEILACHER ihre wahre Entstehung erkannte.

Hyänenfraßspuren und ihre Bedeutung

Nun einige Beispiele fossiler Ernährungsspuren. Von Nahrungsresten, die im Magen bzw. der Mundhöhle eiszeitlicher Mammute gefunden wurden, war bereits die Rede (s. S. 20).

Bemerkenswerter erscheinen jedoch Hyänenfraßspuren. In eiszeitlichen Ablagerungen finden sich Knochen und Zähne stellenweise nicht selten. Das gilt auch für die Sande der Teufelslucke bei Eggenburg (N.-Österreich), deren Ausgrabung eine reiche jungeiszeitliche Wirbeltierfauna lieferte. Auffällig war, daß die Röhrenknochen der großen Huftiere (Fellnashorn, Wildpferd, Steppenwisent, Riesenhirsch) fast durchwegs zertrümmert waren. Die Beschädigung der einzelnen Knochen bzw. deren Reststücke ist so kennzeichnend (Abb. 71), daß eine rein zufällige Entstehung ausgeschlossen werden kann. Nach den Fundumständen mußten jedoch die Knochen in bereits zertrümmertem Zustand eingebettet worden sein. Ähnlich zertrümmerte Knochenreste sind bereits vor mehr als 100 Jahren aus eiszeitlichen Höhlen Englands und

Deutschlands beschrieben und meist mit menschlicher Tätigkeit in Verbindung gebracht worden. Die sehr kennzeichnenden Reststücke der Röhrenknochen sind als „Glockenschaber", als „Kellermannsche Knöpfe" und dgl. in die Fachliteratur eingegangen. Demgegenüber hat es bereits frühzeitig nicht an Stimmen gefehlt, diese zertrümmerten Röhrenknochen als Fraßreste von Hyänen anzusehen, die in der jüngeren Eiszeit durch die Höhlenhyäne

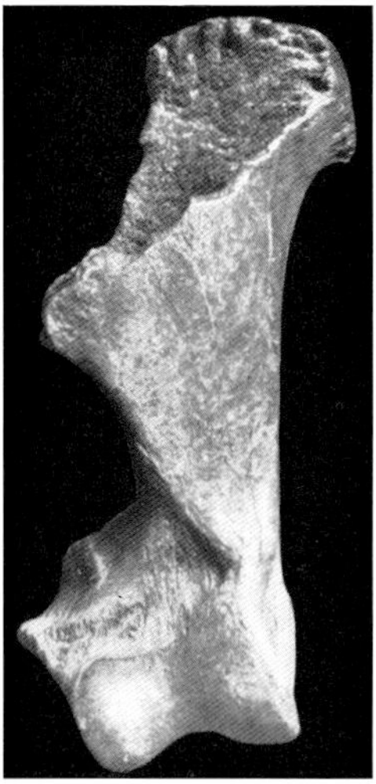

Abb. 71. Fraßrest der eiszeitlichen Höhlenhyäne (*Crocuta spelaea* [GOLDF.]). Am proximalen Gelenkende angebissener Oberarmknochen des Fellnashorns (*Coelodonta antiquitatis* [BLUM]); ca. $^1/_6$ nat. Gr. (Nach H. ZAPFE, 1939)

(Crocuta spelaea) auch in Europa vertreten waren. Fütterungsversuche an Hyänen durch H. ZAPFE im Zoologischen Garten von Wien zeigten einwandfrei, daß die rezenten Fleckenhyänen *(Crocuta crocuta)*, also Verwandte der fossilen Höhlenhyäne, in charakteristischer und stets gleicher Weise die Knochen zerbissen, um zum Mark zu gelangen. Instinktiv werden stets zuerst die weniger widerstandsfähigen Gelenkenden stückweise abgebissen, bevor der eigentliche Mittelteil zertrümmert wird, bis schließlich nur mehr die charakteristischen Reststücke in Form von „Glockenschabern" oder „Kellermannschen Knöpfen" übrig bleiben. Weiter

haben Beobachtungen an freilebenden Fleckenhyänen in Ostafrika gezeigt, daß diese ganze Beutereste (z. B. Gliedmaßen) im Skelettverband verschleppen. Durch diese aktuopaläontologischen Untersuchungen war gezeigt, daß nicht die Tätigkeit des paläolithischen Menschen, sondern jene der Höhlenhyäne zur Zertrümmerung der Knochen geführt hat. Es sind richtige Hyänenfraßreste, wie überdies nicht nur Spuren der Zähne an den Knochen selbst erkennen ließen, sondern auch das Vorkommen von Skelettresten dieser Hyänen und ihrer charakteristischen Koprolithen (= „Kotsteine", d. h. fossile Exkremente), die dank ihres hohen Kalkgehaltes erhalten geblieben sind. Sie sind direkt typisch für eiszeitliche Hyänenhorste. Dadurch und durch den Nachweis von Skelettresten neugeborener Höhlenhyänen ist zugleich wahrscheinlich gemacht, daß diese die Höhlen selbst — zumindest zeitweise — bewohnten und die Knochen der Beutetiere bzw. ganze Kadaverreste in ihre Horste einschleppten, um sie dort zu zerbeißen.

Wie das Vorkommen entsprechend angebissener Knochen in den pliozänen Tonen von Pikermi in Attika erkennen läßt, beherrschten bereits die jungtertiären Hyänen diese Technik des Knochenzertrümmerns mit Hilfe ihres Gebisses.

Eine weitere, sehr wesentliche, wenn auch von einzelnen paläontologisch nicht geschulten Forschern nicht anerkannte Erkenntnis war durch diese Untersuchungen gewonnen worden. Die Reste der sog. „osteodontokeratischen Kultur" (im Sinne von R. Dart) der südafrikanischen Australopithecinen sind nichts anderes als Hyänenfraßreste. Die Australopithecinen waren jedenfalls nicht die Jäger der Antilopen, deren Reste etwa aus Makapansgat (Transvaal) in großer Zahl vorliegen. In Abb. 72 sind jeweils (rezente) Hyänenfraßreste und „Geräte" der „osteodontokeratischen Kultur" der Australopithecinen einander gegenübergestellt, so daß sich auch der Leser ein eigenes Urteil bilden kann. Nebenbei sei nur bemerkt, daß von Fundstellen der Australopithecinen auch Skelettreste und Koprolithen von Hyänen vorliegen. Eine richtige Beurteilung der „osteodontokeratischen Kultur" ist deshalb wichtig, weil es sich bei den Australopithecinen um die geologisch ältesten Hominiden, also um die ältesten menschenartigen Formen handelt und weiter von den Ethnologen im

Gegensatz zu den Anthropologen nur jene Lebewesen als Menschen (Hominidae) angesehen werden, die Artefakte (= Geräte mit zweckbestimmter Formgebung, die nicht nur auf rein zufällige Benützung zurückzuführen ist) herstellen. Als Erzeuger der

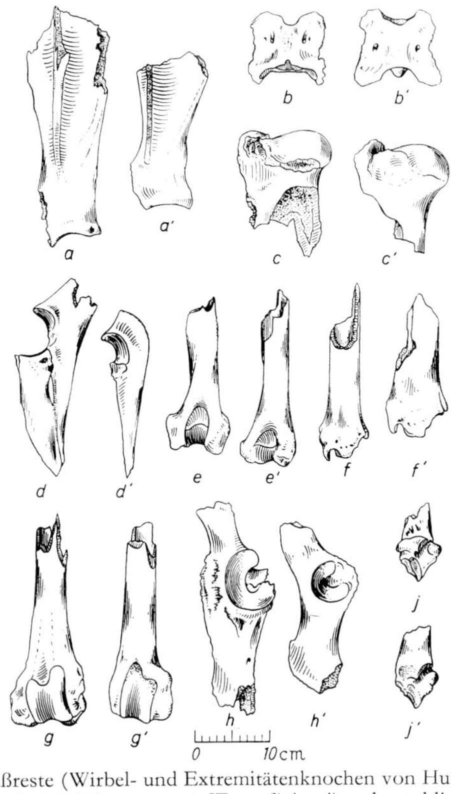

Abb. 72. Fraßreste (Wirbel- und Extremitätenknochen von Huftieren) der rezenten Fleckenhyäne (*Crocuta crocuta* [ERXL.]) (a—j) und angebliche Werkzeuge der „osteodontokeratischen Kultur" der Australopithecinen (a'—l') aus Makapansgat, Transvaal. (Nach E. THENIUS, 1961)

Stein-Artefakte, die von süd- und ostafrikanischen Fundstellen vorliegen, gelten neuerdings modernere Hominiden („*Telanthropus*" von Kromdraai und *Homo habilis* von Olduvai). Andrerseits soll damit die Verwendung von Holz- oder Knochengeräten durch die Australopithecinen nicht in Abrede gestellt werden.

In diesem Zusammenhang sei weiter erwähnt, daß auch zahlreiche altsteinzeitliche Höhlenbärenjägerstationen mit massenhaft angehäuften Resten des Höhlenbären *(Ursus spelaeus)* und sog. „protolithische Knochenkulturen“ einer unvoreingenommenen Analyse nicht standhielten. Die Höhlen waren der Lebensraum der Höhlenbären, die dort ihre Winterschlaf-, Wurf- und Sterbeplätze hatten und die als Werkzeuge des paläolithischen Menschen gedeuteten Knochen- und Zahnreste sind ohne menschliches Zutun entstanden. Die Glättung von Knochensplittern, die als Gebrauchsspur angesehen wurde, ist nach F. E. Koby im Wege sog. trockener Scheuerung (charriage à sec) durch die langjährige Besiedlung durch die Höhlenbären entstanden, während die sog. „Kiskevelyer Klingen“ nichts anderes sind als bei alten Bären auf natürlichem Wege zustande gekommene Absplisse der Eckzähne. Sie erklären sich aus der vorwiegend pflanzlichen Ernährung des Höhlenbären.

Fraßspuren von Einsiedlerkrebsen und Langusten

Das nächste Beispiel betrifft Fraßspuren von wirbellosen Tieren. Aus den tertiärzeitlichen Ablagerungen des Pariser und des Wie-

Abb. 73. Fraßspuren von Krebsen (Paguriden oder Langusten) am Gehäuse fossiler Schnecken (*Clavilithes parisiensis* [Mayer-Eymar]) aus dem Eozän des Pariser Beckens. Verkleinert. (Nach H. Zapfe, 1947)

ner Beckens liegt eine ungeheure Fülle von meeresbewohnenden Wirbellosen vor, wie sie in ähnlicher Zusammensetzung heute den

Indischen Ozean bzw. das Mittelmeer bevölkern. Manche der fossilen Schneckengehäuse zeigen charakteristische Beschädigungen des Mundsaumes (Abb. 73), die — besonders bei turmförmig aufgerollten Schneckengehäusen — einige Windungen derselben ergreifen können. In Aquarien mit verschiedenen Meereskrebsen durchgeführte Vergleichsuntersuchungen haben gezeigt, daß derartige Schalenbeschädigungen durch Einsiedlerkrebse und Langusten hervorgerufen werden, um zu den Weichteilen der Schnecke zu gelangen und sie zu verzehren. Fossil sind Reste von Einsiedlerkrebsen nur sehr selten überliefert. Ihre Lebensspuren zeigen jedoch, daß diese Seltenheit auf die schlechte Erhaltungsmöglichkeit zurückgeführt werden muß.

Spuren der Fortpflanzung

Recht wertvoll sind Lebensspuren, die mit der Fortpflanzung in Zusammenhang stehen, da sie Einblicke in physiologisch wichtige Fragen geben. Dank vollständig erhaltener Ichthyosaurierskelette aus den Liasschiefern von Württemberg wissen wir, daß die Ichthyosaurier, also Reptilien, lebendgebärend waren, und können sogar annehmen, daß die Geburt bei ihnen, wie bei den heutigen Walen, also Säugetieren, als Steißgeburt vor sich ging (Abb. 74a, b). Diese Art des Geburtsvorganges kann als Anpassung lungenatmender Wirbeltiere an das Wasserleben angesehen werden[31]. Es ist kein Hinweis auf die nähere Verwandtschaft von Ichthyosauriern und Walen, sondern ein Beispiel für eine Konvergenzerscheinung.

Aus verschiedenaltrigen Schichten sind fossile Eier[32] von Reptilien und Vögeln bekannt geworden. Besonders bemerkenswert sind die Eigelege von Dinosauriern (*Protoceratops;* Abb. 75) aus den Kreideablagerungen der äußeren Mongolei oder die Eier der ausgestorbenen Riesenstrauße von Madagaskar (*Aepyornis* etc.),

---

[31] Allerdings haben neuere Beobachtungen an rezenten Walen gezeigt, daß bei diesen der Schwanz der beweglichste Körperabschnitt ist, weshalb es durch intrauterine Bewegungen zur Steißlage der Foeten und damit zur Steißgeburt kommt. Bei den übrigen lebendgebärenden Säugetieren sind Kopfgeburten das Normale, was auf den beweglichen Kopf des Embryo zurückzuführen ist, wodurch dieser im Uterus die „normale“ Geburtslage erhält.

[32] Sie werden allgemein ebenfalls zu den Lebensspuren gerechnet, obwohl es eigentlich echte Körperfossilien sind.

die einen maximalen Durchmesser von 35 cm erreichten und deren Inhalt über 180 Hühnereiern entspricht.

a

b

Abb. 74. a) Geburtsvorgang bei einem Fischsaurier (*Stenopterygius quadriscissus* [QUENST.]) aus dem Lias von Zell bei Holzmaden, Württemberg. Länge 219 cm. Drei Jungtiere in der Leibeshöhle, das vierte im Begriff, das Muttertier zu verlassen. Typische Steißgeburt. Orig. Staatl. Mus. f. Naturkunde, Stuttgart. b) Geburt eines Wales (Tümmler) im Aquarium Marineland (Florida). Beachte gleiche Lage des Jungtieres (Steißgeburt). (Nach E. J. SLIJPER, 1962)

Fossil gewordene Lebensgemeinschaften

Nicht weniger interessant sind fossile Lebensgemeinschaften (Synoekien). Aus der Gegenwart sind derartige Lebensgemeinschaften von Tieren und Pflanzen in großer Fülle beschrieben worden. Es sei nur an die Symbiose (Zusammenleben zweier Partner zum Vorteil beider), die Epökie (Aufwuchs auf Tieren [Epizoen] oder Pflanzen [Epiphyten] ohne Schädigung des Wirtes) und schließlich an den Parasitismus (Zusammenleben unter Schädigung des Wirtes) erinnert.

Fossil ist der Nachweis derartiger Lebensgemeinschaften manchmal etwas schwierig, doch sind echte Synoekien zur Genüge beschrieben worden. Besonders bekannt ist in Paläontologenkreisen

Abb. 75. Fossiles Eigelege eines Dinosauriers *(Protoceratops)* aus der Kreide der Mongolei. Zentralasienexpedition des American Museum of Natural History. Aufnahme freundlicherweise vom Museum of Natural History, New York, zur Verfügung gestellt.

die Lebensgemeinschaft zwischen einer devonischen Koralle (Tabulate: *Pleurodictyum problematicum*) und einem Wurm *(Hicetes innexus)*. Dieser bohrte sich im teils toten, teils noch im mit lebendem Gewebe bedeckten Skelett eine s-förmige Röhre, die bei den aus dem Unter-Devon des rheinischen Schiefergebirges vorliegenden Resten fast stets als Ausfüllung, also als Steinkern, überliefert ist. Es ist nach O. H. SCHINDEWOLF ein Fall von „Raumparasitismus“. Wie vorsichtig man bei der Deutung sein muß, zeigt das Zusammenleben zwischen rezenten Korallen *(Heterocyathus* etc.) und Sipunculiden (wurmähnlichen Organismen) der Gattung *Aspidosiphon*, das jedoch als Symbiose anzusehen ist, da die Sipunculiden die durch Wellenschlag oder Strömung umgeworfenen einzelnen, lose auf dem Sand sitzenden Korallen stets wieder in ihre Normallage drehen, was diesen selbst nicht möglich wäre. Den Sipunculiden liefern die Korallen das zum Schutz benötigte feste Substrat.

Als weitere Beispiele seien genannt: Die sog. Kerunia-Symbiose, eine zwischen Einsiedlerkrebsen in Schneckengehäusen und Hydractinien bestehende Symbiose, die mehrfach aus tertiärzeitlichen Ablagerungen beschrieben wurde, ferner das Vorkommen von Algen im Fell von eiszeitlichen Riesenfaultieren (vgl. S. 25), der Nachweis der sog. Mykorrhiza (Zusammenleben von Pilzen mit Wurzeln höherer Pflanzen) bei devonischen Psilophyten, den geologisch ältesten Landpflanzen, jener von schmarotzenden Asseln in den Kiemen von Krebsen (Galatheiden) aus dem Jura sowie die durch parasitische Würmer (Myzostomiden) an fossilen Seelilienstielen hervorgerufenen „Gallen". Auch der Transport von Tieren durch andere, wie er etwa bei Insekten beschrieben wurde (sog. Phoresie), ist fossil bekannt geworden. Im eozänen Bernstein sind mehrfach Pseudoskorpione aus der Verwandtschaft des Bücherskorpions gefunden worden, die an Beinen von Hautflüglern angeklammert waren (Abb. 13 auf S. 23), wie man dies auch an lebenden Insekten beobachten kann. Die angeklammerten Pseudoskorpione können dadurch von den Insekten über größere Entfernungen hinweg verschleppt und so weit verbreitet werden.

Krankheitserscheinungen bei fossilen Lebewesen

Mit dem Parasitismus wurde bereits das Kapitel Pathologie berührt, über das sich gleichfalls sehr viel sagen ließe. Verheilte Knochenbrüche bzw. Knochenverletzungen (durch Hufschläge und dgl.) sind in großer Zahl von verschiedenen fossilen Wirbeltieren beschrieben worden. Bemerkenswert erscheint der Nachweis verheilter Knochenbrüche bzw. von Ankylosen (Knochenverwachsungen) im Extremitätenskelett von Raubtieren, erlaubt es doch gewisse Schlußfolgerungen auf die Lebensweise. Die vom jungeiszeitlichen Höhlenbären Europas *(Ursus spelaeus)* bekannt gewordenen Erkrankungen (Spondylarthrose, Arthritis, Periostitis etc.) erscheinen in Anbetracht seiner Lebensweise als fast ausschließlicher Pflanzenfresser noch verständlich. Dafür sprechen auch die meist außerordentlich starke Abkauung der Backenzähne und die Abschleifung des Vordergebisses. Bei reinen Fleischfressern, wie die eiszeitlichen Säbelzahnkatzen von Rancho La Brea, überraschen derartige Krankheitserscheinungen, da sie zweifellos eine Beeinträchtigung der Fortbewegung und damit des Beuteerwerbes mit sich brachten. Es ist daher die Vermutung nicht von der Hand zu weisen, die Säbelzahnkatzen seien Aasfresser gewesen.

Einzelne Erkrankungen lassen nähere Rückschlüsse auf die Nahrung zu, wie etwa die Aktinomykose. Sie wird durch Strahlenpilze (*Actinomycetes*) hervorgerufen und kann durch Vereiterung zu Zahnausfall und zur Zerstörung des Kiefers führen. Sie tritt nur bei Grasfressern auf und ist fossil bei Steppennashörnern und Höhlenbären beschrieben worden.

Die Diagnose derartiger Fälle erfordert eingehende pathologische Kenntnisse und ist daher besser dem Mediziner zu überlassen. Daher mag es auch verständlich erscheinen, wenn das in der paläontologischen Literatur an fossilen Säugetieren beschriebene Auftreten von Rachitis oder Karies nicht allgemein anerkannt wird.

VIII. Vorzeitliche Lebensräume

Was ist ein Lebensraum?

In diesem Kapitel soll von den Lebensräumen der Vorzeit die Rede sein. Was versteht man oder besser gesagt, was wollen wir unter Lebensraum verstehen? Der Biologe spricht vom sog. Biotop und meint damit die Lebensstätte einer Biozönose, also einer Lebensgemeinschaft, wie sie sich sowohl auf der Landoberfläche als auch im Meer bei geeigneten Bedingungen einstellt. Als Biotop bezeichnet man etwa einen Hochwald, ein Hochmoor, den Sandstrand am Meer, ein Korallenriff samt der charakteristischen Tier- und Pflanzenwelt etc. Es handelt sich also nicht um einen rein räumlich-geographischen Begriff. In der Paläontologie ist es allerdings aus praktischen Gründen manchmal notwendig, den Begriff Lebensraum etwas weiter zu fassen und in diesem Sinne möge er auch verstanden werden. Die Rekonstruktion vorzeitlicher

Lebensräume — einschließlich ihrer Organismenwelt — ist Aufgabe der Paläoökologie, von der schon auf S. 68 die Rede war.

Das Aktualitätsprinzip und seine Anwendung

In den folgenden Zeilen ist der Versuch gemacht worden, an Hand einer Auswahl von Beispielen, etliche Lebensräume der Vorzeit zu charakterisieren. Mit Absicht wurde von einer chronologischen Anordnung der Beispiele abgesehen und die räumliche Gliederung vorgezogen, ohne Rücksicht auf das geologische Alter der Lebensräume. Mit der Rekonstruktion vorzeitlicher Lebensräume sind allerdings zahlreiche Probleme verknüpft, auf die bereits hingewiesen werden konnte. Prinzipiell wichtig ist die Entscheidung, ob die Anwendung des sog. *Aktualitätsprinzipes* auch für die Vorzeit gerechtfertigt ist, d. h. ob die gegenwärtig feststellbaren Vorgänge zur Erklärung des Vorzeitgeschehens ausreichen bzw. Gültigkeit besitzen. Es soll hier nicht von jener Zeit des Präkambriums die Rede sein, in der noch eine sauerstoffreie, reduzierende Atmosphäre herrschte, wie sie gegenwärtig nur im Experiment erzeugt werden kann.

Seitdem es Festländer und Ozeane gibt, existieren auch zahlreiche Lebensräume im geographischen Sinn, hingegen wechselte die Ausbildung der Biotope im Laufe der Erdgeschichte, und es gab einst Biotope, für die gegenwärtig kein Gegenstück existiert. Ausgehend von rein marinen Biotopen soll uns eine Reihe von Beispielen bis zu verschiedenen kennzeichnenden Lebensräumen des Festlandes führen.

Beginnen wir mit Tiefseeablagerungen. Gibt es überhaupt fossile Tiefseeablagerungen[33]? Diese Frage ist durchaus berechtigt, da Tiefseeablagerungen fossil nur selten oder überhaupt nicht (abyssische Sedimente) bekannt sind. Abgesehen von den dazu notwendigen tektonischen Voraussetzungen, die eine Hebung des einstigen Meeresbodens um etliche hundert oder tausend und

[33] Der Begriff Tiefsee wird auch in der Fachliteratur nicht einheitlich definiert. Tiefsee ist hier als Gegensatz zur Flachsee oder neritischen Region aufgefaßt, deren Grenze mit 200 m angenommen wird. Ab 200 m beginnt die bathyale Region (bis maximal 4000 m), darunter liegt die abyssische Region. Tiefseesedimente sind daher Ablagerungen, die in einer Tiefe von mehr als 200 m abgelagert wurden, ohne Rücksicht auf die Art, wie dies erfolgt. Auch die Rotfärbung, die für manche rezente Tiefseeabsätze charakteristisch ist, kann nicht als Kriterium für die Tiefseenatur gelten.

mehr Meter erforderlich machten — die jedoch einwandfrei nachgewiesen sind —, sind Tiefseeablagerungen im Vergleich zu Flachmeerabsätzen im allgemeinen wenig mächtig, da in der Tiefsee nur geringe Sedimentation herrscht, wenn man von den Trübungsströmen („turbidity currents“), die oft gewaltige Sedimentmengen in Bewegung setzen und ablagern, absieht. Zwar sind vorzeitliche Tiefseeablagerungen verschiedentlich beschrieben worden, doch haben die meisten einer Kritik nicht standgehalten. Damit kommen wir zu den mit dem Nachweis fossiler Tiefseesedimente verbundenen Problemen. Woran sind Tiefseeablagerungen erkennbar? Lithologische und organische Komponenten ermöglichen eine Beurteilung. In größerer Meerestiefe[34] wird Kalk aufgelöst, deshalb sind Tiefseeablagerungen ab einer Meerestiefe von 6000 m fast kalkfrei. Da in größeren Tiefen (assimilierende) Pflanzen nicht mehr leben können, weil ihnen das Sonnenlicht fehlt, ist mit einem ursprünglichen Fehlen pflanzlicher Reste zu rechnen, wie auch die Zusammensetzung der Tierwelt mit der Zunahme der Wassertiefe sich ändert und die für Flachmeere charakteristische Formenfülle mehr und mehr abnimmt. Rezente Tiefseeablagerungen sind als Radiolarien- und Diatomeenschlick, Globigerinen- bzw. Pteropodenschlamm und roter Tiefseeton sowie als Tiefseesande ausgebildet, indem die Kieselgehäuse der Radiolarien (Einzeller) und Diatomeen (Kieselalgen) bzw. die Kalkschalen der Globigerinen (Einzeller aus der Gruppe der Foraminiferen) und Pteropoden (Flügelschnecken) den wesentlichen Bestandteil des Sedimentes ausmachen. Sämtliche der angeführten, meist mikroskopisch kleinen Organismen sind Planktonlebewesen, die freischwebend im Meer leben und deren Gehäuse nach dem Tode absinken und am Meeresboden sedimentiert werden. Mit der Zunahme der Meerestiefe nimmt der Anteil planktonischer Organismenreste zu, während Benthosformen abnehmen. Das Verhältnis von Plankton- zu Benthosbewohnern innerhalb der

---

[34] Wenn auch genaue, allgemein gültige Tiefenangaben nicht gegeben werden können, da sowohl die Löslichkeit des Kalkes (z. B. bei Pteropodenschalen leichter als bei Foraminiferengehäusen), als auch der Sättigungsgrad mit CO_2 entscheidend sind, letzterer jedoch nicht allein von der Tiefe, sondern auch von Strömungen und von der Beschaffenheit des Meeresbodens abhängig ist, so läßt sich doch sagen, daß der $CaCO_2$-Gehalt von Kalkschalen zwischen 3000 und 4000 m ungefähr auf 50%, bei 5000 m auf annähernd 20% absinkt.

Mikrofauna ist daher wesentlich für die Beurteilung der einstigen Bildungstiefe fossiler Meeresablagerungen. Immerhin müssen verschiedene Fehlerquellen berücksichtigt werden. So sind gegenwärtig verschiedene Tiefseeformen bekannt, deren Vorfahren nachweislich Flachmeerbewohner waren. Es sei nur an die schon erwähnte *Neopilina galatheae* und ihre paläozoischen Verwandten (Tryblidiaceen) erinnert (s. S. 119) sowie an den Quastenflosser *Latimeria chalumnae* (s. S. 183) und die fossilen Coelacanthiden (z. B. „*Undina*" *penicillata* aus den Solnhofener Plattenkalken). Sowohl die Tryblidiaceen als auch die mesozoischen Coelacanthiden waren keine Tiefseebewohner. Weiter gibt es heute Tiefseeformen, die regelmäßig vertikale Wanderungen unternehmen, wie etwa die Laternenfische (Myctophidae), die während der Nacht aus einer Tiefe von ungefähr 800 m zur Meeresoberfläche emporsteigen (von wo aus ihre Kadaver in seichte Küstenablagerungen gelangen können), um bei Tagesanbruch wieder in die Tiefe zurückzukehren. Ähnliche Wanderungen kennt man von Tiefseekrebsen und Tintenfischen. Aber auch Meeresströmungen können Tiefseeformen in oberflächennahe Meeresschichten verfrachten. Alle diese Möglichkeiten müssen berücksichtigt werden, sollen Fehlschlüsse vermieden werden. Abgesehen von diesen Feststellungen sind jedoch die Ergebnisse der Submaringeologie wichtig, die besonders in den letzten Jahren zu neuen Erkenntnissen geführt haben und teilweise eine Revision althergebrachter Ansichten notwendig machten.

Der Flysch

Es mag daher verständlich erscheinen, wenn das hier als Modell für Tiefseeablagerungen angeführte Beispiel in der älteren Literatur noch dem Flachwasserbereich zugeschrieben wurde. Es handelt sich um die in den Alpenländern unter der Bezeichnung *Flysch* bekannte Sedimentfolge, von der bereits auf S. 132 in Zusammenhang mit den Lebensspuren die Rede war. Die Flyschserie[35] besteht aus einer oft mehrere hundert Meter mächtigen

[35] In den Ostalpen dient die Bezeichnung Flysch weniger zur gesteinsmäßigen Kennzeichnung, als vielmehr zur Charakterisierung einer stratigraphisch-tektonischen Einheit der Kreidezeit und des Alttertiärs (Paleozän und Eozän). Flyschartige Gesteine, die also auf eine Flyschfazies hinweisen, waren jedoch auch im Erdaltertum und im älteren Mesozoikum verbreitet.

Folge von Mergeln, Mergelkalken, Tonschiefern und Sandsteinen, die einander vertikal ablösen, sich jedoch horizontal über weite Strecken hindurch verfolgen lassen und dabei oft einen rhythmischen Wechsel zwischen Kalkmergeln und gradierten (korngrößenmäßig geschichteten) Sandsteinen erkennen lassen, welche einst als Beweis für die küstennahe Bildung angesehen wurden. Auch die in diesen Sandsteinen vorkommenden Fossilien (z. B. Foraminiferen: Orbitoiden, Nummuliten; Bryozoen; Harzreste), die auf Küstennähe und damit auf den Flachwasserbereich hinweisen, sind durch untermeerische Gleitungen, wie sie etwa durch Beben ausgelöst werden, in größere Tiefe gelangt. Dadurch erklärt sich auch die Tatsache, daß die Größe der Fossilreste jeweils der Korngröße des Sedimentes entspricht.

Auf Grund der Lebensspuren (Abb. 76) und der Mikrofauna (Verhältnis von Plankton- zu Benthosfauna ca. 90:10) muß eine größere Meerestiefe für die Bildung der Sedimente angenommen werden. Diese Annahme wird bestätigt durch die Ausbildung der Sedimente, die — in den Sandsteinbänken — eine Korngrößen- oder Geopetalschichtung erkennen lassen, wie sie auf submarine Gleitungen und Trübströme (turbidity currents) zurückzuführen sind, die erst ab einer größeren Meerestiefe wirksam werden, doch genügt bereits eine geringe Hangneigung des Kontinentalsockels. Die Lebensspuren stammen ausschließlich von Tieren, die auch in größeren Tiefen am Meeresgrund oder im Sediment leben (fleischfressende Schnecken, „sediment"fressende Würmer etc.), wobei die Lebensspurentypen (Abb. 70) weitgehend von der Sedimentausbildung abhängig sind (z. B. Helminthoideen, Chondriten und „Fucoiden" in den Kalkmergeln; *Scolicia*, *Palaeodictyon* und *Spirorhaphe* in den Sandsteinen).

Das Fehlen von Kennzeichen für den Flachwasserbereich (z. B. Priele, Oszillations- oder Wellengangsrippeln) spricht im gleichen Sinn. Der Flysch ist in größerer Meerestiefe zur Ablagerung gelangt und durch tektonische Vorgänge in größere Höhen (bis tausend und mehr Meter über dem heutigen Meeresspiegel) gehoben und gefaltet worden. Dadurch erklärt sich auch die über ganze Kontinente verfolgbare Erstreckung der Flyschsedimente und der Reichtum an Lebensspuren sowie das Zurücktreten von Makrofossilien (Ammoniten, Muscheln [Inoceramen]).

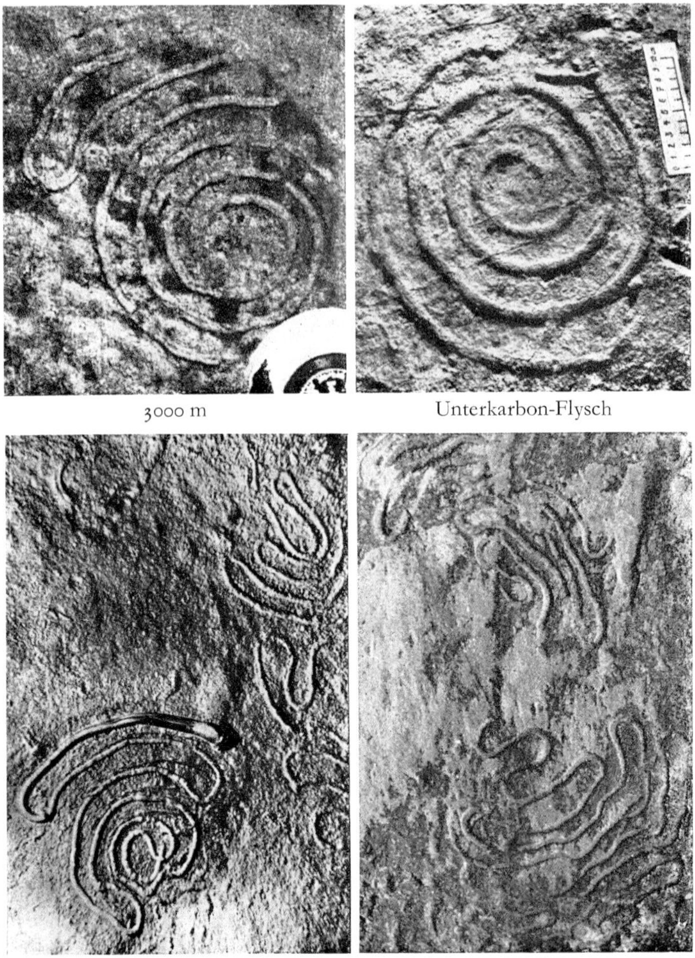

Abb. 76. Rezente Lebensspuren aus der Tiefsee (links) und ihre fossilen Gegenstücke aus Flyschablagerungen (rechts). a — Atlantik, c — Pazifik: Mäanderspur samt Erzeuger (Enteropneuste). (Nach A. Seilacher, 1967)

Die Posidonienschiefer des Lias

Demgegenüber sind die dunklen *Posidonienschiefer*, wie sie nicht nur aus Süddeutschland bekannt sind, keine Tiefseeablagerungen.

Es sind feinkörnige Schiefer, die durch den fein verteilten Schwefelkies und Bitumen dunkel gefärbt sind und ihren Namen einer kleinen Muschel *(Posidonia bronni)* verdanken, die als Leitfossil dieser Schichten gilt. Die Mächtigkeit der Posidonienschiefer schwankt von wenigen Metern bis über 40 m. Charakteristisch sind karbonatreiche Lagen, die meist als durchlaufende Bänke auftreten und die nach G. MÜLLER und R. BLASCHKE vorwiegend aus Coccolithen bestehen und für eine Sedimentation etwas unterhalb der 200 m Tiefenlinie sprechen.

Grundsätzlich vom Flysch verschieden ist der Fossilinhalt. An Mikrofossilien sind außer Foraminiferen und Ostracoden hauptsächlich Algen und Pollenkörper vorhanden, während eine Fülle von Makrofossilien nachgewiesen ist. Spärlich treten Pflanzenreste (Ginkgophyten und Cycadophyten) auf, häufig sind Muscheln, Schnecken, Ammoniten, Belemniten und andere Tintenfische, Seelilien, Krebse, Knochen- und Knorpelfische, Fischechsen (Abb. 16), Plesiosaurier sowie Meereskrokodile. Reste von Flugsauriern, Seeigel und Schlangensterne sind selten.

Der Ablagerungsraum der Posidonienschiefer entsprach einem Schelfmeer. Die Ausbildung des Sedimentes legt den Vergleich mit Verhältnissen, wie sie gegenwärtig im Schwarzen Meer herrschen, nahe, indem über vergiftetem, salzreichem Tiefenwasser eine Zone spezifisch leichteren, salzärmeren Wassers lagert und eine Durchlüftung des Bodens ausschließt. Doch ist dieser Schluß nicht ganz zutreffend. Die Posidonienschiefer wurden — wie Vorkommen und Verteilung der Fauna, einschließlich der Wurmbauten im Sediment *(Chondrites bollensis)* erkennen läßt — sowohl unter Gyttja-(Halbfaulschlamm-), als auch Sapropel-(Faulschlamm-)bedingungen abgelagert, d. h. es war somit nur zeitweise Leben am und im Boden möglich. Der Sauerstoffmangel verhinderte jedoch ein reiches Bodenleben, ist aber für die meist vorzügliche Erhaltung der Fossilien verantwortlich, indem die Organismen vor der Einbettung nicht zersetzt wurden (s. S. 10, Abb. 16 auf S. 26). Die sessilen Seelilien wuchsen jedoch nicht auf dem Meeresboden, sondern sind meist als Treibholzbewohner (Abb. 77) zu Boden gesunken und dort einsedimentiert worden. Ähnliches gilt auch für die Muscheln (*Posidonia* etc.), die mit Hilfe ihres Byssus (= Hornfäden) an treibenden Tang bzw. Holz angeheftet waren. Auch die Harpoceratiden (Ammoniten) werden? als Tangbewohner angesehen.

Abb. 77. Seelilienkolonie (*Seirocrinus subangularis* [Hill.]) auf Treibholz mit Muscheln festgewachsen. Lebensstellung verkehrt, Kelche der Seelilien herabhängend. Lias von Holzmaden (Württemberg). Platte 250 × 250 cm. Senckenberg-Museum, Frankfurt a. M.

Der Dachsteinriffkalk

Einem gänzlich anderen Lebensraum entstammen die *Dachsteinriffkalke* der jüngeren Triaszeit, die in den nördlichen (z. B. Salzkammergut) und südlichen Kalkalpen (z. B. Südtiroler Dolomiten) der Ostalpen oft mächtige Gebirgsstöcke aufbauen. Ein derartiger, zum Großteil aus Riffkalken aufgebauter Bergzug ist der Gosaukamm westlich des Dachsteins, der durch seine reiche morphologische Gliederung ein Dorado für den Kletterer im Kalkgestein darstellt (Abb. 78). Obwohl diese Riffkalke sehr fossilreich sind, ist die systematische Zugehörigkeit der Fossilien meist nicht leicht zu erkennen. Dies ist weniger auf die tektonische Beanspruchung des Gesteins, als vielmehr auf die Lebewesen zurückzuführen, welche die Riffkalke aufbauen. Durch vergleichende Untersuchung derartiger fossiler Riffkalke, die besonders in jüngster Zeit unter Berücksichtigung der gesteinsmä-

Abb. 78. Der Gosaukamm bei Gosau (Ober-Österreich). Kennzeichnende Gebirgsform des ungeschichteten, senkrecht geklüfteten Dachstein-Riffkalkes der Ober-Trias. Im Vordergrund Karrenbildung im Dachsteinkalk. (Nach F. Simony aus H. Zapfe, 1957)

ßigen Zusammensetzung (= sog. Mikrofazies) wieder intensiv in Angriff genommen wurde und durch die gleichfalls erst in den vergangenen Jahrzehnten genauer studierten rezenten Atolle und ihren Aufbau durch Bohrungen (z. B. Eniwetok- und Bikini-Atoll im Stillen Ozean) haben sich unsere Vorstellungen über den Aufbau dieser einstigen „Riffe“[36] wesentlich erweitert, nachdem bereits vor 100 Jahren durch Untersuchungen von R. v. Richthofen und E. v. Mojsisovics die Grundlage gelegt worden war. Während man einst für die Entstehung dieser Riffkalke der Ober-

[36] In der neueren Literatur verwendet man meist die Bezeichnung Bioherm, sofern diese „Riffe“ von Organismen aufgebaut werden.

Trias hauptsächlich Korallen verantwortlich machte und sich diese als einheitlichen Riffkörper vorstellte, weiß man heute, daß neben den Korallen (Steinkorallen oder Madreporaria: vor allem *Thecosmilia*, die Dachsteinkoralle, ferner Thamnasterien, Montlivaltien und Stylophylliden) hauptsächlich Kalkschwämmen (Sphinctozoa), ferner Kalkalgen (Codiaceen, Dasycladaceen und

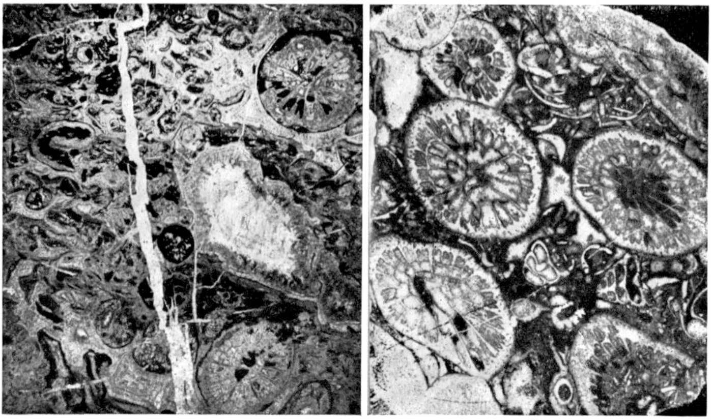

a b

Abb. 79. Typischer rhätischer Riffkalk im Dünnschliff von der Rötelwand bei Hallein, Salzburg. Korallen (*Thecosmilia clathrata* [Emmrich]), Schwämme, Kalkalgen (Dasycladaceen: *Macroporella* usw.) und kleine Schnecken. a) Wenig transportierter Riffschutt, b) Riffhaldenbereich; ca. nat. Gr. (Aufnahmen von E. Flügel, Darmstadt, freundlicherweise zur Verfügung gestellt)

Solenoporaceen), Hydrozoen (sog. Spongiomorpha) und Bryozoen (Moostierchen) ein großer Anteil als *Riffbildner* zukommt (Abb. 79). Muscheln, Schnecken, Stachelhäuter, Krebse und Fische sind dagegen nur Riff*bewohner*. Der „Riffkörper" selbst ist kein massives Gebilde, sondern besteht aus einer Masse von Einzel„riffen", deren Zwischenräume durch Korallengrus und Schalensplitter, wie sie als Aufarbeitungsprodukte durch riffbewohnende Organismen bzw. durch den Wellenschlag entstehen, aufgefüllt sind. Den „Zement" liefern vielfach Kalkalgen, die den „Riffkörper" erst verfestigen und zu einem ganzen machen. Damit ist zugleich angedeutet, daß diese Riffe nur in geringer Wassertiefe entstehen konnten, wie dies von den rezenten Riffkorallen her bekannt ist. Die große Mächtigkeit der Dachsteinriffkalke erklärt sich aus dem ständig sinkenden Meeresgrund, wie er für viele vorzeitliche Meeresbecken nachgewiesen ist. Die Riffe selbst waren der Lebensraum zahlreicher Fische, die mit den rezenten Korallenfischen verschiedenes gemeinsam haben (z. B. Hochkörperigkeit, Pflasterzahngebiß), ohne mit ihnen näher verwandt zu sein. Denn damals gab es noch keine „echten" Korallenfische, es waren fast ausschließlich Angehörige der sog. Ganoidfische, deren rezente Verwandte zum Teil Süßwasserformen sind. Außerdem waren primitive Haie und Meeresreptilien verbreitet. Unter den Meeresreptilien waren die sog. Placodontier sicher richtige Riffbewohner. Manche von ihnen waren im Habitus Meeresschildkröten recht ähnlich (z. B. *Placochelys*), indem ihre Gliedmaßen zu richtigen Schwimmflossen umgebildet waren und der Körper von einem starren Panzer aus Knochen und Hornplatten umgeben war. Ihr Gebiß besteht aus einigen wenigen pflastersteinähnlich vergrößerten Einzelzähnen, die zum Zerknacken von Muscheln und Armfüßern (Brachiopoden) gedient haben mögen. Lassen die Fische und Meeresreptilien auch keine eindeutigen Schlußfolgerungen auf das damalige Klima zu, so sprechen sowohl die Korallenriffe[37] als auch die verschiedenen Algen für tropische Klimabedingungen, unter denen diese „Riffe" entstanden. Der Dachsteingipfel (Hoher Dachstein) selbst besteht aus gebanktem Dachsteinkalk, wie er in den Lagunen des Backreef-Bereiches abgelagert worden ist. Die Schlammgründe dieser Lagunen waren der Lebensraum der Dachsteinmuscheln (Megalodonten; s. S. 33), die dort massenhaft vorkamen, was wohl mit dem zeitweise durch starke Verdunstung erhöhten Salzgehalt zu erklären ist, da artenarme, aber individuenreiche Faunen stets auf einen „abnormen" Salzgehalt hinweisen. Für eine Hypersalinität (also einen höheren Salzgehalt als das Meerwasser) der Lagunen sprechen auch Mikrofossilien.

Das nächste Beispiel soll uns in ein Flachmeer führen, das der Lebensraum zahlreicher Wirbeltiere war.

---

[37] Die rezenten Riffkorallen gedeihen nur in seichten, warmen Meeresgebieten, in denen die Wassertemperaturen nicht unter 20° C absinken, d. h. sie sind im wesentlichen auf die Tropen beschränkt. Außerdem wachsen Riffkorallen nur in vom Sonnenlicht durchleuchteten Gewässern und gehen niemals tiefer als 50 m. Die Abhängigkeit vom Licht ist durch symbiontisch in den Korallen lebende Algen (Zooxanthellen) gegeben. Die Existenz von Zooxanthellen ist bei den Triaskorallen nicht nachgewiesen, jedoch sehr wahrscheinlich.

Das Niobrara-Meer der Great Plains

Die Mitte des nordamerikanischen Kontinentes wurde einst von dem unermeßlich weiten Grasland der Prärie eingenommen, das heute meist landwirtschaftlich genutzt wird. Diese Prärie ist erst zur Tertiärzeit entstanden, und so bilden heute flächige nichtmarine Ablagerungen des Tertiärs den Untergrund. Noch in der Kreidezeit waren große Teile der heutigen großen Ebene von einem Meer bedeckt, das als Bucht vom heutigen Golf von Mexiko bis nach Kanada reichte. Zu den besonders kennzeichnenden und bereits im Gelände durch die bizarren Erosionsformen auffälligen Ablagerungen dieses Flachmeeres zählen die Niobrara-Kalke, die vor allem am Rand der zentralen Great Plains von Kansas über Colorado und Nebraska bis nach Süd- und Nord-Dakota verbreitet sind. Die Mächtigkeit dieser Niobrara-Schichten schwankt vom Süden (Bighorn Mountains) bis nach Norden zwischen 230 und 30 m. Es sind küstennahe Kalke aus der jüngeren Kreidezeit (Niobrarian = unteres Senon), die durch ihre reichliche Fossilführung seit langem bekannt sind. Sie zeugen von dem einstigen reichen Leben, das in dieser Meeresbucht existierte. Von wenigen eingeschwemmten Resten von Landpflanzen und Landtieren abgesehen, sind es ausschließlich Reste mariner Tiere.

Besonders kennzeichnend sind Kolonien von Inoceramen *(„Haploscapha“ grandis)* und richtige Austernbänke aus der kleinen *Ostrea congesta*. Sie dokumentieren die Küstennähe dieser Seichtsee. Durch die Verwitterung werden immer wieder Fossilien freigelegt, unter denen Reste von Fischen, Reptilien und auch Vögeln besonders zu erwähnen sind. Diese Vorkommen sind seit langem bekannt. Bereits E. D. COPE hat im Jahre 1875 aus dem Niobrara-Kalk 48 Fischarten, 37 Reptilarten und 4 Vogelarten beschrieben. Seitherige Aufsammlungen von Tausenden von Fossilien haben diese Fauna noch ergänzt. Besonders bemerkenswert sind die Reste der Maas-Echsen (Mosasaurier: *Platecarpus*, *Tylosaurus*, *Clidastes*), der Plesiosaurier *(Elasmosaurus*, *Trinacromerum)* und der riesigen Flugsaurier der Gattung *Pteranodon*, die heute längst ausgestorben sind (Abb. 80).

Die Maas-Echsen, wie sie nach ihrem ersten Fundort bei Maastricht genannt werden, sind Angehörige der Schuppenkriechtiere (Squamata) und damit zum Wasserleben übergegangene, riesige

Abb. 80. Lebensbild des Niobrara-Meeres in Kansas mit *Tylosaurus* (Mosasauria) im Vordergrund, dem langhalsigen Plesiosaurier *Elasmosaurus* und der Flugechse *Pteranodon*. (Nach J. AUGUSTA und Z. BURIAN, 1956)

Verwandte unserer Eidechsen, Leguane und Warane. Der Körper dieser fünf bis zehn Meter langen Echsen war langgestreckt, die Gliedmaßen zu Ruderflossen umgestaltet. Der lange, seitlich abgeflachte Schwanz war verschiedentlich mit einer Schwanzflosse versehen und diente ähnlich den Krokodilen zur Fortbewegung. Den kräftigen Fangzähnen nach zu schließen, ernährten sich die Mosasaurier von Fischen, von Tintenfischen[38], Schildkröten und gelegentlich auch von anderen Meerestieren. Eine Besonderheit bildet ein zusätzliches Gelenk in der Mitte der Unterkieferhälfte, das eine Erweiterung des Kieferastes nach außen zuließ und dadurch das unzerkaute Verschlingen großer Beutetiere ermöglichte. Die Mosasaurier sind bisher nur aus der Kreidezeit bekannt geworden. Sie waren damals weltweit verbreitet.

Demgegenüber kennt man Plesiosaurier auch aus der Jurazeit. Die auffälligste Gattung ist zweifellos *Elasmosaurus*, eine Großform, deren Hals bei einer Körperlänge von ungefähr 13 m fast 7 m Länge erreichte. Der Kopf ist nur kurz, die Gliedmaßen sind zu schlanken Ruderflossen umgestaltet, dem nur kurzen Schwanz kam bei der Fortbewegung nur eine geringe Rolle zu. Mit *Trinacromerum* ist eine langschnauzige und kurzhalsige Plesiosaurier-Gattung genannt. Beide Gattungen waren jedoch Fischfresser.

Außer den Mosa- und Plesiosauriern bevölkerte noch eine dritte Gruppe von Reptilien das Niobrara-Meer, nämlich die Schildkröten. Man kennt zahlreiche Reste von Hochseeschildkröten (z. B. *Toxochelys*, *Protostega*), wie der Bau des Panzers und der Gliedmaßen erkennen läßt. Rücken- und Bauchpanzer sind flach und zeigen die für Meeresschildkröten typischen Fontanellen, die eine Gewichtsersparnis bedeuten.

Über dem Meer schwebten, ähnlich dem heutigen Albatros, riesige Flugsaurier *(Pteranodon ingens)*. Es waren zahnlose, fischfressende Flugechsen, deren Flügelspannweite mit ungefähr 7 m auch die größten Vögel übertrifft. Bei den Flugsauriern war der 4. Finger enorm verlängert und diente zum Spannen der Flughaut. Die drei vorderen Finger waren bekrallt und frei beweglich.

Nicht minder auffällig war unter der damaligen Vogelwelt *Hesperornis regalis*, ein großer, flugunfähiger, langhalsiger Meeresvogel, der im Habitus an die heutigen Lappentaucher *(Podiceps)* erinnerte. Die kräftigen Hinterfüße waren zu richtigen Ruderfüßen umgestaltet, von den Vordergliedmaßen sind nur mehr

[38] Man kennt Gehäuse von Ammoniten mit Zahneindrücken von Mosasauriern.

winzige Rudimente des Oberarmknochens vorhanden. Die Ähnlichkeit mit den Lappentauchern ist nur eine Konvergenzerscheinung, wie der Bau des Schädels und die bezahnten Kiefer erkennen lassen. *Hesperornis regalis* war gleichfalls ein Fischfresser, der vermutlich in großen Kolonien die Küsten des Niobrara-Meeres bevölkerte.

Die artenreiche Fischfauna setzte sich aus Haien *(Galeocerdo, Oxyrhina, Lamna)* und Rochen *(Ptychodus)*, aus Ganoidfischen und meist primitiven echten Knochenfischen (Teleostei: *Protosphyraena*, „*Portheus*", *Pachyrhizodus*, *Ichthyodectes*, *Saurocephalus*, *Sauroden)* zusammen.

Die Rochen besaßen ein richtiges Pflasterzahngebiß, das zum Zerknacken von Muscheln und Krebsen geeignet war. Unter den Knochenfischen sind Riesenformen mit über 5 m Länge *(„Portheus" [= Xiphactinus] molossus)* bekannt geworden.

Reste von Ammoniten *(Scaphites)* und von freischwimmenden Seelilien *(Uintacrinus socialis)*, deren Kelche oft ganze Schichtflächen bedecken, lassen erkennen, daß die Verbindung zum offenen Meer vorhanden war und daß Strömungen zeitweise Hunderte und Tausende dieser Meerestiere stranden ließen.

Damit wollen wir den marinen Bereich verlassen und uns Süßwasserbildungen und rein terrestrischen Lebensräumen zuwenden.

Die Molasse von Öhningen

Die Ablagerungen der oberen *Süßwassermolasse von Öhningen am Bodensee* sind typische Süßwassersedimente. Aus diesen Absätzen sind bisher mehr als 1500 fossile Tier- und Pflanzenreste beschrieben worden. Außer Süßwassertieren sind Insekten, Reptilien, Vögel und Säugetiere sowie Landpflanzen in großer Fülle nachgewiesen, die einen Einblick in die damalige Fauna und Vegetation gestatten. Es sind Ablagerungen des jüngeren Miozäns, die sich aus einer Folge von Sanden, Schottern, Mergeln, Süßwasserkalken Tonen, Schiefern, Kohlen und vulkanischen Produkten (Tuffe und Tuffite, d. h. durch fließendes Wasser aufgearbeitete und sedimentierte Tuffe) zusammensetzen und deren Fossilreichtum bereits frühzeitig die Aufmerksamkeit von Sammlern und Naturkundlern auf sich gezogen hat. Öhningen ist durch den sog. „Homo diluvii testis" (s. S. 6) auch in weiteren Kreisen bekannt geworden. Damit ist bereits die bekannteste Art, nämlich der Riesensalamander *(Andrias scheuchzeri)* genannt, von dem Skelettreste in Öhningen mehrfach gefunden wurden. Weiteres haben die bahnbrechenden Untersuchungen des Schweizer Naturforschers OSWALD HEER im vergangenen Jahrhundert die Öhninger Fundstätten am Schienerberg zu klassischen Lokalitäten der Paläontologie gemacht. O. HEER führte die Verschiedenheit in der Fossilführung der einzelnen Schichten auf jahreszeitlich bedingte Unterschiede zurück.

Es war eine See- und Flußlandschaft mit zahlreichen Auwässern und Tümpeln, die zum Teil schlecht durchlüftet und durch Fäulnis der reichlich vorhandenen pflanzlichen Überreste zu einem stark sauerstoffarmen Milieu geworden waren. Sie waren der Lebensraum verschiedener Wasserpflanzen (Hornkraut, Wasserfarn *[Salvinia]*, Rohrkolben), von Schnecken *(Planorbarius, Radix, Ancylus, Theodoxus)*, von Süßwassermuscheln *(Unio lavateri, Margaritana flabellata, Pisidium escheri)*, von Krebsen (Ostracoden und Krabben). verschiedener Insekten (Libellen und Mückenlarven, Wasserkäfer), von Süßwasserfischen (Weißfische und Hechte), Riesensalamandern und Froschlurchen *(Latonia)*, von Krokodilen, Sumpf- *(Emys)*, Schnapp- *(Chelydra)* und Weichschildkröten *(Trionyx)*, verschiedener Wasservögel und Biber.

Die ufernahen, zeitweise überschwemmten Auwälder setzen sich aus Schilfrohr *(Phragmites)*, Weiden und Erlen, Wasserulmen *(Zelkova)*, Hickory *(Pterocarya)*, Platanen, Ahorn und Ulmen, Amberbäumen *(Liquidambar)* und Wasserfichten *(Glyptostrobus)* zusammen, während das trockene Hinterland mit Steppengräsern, Hartlaubgewächsen und baumförmigen Leguminosen (*Podogonium, Robinia, Gleditschia* etc.) bestanden war. Außer den Auwäldern und der „Baumsavanne“ waren noch Palmenbestände und Lorbeerwälder mit Zimt- bzw. Kampferbäumen *(Cinnamomum)*, *Sassafras, Persea, Myrica, Sapindus, Aralia, Diospyros* etc. vorhanden, die in ihrer Gesamtheit für ein warmgemäßigtes bis mediterranes Klima sprechen.

Von den krautigen Pflanzen sind, außer Wasserpflanzen, nur spärliche Reste vorhanden. Bemerkenswert ist der Reichtum an Holzgewächsen, der weitaus größer war, als dies gegenwärtig für Mitteleuropa gilt und mit dem damaligen Klima in Zusammenhang steht, sowie das Vorkommen von heute auf Asien bzw. Nordamerika beschränkten Pflanzengattungen (z. B. *Liquidambar*, *Sassafras*, *Cinnamomum*, *Zelkova*, *Pterocarya*, *Persea*, *Sapindus*, *Glyptostrobus* etc.). Letztere sind jetzt vielfach als Parkbäume in Mitteleuropa anzutreffen. Sie zeigen, daß das derzeitige Klima für das natürliche Fehlen in Mitteleuropa nicht verantwortlich gemacht werden kann. Als eigentliche Ursache hat man die der Tertiärzeit folgende Eiszeit erkannt, die zu einem Verschwinden der klimatisch empfindlicheren Elemente führte. Diese konnten nämlich wegen der Alpen bzw. des Mittelmeeres nicht nach Süden ausweichen, wie in Nordamerika oder Ostasien, wo dies durch die in nord-südlicher Richtung verlaufenden Gebirgszüge möglich war.

Die Waldlandschaft selbst war der Lebensraum einer überaus reichen Insektenwelt (die hauptsächlich durch Reste aus den Insektenschiefern, dem sog. „Buch der Natur" O. Heers belegt ist), von den elefantenähnlichen Mastodonten *(Bunolophodon angustidens)*, Nashörnern, Kurzhalsgiraffen *(Palaeomeryx eminens)*, Wildschweinen, Raubtieren, Hörnchen und Schläfern, während Landschildkröten, hamster- und pfeifhasenartige Nager die offene Landschaft bewohnten.

Die Steinkohle

Haben wir damit eine See- und Flußlandschaft samt Umgebung kennengelernt, die wohl eine etwas von der heutigen abweichende Tier- und Pflanzenwelt beherbergte, so wollen wir als nächstes Beispiel ein typisches *Steinkohlen„moor"* kennenlernen, das nicht nur durch seine Flora von den heutigen Mooren beträchtlich verschieden war. Da aus dem rheinisch-westfälischen Steinkohlenbecken besonders reiche fossile Pflanzenfunde vorliegen, wollen wir von diesem Gebiet ausgehen.

Während an der gegenwärtigen Landvegetation Bedecktsamer (Angiospermen) und Nacktsamer (Gymnospermen) anteilmäßig stets über die Gefäßsporenpflanzen (Pteridophyten: Farne, Bärlappe und Schachtelhalme), Moose (Bryophyten) und niederen Pflanzen (Thallophyten: Algen, „Flechten" und Pilze) dominieren, waren die häufigsten Steinkohlenpflanzen die Pteridophyten. Sie sind die wichtigsten Kohlebildner, waren doch zahlreiche von ihnen richtige baumförmige Gewächse und nicht nur, wie ihre lebenden Verwandten (z. B. Bärlappe und Zinnkräuter), krautige

Pflanzen. Dementsprechend fremdartig müssen wir uns das Aussehen der Steinkohlen„wälder" vorstellen (Abb. 43 auf S. 66). Dank zahlreicher Fossilfunde und langjähriger, intensiver Untersuchungen kann man heute exakte Rekonstruktionen dieser Steinkohlenpflanzen entwerfen.

Die wichtigsten Steinkohlenpflanzen waren die Lepidophyten, die art- und mengenmäßig weit hervortreten und von denen die Schuppenbäume (Gattung *Lepidodendron*) und Siegelbäume (Gattung *Sigillaria*) die bekanntesten sind. Gesamthöhen von 30 m bei einem Stammdurchmesser von über 2 m waren keine Seltenheit. Wurzeln und Äste der Lepidodendren waren regelmäßig mehrfach gabelig (dichotom) geteilt. Letztere waren von verschieden langen lanzettlichen Blättern besetzt, die beim Abfallen zu den charakteristischen und namengebenden Blattnarben geführt haben. Die Siegelbäume waren unverzweigt oder bloß am oberen Stammende einfach gegabelt und mit grasähnlichen, steifen Blättern versehen, die einen Schopf bildeten, weshalb sie auch als Schopfbäume bezeichnet werden. Die Sporenbehälter entsprangen unmittelbar dem Stamm (unterhalb des Blattschopfes), eine der Kauliflorie (Stammblütigkeit) vieler Tropenbäume (z. B. Kakaobaum) entsprechende Erscheinung.

Auch die Schachtelhalme der Steinkohlenzeit waren baumförmige Gewächse, weshalb man von Riesenschachtelhalmen (Calamiten) spricht. Im Bau ähnlich den heutigen Zinnkräutern, erreichten sie eine Gesamthöhe von fast 20 m bei einem Stammdurchmesser von nahezu einem Meter. Weitere baumförmige Gewächse der Steinkohlen„moore" waren Baumfarne und sog. Cordaiten (echte Nacktsamer). Echte Farne und die ihnen ähnlichen Farnsamer (Pteridospermatophyten) vertraten gewissermaßen die Sträucher, aber auch richtige krautartige Pflanzen fehlten nicht. Sowohl unter den Bärlappen als auch unter den Moosen sind sie bekannt geworden. Echte Nadelhölzer und Laubbäume gab es damals ebensowenig wie Blumen. Die Rolle von lianenartigen Schlinggewächsen hatten die heute längst ausgestorbenen Keilblattgewächse (Sphenophyllen) inne und damit eine ökologische Nische ausgenützt.

Können wir auch über die damaligen Temperaturverhältnisse nur Vermutungen äußern (s. S. 72), so ist sicher, daß das ganze

Jahr über eine ziemlich gleichmäßige Temperatur bzw. Feuchtigkeit geherrscht haben muß. Dafür spricht vor allem das Fehlen von ruhenden Knospen[39].

Die Steinkohlensümpfe waren der Lebensraum von verschiedenen Kleinkrebsen, von Süßwassermuscheln und -fischen, unter denen auch Lungenfische nicht fehlten sowie von Lurchen (sog. Stegocephalen: Dachschädler), die durch salamanderähnliche und schlangenförmige Typen vertreten waren. Weiter waren die Steinkohlenwälder von altertümlichen Spinnen, von Tausenfüßern und von Insekten bewohnt, die vereinzelt Riesenausmaße erreichten (*Meganeura* mit 75 cm Flügelspannweite). Es waren Ur-Libellen, Ur-Schaben, Ur-Eintagsfliegen und Ur-Geradflügler, während „moderne" Insekten, wie Käfer und Schmetterlinge, Wanzen und Bienen etc. völlig fehlten. Sie existierten damals noch nicht.

Der Bernstein

Nach dem Abstecher in die Steinkohlenzeit wollen wir wieder in die Tertiärzeit zurückkehren und uns den durch den Bernstein aus dem Samland sehr gut bekannten alttertiären *Bernsteinwäldern* Skandinaviens zuwenden, die durch die grundlegenden Untersuchungen des Breslauer Paläobotanikers H. R. Goeppert und seines Schülers H. Conwentz genauer bekannt wurden.

Auch hier begegnen wir Fossilresten, die bereits seit Jahrtausenden dem Menschen bekannt sind. Bernstein war schon dem altsteinzeitlichen Menschen ein Begriff und wurde zur mittleren und jüngeren Steinzeit als Schmuckstein verwendet und als Anhänger getragen. Bereits in der Bronzezeit fand der Bernstein des Nordens seinen Weg zu den Völkern des Mittelmeeres (er ist das „succinum" des Plinius). Zeitweise existierten richtige Handelswege, deren Verlauf sich teils aus Bodenfunden, teils aus Berichten der alten Schriftsteller rekonstruieren läßt. Freilich sind auf diesen Handelswegen auch andere Rohstoffe gehandelt und transportiert worden.

Der Bernstein ist das fossil gewordene Harz der sog. Bernsteinkiefer *(Pinus succinifera)* und wird im Handel je nach der Reinheit

[39] Das Fehlen von Zuwachszonen bei Holzgewächsen (Jahresringe) erlaubt nach E. Antevs noch keinen Rückschluß auf ein ununterbrochenes Wachstum und damit auf ein gleichförmiges Klima.

und der Politurfähigkeit als klarer, flomiger Bernstein, als Bastard, Knochen und schaumiger Bernstein bezeichnet. Der baltische oder Ostseebernstein — und nur von dem soll die Rede sein —, der meist in unregelmäßig knolliger, tropfenförmiger oder schalig gebauter Form auftritt, findet sich besonders in alttertiären (oligozänen) Schichten, hauptsächlich in der sog. „blauen Erde", glaukonitischen Sanden, auf sekundärer Lagerstätte[40] an der Küste des Samlandes. Dort sind die bernsteinführenden Sedimente durch die Gewässer der Ostsee aufgeschlossen und dort wird bzw. wurde er im großen industriell gewonnen bzw. nach Stürmen an der Küste mit Netzen zusammen mit Tang gefischt. Der Bernstein besitzt aber nicht nur für kunstgewerbliche Zwecke, als Isoliermaterial und zur Herstellung von Bernsteinlack bzw. Bernsteinsäure Bedeutung, sondern ist für den Paläontologen durch seine tierischen und pflanzlichen Einschlüsse zu einem der wertvollsten Inventare aus der Vorzeit geworden. Auf die meist einmalige Erhaltung dieser als Inklusen bezeichneten Einschlüsse (Abb. 13 auf S. 23) wurde bereits hingewiesen (s. S. 23). Sie geben vor allem Einblick in die damalige Kleintierwelt der Bernstein„wälder" und auch Hinweise auf die Zusammensetzung der Vegetation selbst. Freilich stellen die überlieferten Bernsteineinschlüsse in ihrer Gesamtheit als sog. Oryktozönose nur einen bestimmten Ausschnitt aus der einstigen Formenfülle von Lebewesen dar, doch läßt auch dieser manche Aussage über diesen einstigen Lebensraum zu[41].

Neuere Untersuchungen haben gezeigt, daß die Bernsteinwälder im wesentlichen lockere Kiefernmischwälder waren, die vorwiegend mit Zypressengewächsen (Cupressaceen) und Palmen, ferner mit Eichen und Kastanien vergesellschaftet waren, wie sie gegenwärtig in ähnlicher Artzusammensetzung aus den Subtropen und Tropen des südöstlichen Nordamerika und der Antillen bekannt sind und die Bezeichnung Wald — sofern man darunter einen geschlossenen Komplex versteht — nicht ganz verdienen. Es waren verschiedene Kiefernmischwaldformationen mit Lichtungen und

[40] Der Bernstein kann auch auf tertiärer Lagerstätte auftreten. Die mehrfache Umlagerungsmöglichkeit des an sich weichen und relativ spröden Bernsteins wird nur dadurch verständlich, daß dieser dank seines spezifischen Gewichtes in bewegtem Wasser leicht zum Schwimmen kommt.

[41] Angebliche Marinfossilien (Korallen: *Hydraulis*) aus dem Bernstein sind Pseudofossilien. Sie beruhen auf Alterungsprozessen des Bernsteins.

größeren offenen, mit Heidekräutern (Ericaceen) bestandenen Stellen, in denen auch fließende Gewässer nicht fehlten. Kennzeichnend ist weiter, daß Sumpfzypressen (Taxodiaceen) ganz zurücktreten. Diese Vergesellschaftung deutet auf ein trockenwarmes Klima, wofür auch die Insektenwelt spricht. Unter den Bernsteingliederfüßern finden sich waldbewohnende Formen mit teils ausgesprochen thermophilen Elementen (Termiten, Paussiden = „Ameisengäste" etc.). Rindenbewohnende Arten (Holzläuse, Borken-, Poch- und gewisse Bockkäfer) sind häufig, wie auch ihre Schmarotzer (Schlupfwespen), neben solchen, die am Boden oder in Fallaub, Nadelstreu und moderndem Holz leben (Springschwänze, Tausendfüßer, Milben, Asseln, Skorpione, Ohrwürmer, Schaben etc.). Aber selbst Süßwasserbewohner, wie Flohkrebse, Eintagsfliegen, Köcherfliegenlarven, Wasserkäfer, Wasserläufer und Mückenlarven fehlen nicht. Freilich ist dies nur eine Auslese, die durch die jeweiligen Erhaltungsmöglichkeiten bedingt ist. So fehlen Reste größerer Tiere, die nicht am Harz kleben oder von Harztropfen eingeschlossen werden konnten, fast völlig. Von Säugetieren und Vögeln sind lediglich Haare und Federn bekannt[42].

Die Asphaltsümpfe von Rancho La Brea

Die Asphaltsümpfe des „Rancho La Brea" im Gebiet des heutigen Los Angeles, die erstmalig im Jahr 1769 von dem Spanier Gaspar de Portola erwähnt werden, sind als die wohl größte Knochenanhäufung den Paläontologen in aller Welt bekannt. Diese einst in größerer Zahl vorhandenen Asphaltlachen (= Tarpools) sind nichts anderes als oberflächliche Austritte von Erdöl. Die Mehrzahl dieser Tar-pools ist heute verschwunden, die letzten werden heute als Naturpark geschützt und die Fossilfunde in einem Museum ausgestellt.

Erdöl und Erdgas haben die Tendenz, in porösen Sedimenten oder in Gesteinsspalten entsprechend dem spezifischen Gewicht nach oben zu wandern (= migrieren). An der Erdoberfläche bilden sich dann als „Verwitterungs"produkt des Erdöls Asphalt-

[42] Die Frösche und Eidechsen des Bernsteins sind fast ausnahmslos Fälschungen (s. S. 32), wenn man von den mehrfach nachgewiesenen Häutungsresten letzterer absieht.

sümpfe aus zähem Teer. Da die Oberfläche dieser zähen Teermassen meist von Regenwasser bedeckt ist, bilden diese Asphaltsümpfe richtige Tierfallen, von denen bereits auf S. 21 die Rede war.

Da diese Tar-pools seit der jüngeren Eiszeit bestehen, sind seither immer wieder Tiere angelockt worden und, im zähen Teer steckend, verendet. Solche im Asphalt steckende Tiere haben selbstverständlich wiederum zahlreiche Raubtiere und Raubvögel angelockt. Dies geht auch aus der Zusammensetzung der Fauna hervor, indem die Zahl der Raubtierindividuen jene der Pflanzenfresser um das 10fache übertrifft. Auch unter den Vögeln dominieren nach Ch. Stock die Raubvögel mit weit über 50%.

Noch im vorigen Jahrhundert wurde den beim Abbau des Asphalts zutage kommenden ungeheuren Mengen von Knochen und Zähnen kaum Aufmerksamkeit geschenkt. Erst seit dem Jahr 1905 wurde der Fossilcharakter erkannt und wissenschaftliche Ausgrabungen durch die Universität von Kalifornien unter der Leitung von Prof. J. C. Merriam durchgeführt, die zur Bergung von Tausenden von Skelettresten jungeiszeitlicher Wirbeltiere führte.

Wenn auch die Skelettreste aus den Asphaltsümpfen von Rancho La Brea nur einen bestimmten Ausschnitt der einstigen Wirbeltierfauna der jüngeren Eiszeit Kaliforniens darstellen, so geben sie uns durch die Vollständigkeit der überlieferten Skelette überaus wertvolle Einblicke in die damalige Tierwelt.

Besonders bemerkenswert sind die heute in Amerika längst ausgestorbenen Rüsseltiere mit Elefanten (*Archidiskodon imperator*) und Mastodonten (*Mastodon americanus*), die Riesenfaultiere mit *Paramylodon* und *Nothrotherium*, die Kamele (*Camelops hesternus*), die Einhufer (*Equus occidentalis*), die Kurzschnauzbären (*Arctodus simus*) und die Säbelzahnkatzen mit *Smilodon californicus* unter den Säugetieren. Unter den Vögeln dominieren die Tagraubvögel, unter denen ein riesiger kondorähnlicher Geier (*Teratornis merriami*) die auffälligste Art bildet. Daneben sind der Truthahngeier (*Cathartes aura*), der auch heute noch in Kalifornien lebt, Kondore (*Gymnogyps amplus* und *G. californicus*), Geier (*Neophrontops americanus* und *Neogyps errans*), die den heutigen altweltlichen Schmutzgeiern nahe stehen, Habichte, Bussarde und Adler (*Aquila chry-*

saetos) nachgewiesen. Unter den übrigen Vögeln sind nur wenige ausgestorbene Arten bekannt, wie etwa der kalifornische Truthahn *(Parapavo californicus)*, der Asphalt-Storch *(Ciconia maltha)* und der La Brea-Kauz *(Strix brea)*. Reste von Hühner- und Gänsevögeln, Kranichen, Reihern, Tauchern, Regenpfeifern, Spechten, Eulen, Tauben, Kuckucks- und Sperlingsvögeln sind gleichfalls zahlreich nachgewiesen. Dagegen finden sich Reste von Reptilien (Sumpfschildkröten), Amphibien (Kröten), Süßwasserschnecken *(Lymnaea)*, Tausendfüßern *(Spirobolus)*, Spinnen und Insekten (Termiten, Heuschrecken, Zikaden, Fliegen, Käfer, Wespen und Ameisen) sowie von Pflanzen (Kiefern: *Pinus muricata*; Zypressen, Wacholder, Eichen: *Quercus agrifolia*; Hollunder: *Sambucus*; Zürgelbaum: *Celtis mississippiensis*) nur selten.

Die fossile Flora und Fauna spricht für eine offene, z. T. von Buschwerk bestandene Landschaft in der Umgebung der Asphalttümpel sowie für Waldbestände längs kleiner Flüsse. Das damalige Klima dürfte etwas humider gewesen sein als gegenwärtig, bei ähnlichen oder etwas höheren Temperaturen und schwach größeren jährlichen Niederschlägen als heute.

Für den Wissenschaftler ergibt sich die Frage, wieso zahlreiche Tiere heute ausgestorben sind, wo doch die gegenwärtigen Lebensbedingungen allem Anschein nach nicht grundsätzlich von den damaligen abweichen. Das Aussterben erfolgte zur jüngsten Eiszeit oder erst im frühen Holozän und dürfte im wesentlichen mit einer Klimaschwankung, die zur Einengung des Lebensraumes führte, in Zusammenhang stehen.

Haben wir in den alttertiären Bernstein„wäldern" und den eiszeitlichen Asphaltsümpfen bereits einen weitgehend terrestrischen Lebensraum kennengelernt, so betrifft das letzte Beispiel vorzeitlicher Lebensräume einen reinen Landbiotop. Es ist die jungeiszeitliche Lößsteppe Mitteleuropas, über deren Tier- und Pflanzenwelt wir durch Fossilien gut unterrichtet sind.

Der mitteleuropäische Löß

Der *jungeiszeitliche Löß*, von dem im folgenden die Rede sein soll, ist besonders im nördlichen Niederösterreich weit verbreitet und verleiht manchen Gegenden ein überaus charakteristisches Gepräge. Derartige Lößlandschaften sind für den Weinbau wichtig.

Der Löß ist ein gelblich bis hellgrauer, poröser, ungeschichteter Staubsand, der im wesentlichen durch den Wind aus riesigen Überschwemmungsgebieten und aus Gletscherwällen ausgeblasen und vornehmlich an den Süd- und Osthängen der damals unbewaldeten Hügel abgelagert wurde. Läßt bereits diese Tatsache (Fehlen einer geschlossenen Walddecke) auf Ablagerungen während einer Kaltzeit schließen, so wird diese Annahme durch das Vorkommen arktischer und alpiner Faunenelemente sowie durch sog. Laimen- oder Verlehmungszonen bestätigt, die zweifellos Bodenbildungen zu Warmzeiten darstellen und sich vom Löß durch ihre Färbung (nach Dauer und Intensität der Wärmezeit bräunlich bis rötlich) unterscheiden. Somit widerspiegelt sich der für die Eiszeit festgestellte mehrfache Wechsel von Kalt- und Warmzeiten auch in den Lößprofilen. Da während der Kaltzeiten die Baumgrenze infolge der 8—12°C betragenden Temperaturminderung (des Jahresmittels) um 1000—1200 m gegenüber heute abgesenkt bzw. weit nach Süden verschoben worden war, waren weite Gebiete Mitteleuropas während der letzten Kaltzeit waldfrei. Lediglich — wie durch Fossilfunde nachgewiesen werden konnte — Zwergsträucher, in Form von Zwergweiden und Zwergbirken, zu denen im Voralpenbereich auch Bergkiefern kamen, ferner Tundrenpflanzen, Steppengräser sowie heutige Alpenpflanzen (z. B. *Dryas octopetala*) bildeten die Vegetation dieser hügeligen Landschaft, die der Lebensraum einer Fauna war, deren Skelettreste aus dem Löß vorliegen. Zur Flora sei nur gesagt, daß das heute als Charakterform der Alpenflora angesehene Edelweiß *(Leontopodium alpinum)* ursprünglich eine Steppenpflanze war, wie sie es heute noch in weiten Gebieten Asiens ist. Während die damalige Flora im wesentlichen nur in der räumlichen Verbreitung von der heutigen abwich, besteht die jungeiszeitliche Lößsteppenfauna zum Großteil aus gegenwärtig ausgestorbenen Arten. Manche Formen finden sich allerdings heute nur noch in den Alpen, in Nordeuropa und der Arktis bzw. den asiatischen Steppen, ähnlich den Pflanzen.

Zu den kennzeichnenden Großtieren der Lößsteppe gehören Mammut (*Mammonteus primigenius*, s. S. 20), Fellnashorn *(Coelodonta antiquitatis)*, Steppenwisent *(Bison priscus)*, Riesenhirsch *(Megaceros giganteus)*, Wildpferde *(Equus „germanicus“)* und Wildesel *(Asinus hydruntinus)* sowie Höhlenhyänen *(Crocuta spelaea)*, die heute sämtlich ausgestorben sind. Weitere charakteristische Lößformen waren Rentier *(Rangifer tarandus)* und Steinbock *(Capra ibex)*, Moschusochsen *(Ovibos moschatus)*, Eisfuchs *(Alopex lagopus)*, Wolf *(Canis lupus)*, Braunbär *(Ursus arctos)*, Vielfraß *(Gulo gulo)*, Schneehase *(Lepus timidus)* und Murmeltier *(Marmota marmota)*, Schneehühner *(Lagopus-Arten)* und Lemminge *(Dicrostonyx-*Arten*)*. Aber auch Gemse *(Rupicapra rupicapra)* und Saiga-Antilope *(Saiga tatarica)*, Pfeifhasen *(Ochotona pusilla)* und Pferdespringer *(Allactaga jaculus)*, Steppeniltis *(Putorius putorius eversmanni)* und Birkenmaus *(Sicista montana)* fehlen nicht. Außer Wirbeltieren sind aus dem Löß nur Landschnecken nachgewiesen, die besonders wertvolle ökologische Indikatoren darstellen. Nach V. Ložek kommen im Löß Mitteleuropas verschiedene Schneckenfaunen vor, von denen die *Columella columella*-Fauna einer ausgesprochen kalten, die *Pupilla*-Fauna der normalen und die *Striata*-Fauna (nach *Helicella striata*) einer „warmen" Lößfauna entsprechen.

Unmittelbar an der Rekonstruktion vorzeitlicher Lebensräume und damit der sog. Fazies ist auch der Paläogeograph interessiert. Dieser kann aus den Fossilien nicht nur die einstige Verteilung von Meer und Land und das Klima von damals beurteilen, sondern auch Schlußfolgerungen über Existenz und Dauer ehemaliger Landverbindungen zwischen den Kontinenten ableiten. Eine Erörterung dieses Fragenkreises soll im nächsten Kapitel erfolgen.

IX. Fossilien und Paläogeographie

Bereits im vorhergehenden Kapitel wurde die Bedeutung der Fossilien für die Beurteilung der Fazies an Hand etlicher Beispiele erläutert. Vielfach ist damit auch die Frage nach der einstigen paläogeographischen Situation verknüpft. Sie erhebt sich nicht nur bei der Beurteilung der Flyschfazies als Sedimente eines Tiefseetroges, sondern auch in kleinräumiger Weise bereits bei Begriffen wie Riff- und Lagunenbereich, wie sie an Hand der Dachsteinkalke der Ober-Trias besprochen wurden.

Landbrücken oder Kontinentaldrift?

Die oft weite Verbreitung einstiger Meeressedimente an der Oberfläche der einzelnen Kontinente, das auch gegenwärtig gelegentlich zu beobachtende Auftauchen oder Verschwinden vulkanischer Inseln, die Abtragung von Gebirgen und die Bildung mächtiger Flußdeltas, die Verlandung von Binnenseen und ähnliche Vorgänge lassen vermuten, daß das Bild der Erdoberfläche auch in der Vorzeit einem steten Wandel unterworfen war. Dazu kommt das bei der heutigen Verteilung von Ozeanen und Kontinenten oft nur schwer deutbare gegenwärtige Verbreitungsbild zahlreicher Tiere und Pflanzen sowie nicht zuletzt geologische, paläomagnetische und ozeanographische Befunde.

Die Paläogeographie ist jener Wissenszweig, der sich mit den geographischen Gegebenheiten in der Vorzeit befaßt, angefangen vom Klima über die Beschaffenheit der Erdoberfläche bis zu Fragen wie etwa Konstanz der Ozeane, Landbrücken oder Kontinentaldrift.

Bereits frühzeitig erkannten Tier- und Pflanzengeographen die faunistischen und floristischen Beziehungen zwischen heute völlig getrennten Kontinenten bzw. Inseln (z. B. Südamerika und Neuseeland, Afrika und Südamerika, Borneo und Südostasien, Australien und Neuguinea) sowie zwischen gegenwärtig durch Landbrücken getrennten Meeresgebieten (z. B. östlicher Pazifik und Karibische See). Erschien letzteres noch verhältnismäßig leicht durch das zeitweise Bestehen einstiger Meeresverbindungen (Panamastraße bzw. Bolivar-Synklinale) und auch das Vorkommen zahlreicher großer Landtiere auf Borneo (bzw. Neuguinea) durch eine geringfügige Meeresspiegelsenkung zu erklären, so versagten derartige Deutungen bei den übrigen Beispielen. Auch die Annahme einer einst weltweiten Verbreitung der betreffenden Tiere und Pflanzen könnte diese Befunde nur zum Teil verständlich machen. Existierten einst Landbrücken bzw. Brückenkontinente oder war es ein direkter Kontakt und Kontinentaldrift (Abb. 81)? Nachdem jahrzehntelang eine Kontinentaldrift, wie sie vor allem durch A. Wegener seit 1912 vertreten wurde, von den Geologen und Geophysikern abgelehnt worden war, setzte im letzten Jahrzehnt ein wesentlicher Umschwung ein, der vor allem durch paläomagnetische Meßergebnisse ausgelöst wurde. Der Paläomagnetismus beruht auf der Feststellung, daß es einen sog. remanenten Magnetismus gibt. D. h., man kann auf Grund der in der Vorzeit

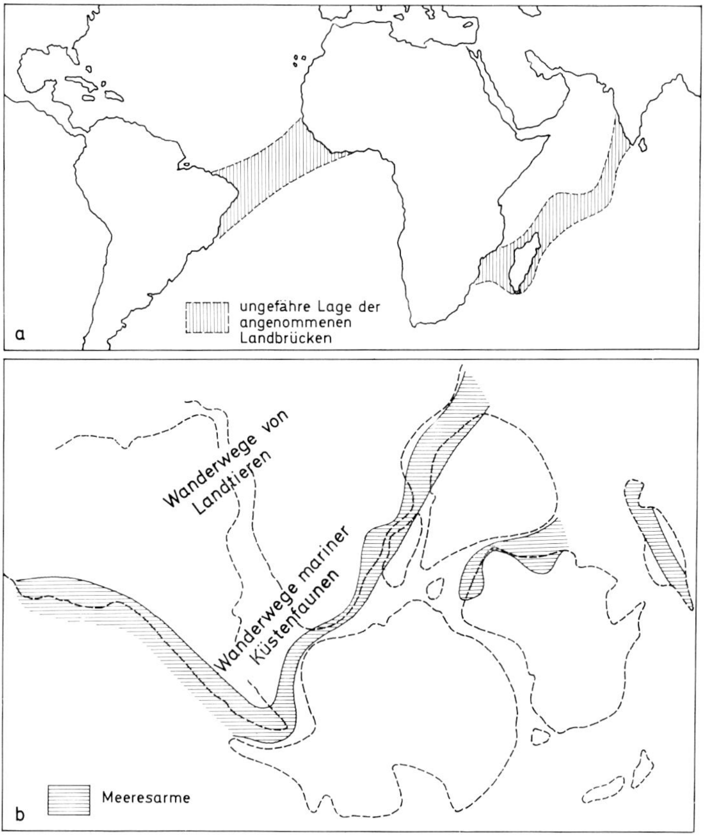

Abb. 81. Landbrücken oder Kontinentaldrift? a — Nach CH. SCHUCHERT, 1932, b — Der Gondwanakontinent im Mesozoikum, nach A. HALLAM, 1967. Kontinentaldrift bzw. „sea floor spreading" gegenwärtig durch Geophysik (Paläomagnetismus), Geologie, Paläontologie und Ozeanographie einwandfrei nachgewiesen. Zeitpunkt des Driftbeginnes und Weg der einzelnen Kontinentalschollen allerdings noch in Diskussion

nach dem damaligen magnetischen Feld eingeregelten Eisenpartikelchen in magmatischen oder auch Sedimentgesteinen (z. B. Magnetite, Hämatit und andere Fe-Mineralien) aus diesem

„fossilen“ Magnetismus Rückschlüsse auf die einstige Pollage machen.

Seither haben geologische, paläontologische und ozeanographische Befunde eine Kontinentaldrift nicht nur grundsätzlich bestätigt, sondern auch exakte Daten über die Art des einstigen Kontaktes und sogar über den Zeitpunkt seiner Lösung erbracht. Auch die Ursachen der Kontinentaldrift können als im Prinzip geklärt gelten, indem Konvektionsströmungen unter der „starren“ Erdkruste im Erdmantel für die Drift verantwortlich gemacht werden bzw. das Aufdringen magmatischer Massen an den mittelozeanischen Schwellen zu einer Erweiterung des Ozeanbodens („sea-floor spreading“-Konzept) geführt hat[43]. Die Entdeckung dieser mittelozeanischen Rücken im Atlantischen, Indischen und auch Pazifischen Ozean und das zu diesen Rücken schrittweise jüngere geologische Alter der Ergußgesteine des Meeresbodens geben zugleich Hinweise auf die Richtung und den Beginn der einstigen Drift.

Hier sei nur ein Beispiel erwähnt, bei dem Fossilien eine entscheidende Rolle zukommt. Die auffällige Übereinstimmung der atlantischen Küstenlinien Afrikas und Südamerikas war für A. WEGENER der entscheidende Anlaß für seine Kontinentaldrifttheorie. Neuere ozeanographische Untersuchungen haben jedoch gezeigt, daß es nicht die gegenwärtigen Küstenränder, sondern die beiden *Kontinentalsockelränder* sind, die sich praktisch nahtlos[44] aneinanderfügen lassen. Weiter haben geologische Untersuchungen die Übereinstimmung der Gesteinsserien und ihrer Strukturen an der Ostküste Südamerikas und der Westküste Afrikas aufgezeigt. Sie und auch die längst bekannten Vereisungsspuren aus dem Jungpaläozoikum in beiden Kontinenten lassen sich nur durch einen einstigen, direkten Kontakt erklären. Südamerika — besser gesagt der Brasilianische Schild — und Afrika waren einst Teil eines einheitlichen Südkontinentes, den bereits der Wiener Geo-

[43] Auf das erst in jüngster Zeit wieder aktuell gewordene Problem der Expansion der Erde und deren Bedeutung für die Kontinentaldrift kann in diesem Rahmen nicht eingegangen werden.

[44] Drei Stellen im Bereich der Niger- und Kongomündung und der Walfischbucht, wo Überschneidungen vorhanden sind, sind erst nach der Trennung der Kontinente entstandene Deltabildungen bzw. auf tektonische Hebungen des Meeresbodens zurückzuführen.

loge E. SUESS 1885 — allerdings unter Annahme von Landbrücken — nach einer Landschaft in Vorderindien als Gondwanakontinent bezeichnet hatte. Diesem Südkontinent gehörten einst auch Madagaskar, Vorderindien, Australien und der antarktische Kontinent an. Nahm A. WEGENER einen einheitlichen Urkontinent (Pangaea) an, so rechnet man gegenwärtig verschiedentlich mit einem einstigen Nord-(Laurasia) und einem Südkontinent (Gondwana), die durch die Tethys getrennt waren.

Hier wollen wir uns nur mit einem Teilproblem befassen. Wie lange dauerte der direkte Kontakt zwischen Südamerika und Afrika bzw. wann kam es zur Bildung des Südatlantik? In jüngster Zeit konnte K. KRÖMMELBEIN aus Ost-Brasilien (Prov. Bahia) und Westafrika (Gabun) an Hand von Mikroproben aus Bohrungen, die zur erdölgeologischen Erschließung niedergebracht worden waren, weitgehend übereinstimmende Mikrofaunen (hpts. Ostracoden) aus Profilen nichtmariner Beckensedimente nachweisen. Diese Faunenfolgen dokumentieren, daß noch zur älteren Kreidezeit (Neokom) ein gemeinsames Binnengewässer existierte, das Teile Ost-Brasiliens und Westafrikas bedeckte. Erst in der jüngsten Unterkreide begann die Trennung beider Kontinentalschollen und damit die Bildung des Südatlantik. Diese, durch Mikrofossilien gewonnene Erkenntnis wird durch die seitherigen ozeanographischen Untersuchungen bestätigt, denen zufolge vom Boden des südlichen Atlantik keine präkretazischen Sedimente nachgewiesen werden konnten. D. h., die Trennung Afrikas und Südamerikas erfolgte erst in der Kreidezeit. Diese Feststellung wird nicht nur durch damalige Verbreitung küstenbewohnender Mollusken, die von Ostafrika bis nach Argentinien nachgewiesen sind, gestützt, sondern auch durch zahlreiche tier- und pflanzengeographische Befunde, die ohne einen bis zur Kreidezeit anhaltenden direkten Kontakt nicht oder nur schwer deutbar sind. Es seien hier nur einige Beispiele genannt.

Disjunkte Verbreitung rezenter Lebewesen

Die Auswertung tiergeographischer Befunde für die Beurteilung einstiger Landkontakte ist nur unter bestimmten Voraussetzungen möglich. Bei landbewohnenden Tieren muß eine passive Verfrachtung durch Luft- oder Meeresströmungen bzw.

flugfähige Organismen z. B. (Kleinkrebse durch Zugvögel) ebenso ausgeschlossen sein, wie der monophyletische Ursprung gesichert sein muß. Nach W. HENNIG lassen nur sog. Schwestergruppen, die auf eine gemeinsame Wurzelgruppe zurückzuführen sind und die gegenwärtig disjunkt auf zwei verschiedenen Kontinenten

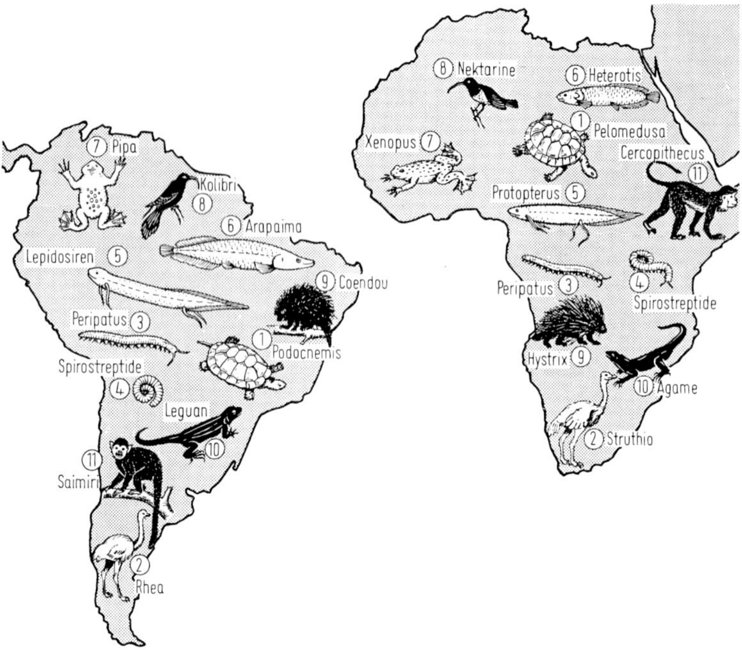

Abb. 82. Tiergeographie und Kontinentaldrift. Geologisch alte (hell) und junge Tiergruppen (dunkel) Südamerikas und Afrikas. Beachte Übereinstimmung bei den geologisch alten Formen durch nah verwandte oder identische Gattungen. Bei den geologisch jungen Elementen Ähnlichkeit durch Konvergenz bzw. Parallelerscheinungen. (Aus E. THENIUS, 1970)

vorkommen, auf einen einstigen Kontakt der Verbreitungsgebiete schließen. Weiter ist auch das geologische Alter der Tiergruppe wichtig, das wiederum durch Fossilfunde beurteilbar ist.

So zeigen oft nur geologisch alte Tiergruppen nahe verwandtschaftliche Beziehungen, während dies für geologisch junge Stämme nicht zutrifft (Abb. 82). Aus Südamerika seien unter den geologisch alten Gruppen verschiedene Süßwasserfische (Lungenfische: *Lepidosiren*, Knochenzüngler: *Osteoglossus*, *Scleropages* und Salmler: Characidae), Amphibien (Pipidae: *Pipa*), Reptilien (Pelomedusiden-Schildkröten: *Podocnemis*) und die Straußvögel *(Rhea)* erwähnt. Ihre nächsten Verwandten (z. B. Lungenfische: *Protopterus*; Knochenzüngler: *Heterotis*, Salmler: Hydrocynidae, Citharinidae etc.; Pipidae: *Xenopus*; Pelomedusidae: *Pelomedusa*; Straußvögel: *Struthio*) leben gegenwärtig in Afrika. Es sind durchwegs Angehörige geologisch alter Stämme, wie Fossilfunde dokumentieren. Dagegen sind unter den erst in der Erdneuzeit entstandenen Tierstämmen große Verschiedenheiten vorhanden oder die Ähnlichkeiten sind nicht verwandtschaftlich bedingt, sondern Parallel- und Konvergenzerscheinungen. So haben sich die südamerikanischen Caviomorphen unter den Nagetieren und die Breitnasenaffen (Platyrrhina) unter den Primaten zumindest seit dem Alt-Oligozän unabhängig von ihren altweltlichen Verwandten (Hystricomorpha und Catarrhina) entwickelt, die trotz ihrer oft erstaunlichen Ähnlichkeiten (z. B. neuweltliche Baumstachler und altweltliche Stachelschweine; südamerikanische Klammeraffen [*Ateles*] und afrikanische Stummelschwanzaffen [*Colobus*]) nicht direkt miteinander verwandt sind. Bei verschiedenen anderen Lebewesen sind typische Konvergenzerscheinungen zu beobachten, von denen die neuweltlichen Kolibris, die Leguane und die Kakteen und ihre altweltlichen Gegenstücke in Form von Nektarvögeln, Agamen und Wolfsmilchgewächsen (Euphorbiaceen) wohl die bekanntesten sind.

Wie bereits oben angedeutet, kann die heutige disjunkte Verbreitung von Tieren und Pflanzen auf ein einst kontinuierliches Verbreitungsgebiet hinweisen. Von den zahlreichen und durch Fossilfunde bestätigten Beispielen sind die Tapire, Elefanten, Nashörner und auch die Kamelartigen (Kamele und Lamas) unter den Säugetieren, die Araukarien und Südbuchen *(Nothofagus)* unter den Blütenpflanzen erwähnt.

Tapire sind gegenwärtig auf Mittel- und Südamerika sowie Südostasien beschränkt. Fossilfunde aus der Tertiärzeit bestätigen die einstige Verbreitung über ganz Eurasien und Nordamerika. Die heutige Beringstraße war damals landfest, und auch das damalige Klima ermöglichte einen Faunenaustausch zwischen Asien und Nordamerika. Weiter zeigen Fossilfunde, daß Südamerika erst

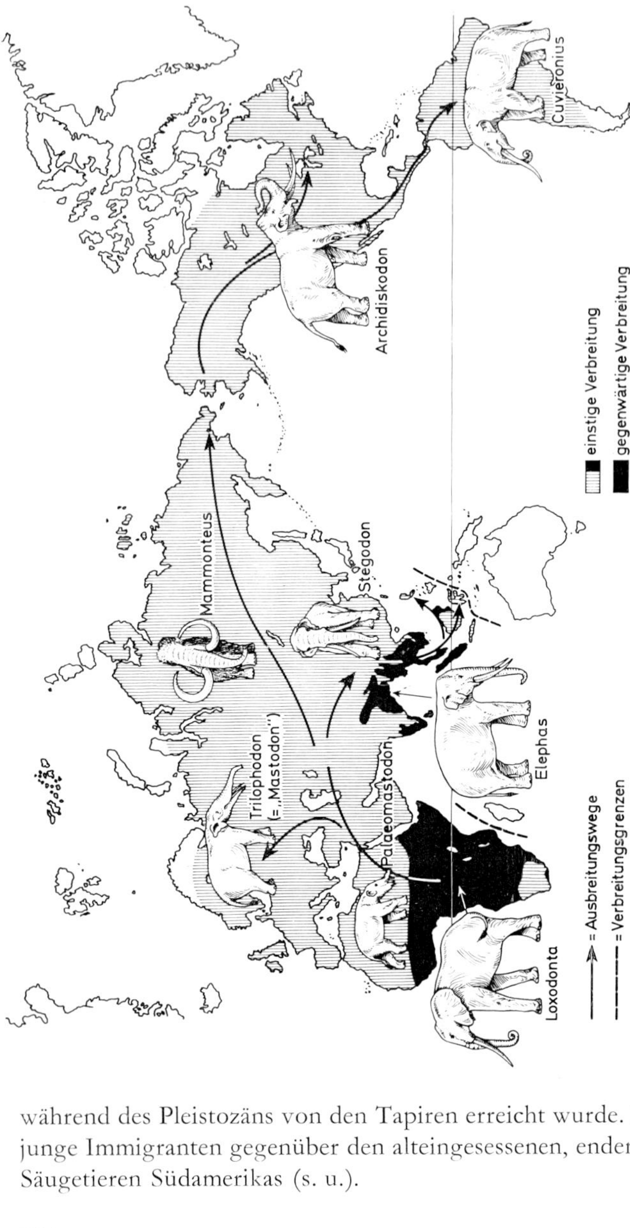

Abb. 83. Einstige und jetzige Verbreitung der Rüsseltiere (Proboscidea). Im Jungtertiär in Afrika, Eurasien und Nordamerika, im Pleistozän auch in Südamerika heimisch. Gegenwärtig disjunkt verbreitet (Afrika: *Loxodonta africana*; Südasien: *Elephas maximus*). Ausbreitung im Miozän bzw. im Quartär über die arabische Halbinsel, Bering- und Panamabrücke

während des Pleistozäns von den Tapiren erreicht wurde. Es sind junge Immigranten gegenüber den alteingesessenen, endemischen Säugetieren Südamerikas (s. u.).

Die heute in Südasien und Afrika heimischen Elefanten waren noch im Pleistozän fast weltweit verbreitet (Abb. 83). Man kennt ihre fossilen Reste in zahlreichen Arten von sämtlichen Kontinenten mit Ausnahme Australiens und der Antarktika. Ähnliches gilt auch für die Nashörner, die zur Tertiärzeit in ganz Afrika, Eurasien und Nordamerika vorkamen und gegenwärtig nur mehr in wenigen Arten auf Reliktstandorte (besonders in Asien) beschränkt sind.

Von den Kamelartigen wissen wir dank zahlreicher Fossilfunde, daß ihre ursprüngliche Heimat der nordamerikanische Kontinent war, von dem aus sie im Plio-Pleistozän sowohl nach Eurasien und Afrika (Kamele) als auch nach Südamerika (Lamas) gelangten.

Araukarien, gegenwärtig als Zierbäume (*Araucaria excelsa*, die Norfolk„tanne“) weit verbreitet, sind in Südamerika, Ost-Australien, Neuseeland, Neuguinea, Neukaledonien und auf den Norfolk-Inseln heimisch, während Südbuchen in Australien, Tasmanien, Neuseeland, Neukaledonien, Patagonien und Südchile vorkommen. Wohl sind zahlreiche fossile Hölzer aus mesozoischen Ablagerungen nach ihrem anatomischen Bau als *Araucarioxylon* auch von der nördlichen Hemisphäre beschrieben worden, ohne daß jedoch die Zugehörigkeit zur Gattung *Araucaria* erwiesen ist. Fossile Reste von *Nothofagus* sind aus Australien, Neuseeland, Südamerika und auch aus der Antarktis bekannt. Südbuchen werden daher auch — zusammen mit verschiedenen Süßwasser- und Landinsekten — als Stütze für einen einstigen Kontakt zwischen Südamerika, Antarktis und Australien angesehen. Wenn gegenwärtig zwar noch kein definitives Urteil über den jeweiligen Zeitpunkt der Trennung dieser einzelnen Kontinentalschollen möglich ist, so besteht kein Zweifel, daß der australische Block (Australien und Neuguinea) erst zur Tertiärzeit seine heutige Position erreicht hat.

Die erwähnten Beispiele disjunkter Verbreitung im Tierreich setzen für das Zustandekommen des heutigen Verbreitungsbildes die Existenz von Landbrücken zwischen einzelnen Kontinenten voraus. Die Panamabrücke zwischen Nord- und Südamerika, die Beringbrücke zwischen Asien und Nordamerika und die arabische Halbinsel als Verbindungsgebiet zwischen Asien und Afrika.

Eiszeiten und eustatische Meeresspiegelschwankungen

Von den genannten Landbrücken existieren gegenwärtig nur die Panamaenge und die arabische Halbinsel. Beide Landbrücken sind jedoch heute typische „Filterbrücken“ im Sinne von G. G. SIMPSON. Diese Bezeichnung kennzeichnet die Tatsache, daß derartige Landbrücken keinen allgemeinen, sondern nur einen beschränkten Faunenaustausch zulassen. So ist etwa die Panamaenge gegenwärtig nicht für Steppenelemente, die arabische Halbinsel dagegen nur für (Halb-)Wüstentiere passierbar. In der Vorzeit müssen andere Klimabedingungen geherrscht haben, wodurch auch Bewohner der offenen Landschaft von Nord- nach Südamerika und Waldformen von Südasien nach Afrika und umgekehrt gelangen konnten.

Während des Pleistozäns kam es zu einem mehrfachen Wechsel von Warm- und Kaltzeiten, die sich in den (Sub-)Tropen als Trocken- und Pluvialzeiten (Zeiten mit vermehrtem Niederschlag) auswirkten. Ein derartiger Klimawechsel macht jedoch nicht nur die zeitweise verschiedene Wirksamkeit von „Filterbrücken“ verständlich, sondern erklärt außerdem das Entstehen einstiger Landbrücken, wie etwa die Beringbrücke.

Während der Kaltzeiten kam es durch Bindung riesiger Wassermassen in den Polargebieten in Form von mächtigen Eiskappen zu einer Meeresspiegelabsenkung, die gegenüber den Warmzeiten zu Differenzen von nahezu 200 m führten. Derartige Absenkungen genügen, um große Teile der vom Schelfmeer bedeckten Kontinentalsockel trockenzulegen (z. B. Nordsee, Sundasee, Torresstraße) und führten dadurch zugleich zu Landbrücken und zur Verbindung von Kontinenten (Beringbrücke) oder Inseln mit dem Festland (z. B. England, Neuguinea, Tasmanien, Japanische Inseln, Ceylon, Sundainseln; Abb. 84). Damit wird die Besiedlung mancher heutiger Inseln durch Landtiere verständlich, für die Meeresstraßen eine unüberwindbare Barriere darstellen. Daß jedoch auch manche Großtiere Meerengen überwinden konnten, zeigen die Elefanten und Flußpferde, von denen Zwergformen aus dem Pleistozän verschiedener Mittelmeerinseln (Malta, Kreta, Zypern[45]) und von Madagaskar bekannt sind.

[45] Die genannten Mittelmeerinseln waren auch während der pleistozänen Kaltzeiten nicht landfest mit dem Festland verbunden. Sie waren durch die Meeresspiegelabsenkung jedoch meist nur durch Untiefen oder schmale Meeresstraßen von diesem getrennt.

Ein Problem der Paläogeographie für sich bilden die Eiszeiten. Eiszeiten sind mehrfach an Hand anorganischer Klimazeugen (z. B. Moränen, Gletscherschliffe, Kryoturbationserscheinungen, gekritzte Geschiebe, Eiskeile) bzw. durch Pflanzen und Tiere

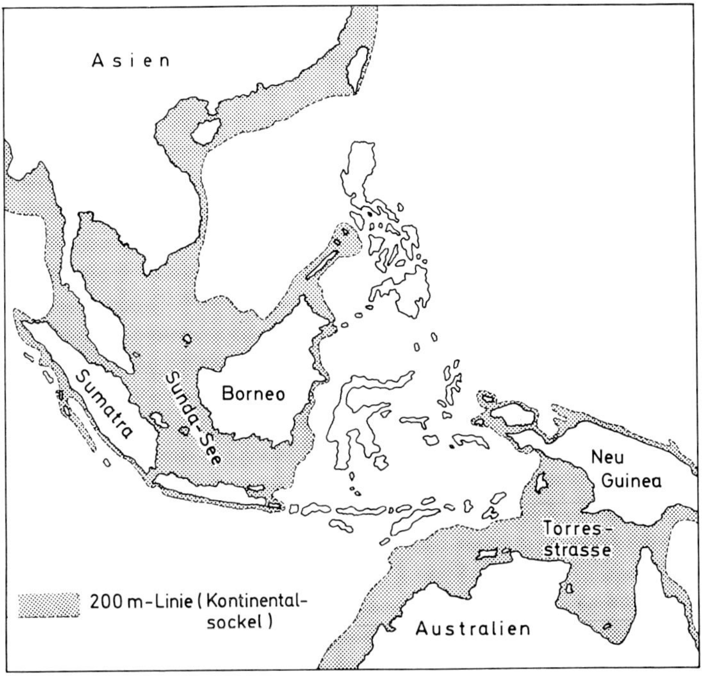

Abb. 84. Verlauf des Kontinentalsockels in Südostasien und Australien (dargestellt durch die 200 m Tiefenlinie). Sundasee und Torres-Straße zur Eiszeit zeitweise landfest

(z. B. im Pleistozän: arktische Pflanzen; Moschusochsen, Rentiere, Schneehühner, Eisfuchs) nachgewiesen. Am besten bekannt ist die schon erwähnte pleistozäne Eiszeit, die durch einen mehrfachen Wechsel von Kalt- und Warmzeiten gekennzeichnet ist und die permokarbonische Eiszeit, deren Spuren auf dem damaligen Südkontinent wiederholt nachgewiesen werden konnten. Demgegenüber sind weder aus dem Mesozoikum noch aus dem

Tertiär[46] richtige Eiszeiten bekannt geworden. Dieses Phänomen ist durch verschiedene Hypothesen zu erklären versucht worden, indem nicht nur irdische (z. B. Reliefhypothesen, Meeresströmungen), sondern auch außerirdische Faktoren (z. B. wechselnde Sonnenstrahlung durch Dunkelwolken usw.) herangezogen wurden. Eine Lösung dieses Problems ist durch die Paläontologie allerdings nicht möglich. Immerhin sprechen manche Gründe dafür, daß Eiszeiten von Festlandsmassen im Polbereich (Koinzidenz-Theorie) und entsprechenden Feuchtigkeitslieferanten in Form von Ozeanen abhängig sind, so daß also auch hier wahrscheinlich die Kontinentaldrift eine Erklärung dieses Problems bietet. Zweifellos sind jedoch auch Meeresströmungen und damit die gegenseitige Lage der Kontinente zusätzlich für Klimaschwankungen von Bedeutung. Im Hinblick auf den Golfstrom ist damit wiederum die enge Verknüpfung mit paläogeographischen Gegebenheiten, nämlich die Existenz der Panamabrücke bzw. des Nord-Atlantik überhaupt, aufgezeigt.

Nach neueren Erkenntnissen ist auch der Nordatlantik kein Urozean, sondern hat sich erst im frühen Mesozoikum in seiner heutigen Form zu bilden begonnen, indem Nordamerika und Europa auseinanderdrifteten.

Diese Feststellung wird durch die große Übereinstimmung der nichtmarinen Wirbeltierfaunen des nordamerikanischen und des europäischen Kontinentes bestätigt. Sie wäre ohne direkte Landverbindung vom Devon bis in die Permzeit nicht erklärbar.

Fossile Landwirbeltierfaunen und ihre paläogeographische Bedeutung

Die gegenwärtige Säugetierfauna Südamerikas ist tiergeographisch durch die hohe Zahl von Edemismen gekennzeichnet. Südamerika wird daher — einschließlich Teilen Mittelamerikas, dessen Großtierfauna seit dem Pleistozän von Südamerika her

---

[46] Spuren von Vergletscherungen sind aus dem jüngsten Tertiär der westlichen Antarktika beschrieben worden. Weiters dürfte die Ausbreitung von boreal-arktischen Foraminiferen im Atlantik im Jung-Miozän bzw. im Pliozän mit regional verbreiteten Klimaverschlechterungen in Zusammenhang stehen. Lokale Vergletscherungsspuren bedeuten noch keine Eiszeiten, sofern sie auf Gebirge beschränkt sind.

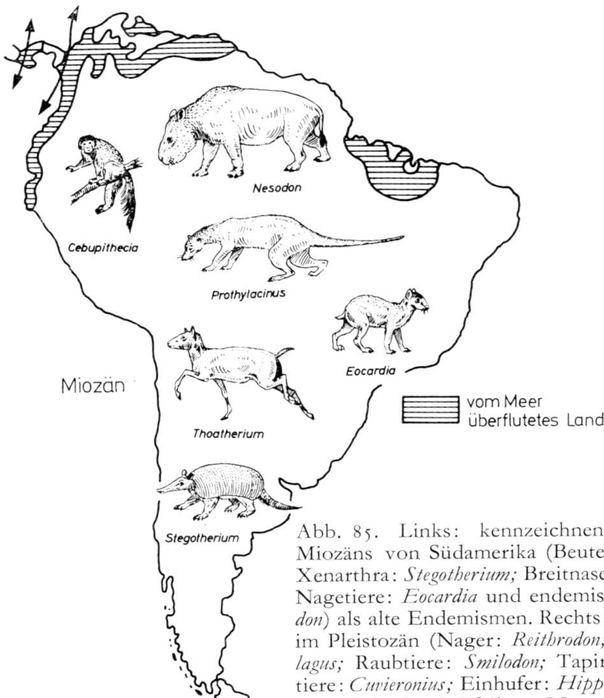

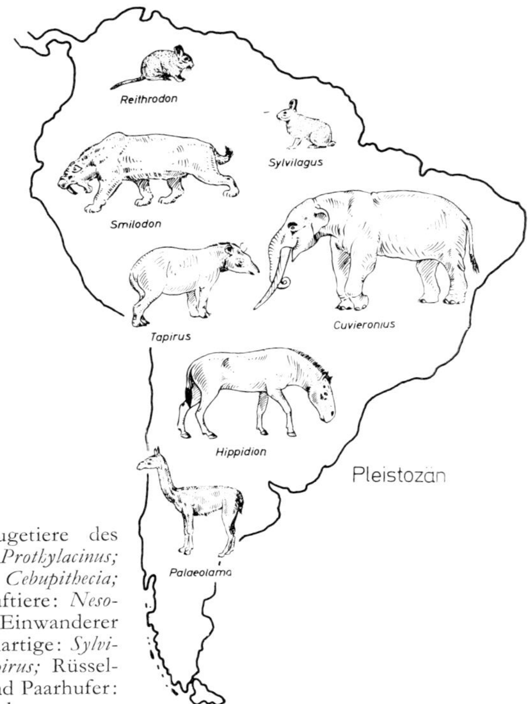

Abb. 85. Links: kennzeichnende Säugetiere des Miozäns von Südamerika (Beuteltiere: *Prothylacinus;* Xenarthra: *Stegotherium;* Breitnasenaffen: *Cebupithecia;* Nagetiere: *Eocardia* und endemische Huftiere: *Nesodon*) als alte Endemismen. Rechts: junge Einwanderer im Pleistozän (Nager: *Reithrodon;* Hasenartige: *Sylvilagus;* Raubtiere: *Smilodon;* Tapire: *Tapirus;* Rüsseltiere: *Cuvieronius;* Einhufer: *Hippidion* und Paarhufer: *Palaeolama*). Pfeile = Meeresverbindungen

einwanderte — als eigene zoogeographische Region (Neotropis) gewertet. Diese faunistische Sonderstellung wird aus der Faunengeschichte verständlich, die wiederum das paläogeographische Geschehen widerspiegelt. Die Faunengeschichte ist durch Fossilfunde gut dokumentiert (Abb. 85). Sie läßt erkennen, daß von der heutigen Fauna nur die Beuteltiere, die Breitnasenaffen (Platyrrhina), die sog. Xenarthren (Gürteltiere, Faultiere und Ameisenfresser) und die caviomorphen Nagetiere (z. B. Meerschweinchen, Maras, Chinchillas, Agutis, Trugratten und Baumstachler) zu den seit dem Alttertiär heimischen Stämmen gehören, während die für Südamerika so kennzeichnenden Paarhufer wie etwa Lamas, Pekaris und Pudu-Hirsche, Unpaarzeher (Tapire), Raubtiere (Jaguar, Wildkatzen, „Füchse", Wasch-, Nasen- und Wickelbären sowie die Marderartigen), Hasenartige (Waldkaninchen) und vermutlich auch die hamsterartigen Nager (Neuweltmäuse) spätere, und zwar hauptsächlich eiszeitliche Einwanderer sind.

Das Fehlen der für das nordamerikanische Tertiär so kennzeichnenden Tiergruppen in Südamerika, ihre durch Fossilfunde bis nach Panama dokumentierte Verbreitung und die Übereinstimmung mariner Tertiärfaunen des östlichen Pazifiks und der Karibischen See belegen zur Genüge, daß der südamerikanische Kontinent praktisch fast die ganze Tertiärzeit hindurch von Mittelamerika durch Meeresstraßen getrennt war. Erst im jüngsten Tertiär entstand die Panamabrücke und ermöglichte den Austausch der Landfaunen, der auch gegenwärtig noch anhält.

Während in Südamerika im Pleistozän die bereits genannten Säugetierstämme neben Einhufern, Mastodonten und Säbelzahnkatzen einwanderten, erscheinen in Mittel- und Nordamerika nunmehr Gürteltiere, Beuteltiere, Breitnasenaffen und caviomorphe Nager als Immigranten aus dem Süden.

Damit ist zur Genüge dokumentiert, daß die Panamabrücke erst seit der jüngsten Tertiärzeit besteht und damit vermutlich auch der Golfstrom erst seit dieser Zeit den heute bekannten Verlauf nimmt. Den Antillen scheint jedenfalls im Tertiär nur zeitweise in Form einer Inselkette eine Rolle als Landbrücke für die Einwanderung von Landtieren und -pflanzen aus Nordwest-Südamerika zuzukommen. Dies lassen auch fossile Floren aus Puerto Rico annehmen.

Auch die gegenwärtige Verbreitung der Mönchsrobben (Mittelmeer — Karibische See — Hawaii-Inseln) und die einstige der Seekühe wären ohne Panamastraße zur Tertiärzeit ebensowenig erklärbar wie die Übereinstimmung der tertiärzeitlichen Meeresfauna (z. B. Muscheln und Schnecken, Stachelhäuter, Krebse, Küstenfische) des östlichen Pazifik und der Karibischen See. Damit sind wir aber schon beim nächsten Abschnitt angelangt.

Fossile Meerestiere als paläogeographische Zeugen

Die oben erwähnte Übereinstimmung ostpazifischer und karibischer Meeresfaunen ist nur ein Beispiel für die Bedeutung fossiler Marinfaunen für paläogeographische Fragen. Noch heute zeugen eine Reihe von Meeresformen mit amphiamerikanischer Verbreitung von der einstigen Meeresverbindung über Mittelamerika. Diese Arten kommen an der Pazifik- und Atlantikküste Nordamerikas vor. Ein weiteres Beispiel bildet die Beringstraße. Auch hier dokumentiert ein wiederholter Austausch von Landsäugetierfaunen die Existenz einer Landbrücke fast die ganze Tertiärzeit hindurch. Erst im Pliozän und im Quartär finden sich pazifische Meeresformen auch an der Nordküste Alaskas, die nur durch eine offene Beringstraße in diesen Teil des nördlichen Polarmeeres gelangt sein können.

Fossile Meeresfaunen lassen jedoch auch Rückschlüsse über einstige Faunenprovinzen zu. So konnten an Hand von planktonischen Einzellern (Foraminiferen) im Tertiär richtige Klimazonen unterschieden werden, nachdem bereits die Verteilung von Riff-Korallen und das Vorkommen von Nummuliten Rückschlüsse auf den damaligen Tropenbereich ermöglicht hatten. Im Mesozoikum sind es besonders die uns bereits als Leitfossilien bekannten Ammoniten, die verschiedene Klimabereiche erkennen lassen. Hatte bereits M. NEUMAYR im Jahre 1883 eine boreale und eine mediterrane Provinz zur Jurazeit an Hand von Ammoniten unterschieden, so haben neuere Untersuchungen an Ammoniten und Belemniten durch W. J. ARKELL, G. R. STEVENS und B. ZIEGLER zu einer noch viel weitergehenden Gliederung der damaligen marinen Faunenprovinzen geführt (Abb. 86), jedoch auch gezeigt, daß ökologisch bedingte Fehlerquellen auszuschalten sind. So leben die einzelnen Ammoniten in verschiedenen

Tiefenbereichen, die klimatisch bedingte Unterschiede vortäuschen können.

Derartige Fehlerquellen scheiden praktisch für pseudo-planktonische, d. h. an Tangen driftende Lebewesen aus, wie sie vor allem unter bestimmten Muscheln (z. B. Inoceramen, Halobien)

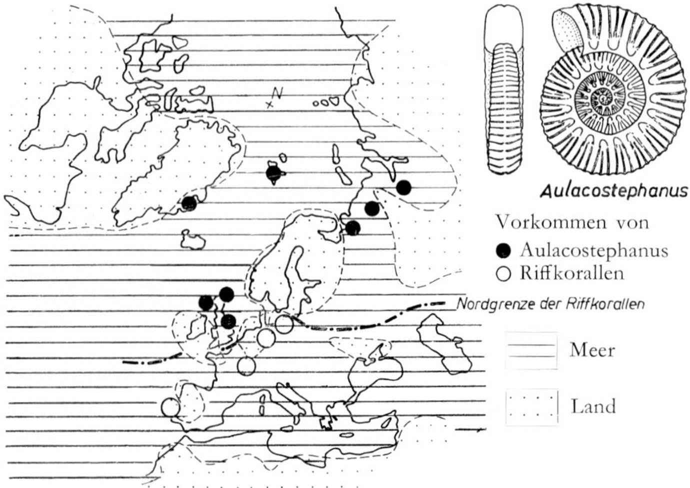

Abb. 86. Ammoniten und Paläogeographie. Verbreitung von *Aulacostephanus (Xenostephanus)* als boreale Gruppe und der Riffkorallen als tropische Elemente im Ober-Jura (Kimmeridge) Europas. Schwarze Punkte = Ammonitenfundstellen, Kreise = Vorkommen von Riffkorallen, deren Artenzahl vom Süden (über 110) nach Norden (7) abnimmt. Strichsignatur = Meer, Punktsignatur = Land. (Nach B. ZIEGLER, 1967, verändert)

bekannt sind, die sich mit Hilfe ihrer Byssusfäden an den in Oberflächennähe flottierenden Pflanzen anheften.

Für das jüngere Paläozoikum kommt den fossil oft gesteinsbildend auftretenden Fusulinen (Einzeller: Foraminiferen) eine ähnliche Rolle für die Unterscheidung von marinen Provinzen zu.

Diese wenigen Beispiele mögen genügen, um die Möglichkeiten, aber auch die Grenzen der Auswertbarkeit von Fossilien in paläogeographischer Hinsicht aufzuzeigen.

X. „Lebende Fossilien"

Was sind „lebende Fossilien"?

Das letzte Kapitel sei den „lebenden Fossilien" gewidmet. Ch. Darwin war der erste, der den Ausdruck „living fossil" verwendete, und zwar für den ostasiatischen Ginkgobaum. Unter „lebenden Fossilien" sind nicht zum Leben erweckte Fossilien[47] zu verstehen, sondern Angehörige der heutigen Fauna und Flora, die als stammesgeschichtliche Dauertypen anzusprechen sind und die sich gegenüber verwandten Formen aus der Vorzeit nicht oder nur wenig verändert haben. Das absolute geologische Alter allein ist allerdings für die Bezeichnung „lebendes Fossil" nicht ausschlaggebend, schwankt doch das Alter der Gattungen solcher Dauertypen zwischen wenigen bis mehreren hundert Millionen Jahren. Entscheidend ist die geringe stammesgeschichtliche Entwicklung, die diese Formen seit ihrem Entstehen erfahren haben, wodurch sie gegenüber verwandten Formen, die rascher evoluierten, vielfach einen altertümlichen Bauplan bewahrt haben. Allerdings können — und das wird durch das auf S. 104 Gesagte verständlich — neben solchen stammesgeschichtlich primitiven Merkmalen auch seither zusätzlich erworbene, teils hochspezialisierte Eigenschaften auftreten, welche den ursprünglichen Charakter zu überdekken vermögen. Meist stehen die „lebenden Fossilien" im System der rezenten Formen isoliert, da ihre Verwandten längst ausgestorben sind. Oft ist auch eine räumlich beschränkte Verbreitung damit verbunden. Auch hier wollen wir uns wiederum an etliche Beispiele halten, die das soeben Gesagte praktisch erläutern helfen sollen.

Rezente Quastenflosser: Latimeria chalumnae

Wohl das bekannteste „lebende Fossil" unter den Tieren ist der Quastenflosser *Latimeria chalumnae*, der erst seit 1938 bekannte, einzige lebende Angehörige einer geologisch sehr alten Fischgruppe. Die Entdeckung dieser Form vor der Küste Südafrikas war aus mehreren Gründen eine wissenschaftliche Sensation. Den Fossilfunden und dem bis 1938 fehlenden Nachweis eines rezenten

---

[47] Bereits vor mehreren Jahren wurden aus paläozoischen Steinsalzen lebende Bakterien beschrieben, die sich nach H. Dombrowski seit dem Paläozoikum im Salz eingeschlossen bis zur Gegenwart erhalten haben.

Quastenflossers nach zu schließen, galten die Quastenflosser für ausgestorben. Die geologisch jüngsten Fossilfunde stammen aus der Kreidezeit, weshalb der allgemeinen Lehrmeinung zufolge die Quastenflosser am Ende des Erdmittelalters ausgestorben sein mußten, also vor mehr als 60 Millionen Jahren. Der Nachweis eines rezenten Quastenflossers war aber für die Wissenschaft auch aus einem anderen Grund außerordentlich wichtig. Besitzen doch diese Fische Merkmale, die sie als Ahnenformen sämtlicher Landwirbeltiere, also der Lurche und Kriechtiere, und damit auch der Vögel und Säugetiere erkennen lassen. In dieser Hinsicht wurden die Zoologen allerdings etwas enttäuscht, denn die *Latimeria chalumnae* gehört dem stammesgeschichtlich unbedeutsamen Stamm der Coelacanthiden (Hohlstachler) an und nicht den phylogenetisch wichtigen, bereits mit dem Erdaltertum verschwundenen Rhipidisten innerhalb der Quastenflosser. Was außerdem die Wissenschaftler so überraschte, war die Übereinstimmung mit den aus dem Erdmittelalter fossil vorliegenden Quastenflossern, die nicht nur den allgemeinen Habitus, sondern auch Stellung und Ausbildung der Flossen betrifft (Abb. 87). Dieses in stammesgeschichtlicher Hinsicht konservative Verhalten ist das wichtigste Kennzeichen „lebender Fossilien" und gibt Aufschluß über die fossil nicht erhaltungsfähigen Weichteile ihrer vorzeitlichen Verwandten.

Man wird sich fragen, wieso dieser lebende Quastenflosser, der seit 1938 in mehr als einem Dutzend Exemplaren gefangen wurde, so lange der Wissenschaft verborgen bleiben konnte. Nun, er war — wie sich in den letzten Jahren herausstellte — den Eingeborenen der Komoren nördlich Madagaskars, in deren Bereich der eigentliche Lebensraum dieser Fische liegt, längst bekannt. Sie werden von ihnen verzehrt, sind jedoch mit großen Lippfischen verwechselt worden. Außerdem verwenden die Eingeborenen die oberflächlich rauhen Schuppen dieser Fische als Art „Sandpapier" zum Aufrauhen von Klebeflächen an defekten Fahrradschläuchen. Dadurch, daß der Lebensraum dieser Quastenflosser in einer Tiefe zwischen 150 und 800 m liegt und sie vornehmlich Bodenbewohner sind (auf den im untermeerischen Steilhang der Inseln vorhandenen Höhlungen und Absätzen), blieben sie den Wissenschaftlern so lange Zeit verborgen. Das erste gefangene Exemplar war durch die Strömung weit nach Süden versprengt.

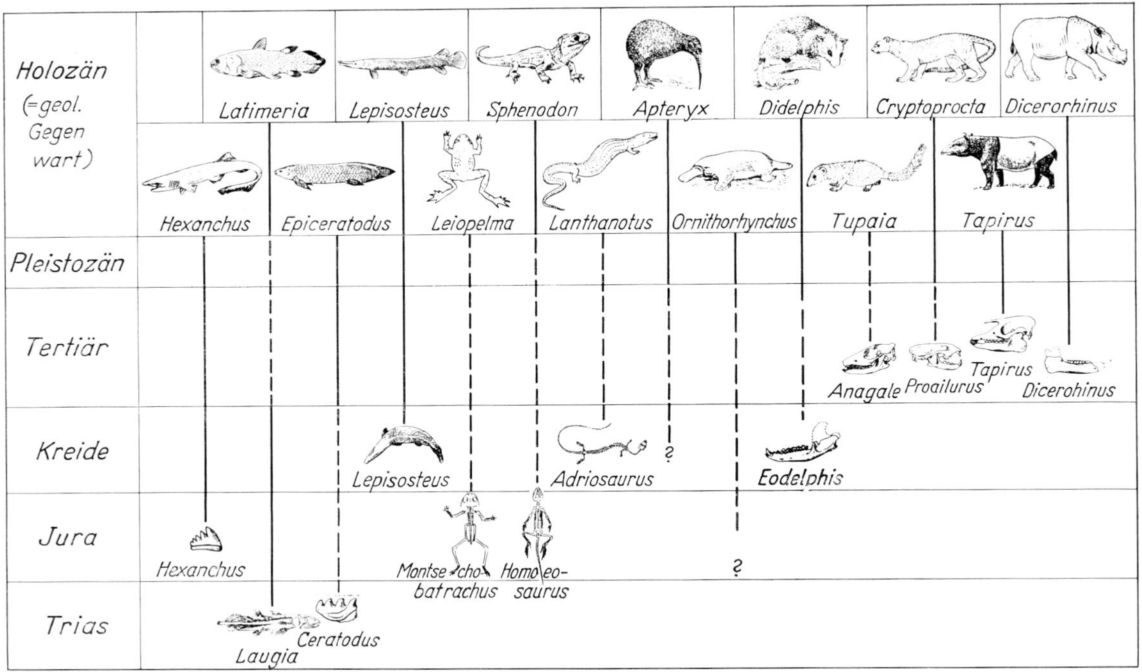

Abb. 87. Die wichtigsten „lebenden Fossilien“ unter den Wirbeltieren und die Fossilbelege aus der Vorzeit. Strichliert bedeutet, fossil nicht nachgewiesen

Das Abwandern der Quastenflosser in einen derartigen Lebensraum, spätestens seit dem Ende des Erdmittelalters, erklärt auch die Tatsache, daß bisher keine Fossilfunde aus der Tertiärzeit vorliegen, deren Ablagerungen weltweit verbreitet und wahrlich nicht arm an Fossilien sind.

Gegenüber den mesozoischen Quastenflossern ist die Knochensubstanz bei *Latimeria chalumnae* weitgehend zurückgebildet und das Skelett teilweise knorpelig. Ein ähnlicher Prozeß ist auch von den Lungenfischen bekannt, indem während der Stammesgeschichte ein zunehmender Ersatz des Knochens durch Knorpel feststellbar ist. Der Darmkanal von *Latimeria chalumnae* ist als Spiraldarm ausgebildet, wie er für Neunaugen (Cyclostomen), Knorpelfische und archaische Typen unter den Knochenfischen (z. B. *Polypterus*, Dipnoer) kennzeichnend ist. Demgegenüber ist die bei den paläozoischen Quastenflossern außer den Kiemen vorhandene Lunge zu einer Art Fettsack umgebildet, wie dies auch von anderen Tiefseefischen bekannt ist. Die Atmung von *Latimeria chalumnae* erfolgt ausschließlich durch Kiemen. Auch ein Nasen-Rachengang und damit sog. Choanen (Öffnung des Nasen-Rachenganges in der Mundhöhle) fehlen. Dieser kam nur den schon erwähnten paläozoischen rhipidisten Quastenflossern zu, die übrigens Süßwasserbewohner waren. Die Coelacanthiden, zu denen *Latimeria chalumnae* gehört, waren bereits im ausgehenden Erdaltertum Meeresbewohner. Aus den genannten Gründen kann daher der anatomische Bau von *Latimeria chalumnae* nicht als Modell für die Rekonstruktion jener paläozoischen Quastenflosser dienen, welche die Ahnen der Landwirbeltiere waren.

Lungenfisch, Knochenhechte und Schlammfische

Als weitere „lebende Fossilien“ unter den Fischen seien der australische Lungenfisch und die nord- und mittelamerikanischen Knochenhechte genannt, sämtlich Süßwasserbewohner, von denen nur einzelne Knochenhechte gelegentlich ins Salzwasser gehen.

Der australische Lungenfisch (*Epiceratodus forsteri*, Abb. 75) ist der altertümlichste lebende Lungenfisch (Dipnoer), der von den Lungenfischen der Triaszeit (Gattung *Ceratodus*) im Habitus kaum zu unterscheiden ist. Auch er besitzt Quastenflossen und außer den

Kiemen eine Lunge, weshalb einst die Lungenfische als Ahnen der Landwirbeltiere angesehen wurden. Merkmale im Bau des Schädels und des Gebisses schließen dies jedoch aus. Der australische Lungenfisch, der vor seiner Verpflanzung in Seen und Wasserreservoire Queenslands nur im Burnett- und Mary-Fluß Nordostaustraliens vorkam, gräbt sich nicht in Schlammkapseln ein wie seine afrikanischen Vettern, von denen auf S. 80 die Rede war.

Lungenfische waren im Erdaltertum auch in Europa und Nordamerika verbreitet, so daß das Vorkommen von *Epiceratodus forsteri* ein typisches Reliktvorkommen darstellt, wie es für manche „lebende Fossilien" kennzeichnend ist. Ähnliches gilt für die Knochen- und Alligatorhechte (Gattung *Lepisosteus*, Abb. 87) von Nord- und Mittelamerika, deren Verwandte zur Tertiärzeit auf der ganzen nördlichen Hemisphäre verbreitet waren. Die Gattung *Lepisosteus* ist seit der Kreidezeit nachgewiesen. Die Knochenhechte, die einen starken, aus rhombischen, einander nur teilweise überlappenden Ganoidschuppen bestehenden Panzer besitzen, sind Angehörige der Ganoidfische, auch, allerdings fälschlich, „Schmelz"schupper[48] bezeichnet, die im Erdmittelalter eine ähnliche Rolle spielten wie gegenwärtig die „modernen" Knochenfische (Teleostei). Die Knochenhechte gehören zu den letzten Vertretern dieser einst so bedeutenden Gruppe, von denen gegenwärtig außerdem nur noch die Schlammfische *(Amia calva)* und die Störe existieren. Die starke Beschuppung der Knochenhechte ist nur eines der altertümlichen Merkmale, welche diese Fische von den „modernen" Knochenfischen unterscheiden.

Neopilina galatheae, das „Urmollusk"

Eine eher noch größere Sensation in Zoologenkreisen war jedoch die erst im Jahre 1952 erfolgte Entdeckung des sog. „Urmollusks" *Neopilina galatheae* im Stillen Ozean vor der Küste von Costa Rica in einer Tiefe von 3570 m. Für den Nichtfachmann bieten diese seither aus ähnlichen Tiefen auch an anderen Stellen in den Ozeanen gemachten Funde nichts Besonderes (Abb. 88). Es sind Weichtiere, also Mollusken, mit einer napfförmigen Schale,

[48] Die Schuppen dieser Fische sind nämlich sehr kräftig und außen mit einer schmelzähnlichen Substanz (Ganoin) überzogen, die den Fischen diesen Namen eingetragen hat.

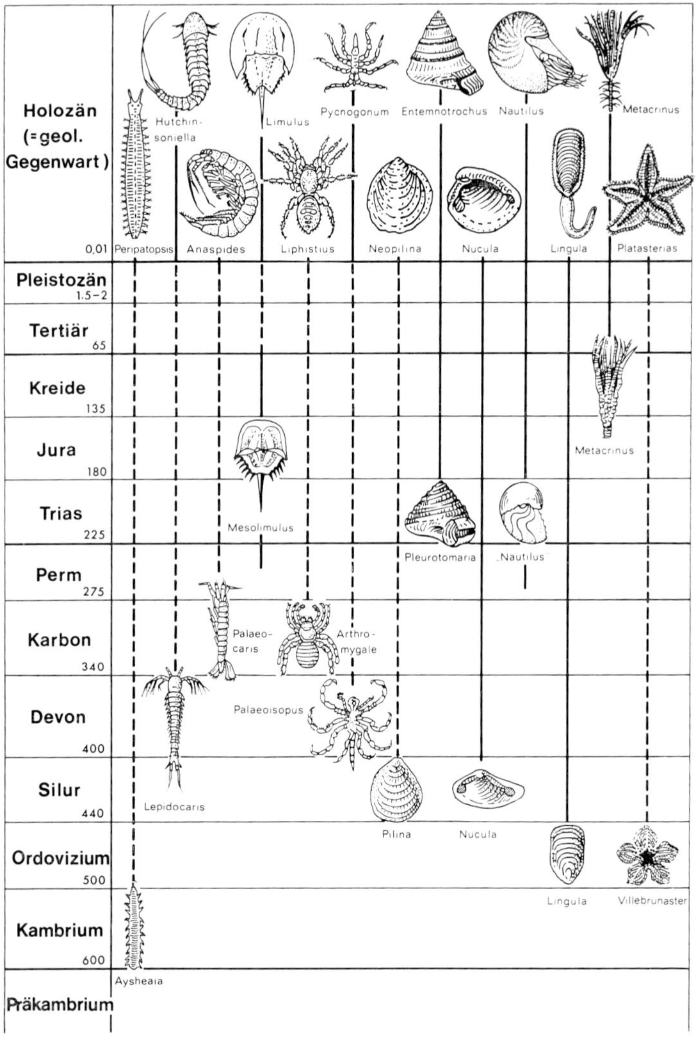

Abb. 88. Kennzeichnende „lebende Fossilien" unter den Wirbellosen und ihre fossilen Verwandten. Strichliert bedeutet, fossil nicht nachgewiesen

ähnlich den wohlbekannten Napfschnecken, wie man sie an den Meeresküsten beobachten kann. Wie schon auf S. 119 ausgeführt, unterscheiden sich die Schalen der *Neopilina galatheae* und ihrer fossilen Verwandten aus dem Erdaltertum von den echten Napfschnecken durch die gegliederten Haftmuskeleindrücke. Diese entsprechen einer Gliederung der Weichteile, die zur Abgliederung von *Neopilina galatheae* und ihrer fossilen Verwandten als eigene Gruppe (Monoplacophora) innerhalb der Weichtiere geführt hat. Die Bedeutung der Entdeckung liegt nicht nur in dem Nachweis einer stammesgeschichtlich wichtigen Formengruppe, die man für längst erloschen hielt bzw. deren Existenz bestenfalls vermutet wurde. Die fossilen Monoplacophoren sind bisher nur aus dem Altpaläozoikum nachgewiesen, aus einer Zeit, die mehr als 350 Millionen Jahre zurückliegt. Sie sind eine sehr altertümliche Tiergruppe, die — wie die bisherigen Funde vermuten lassen — gegenwärtig ausschließlich auf die Tiefsee beschränkt ist und die besser als Ur-Conchiferen, d. h. Ur-Schalentiere denn als Ur-Mollusken (Ur-Weichtiere) bezeichnet werden sollten. Unter Conchifera faßt man die mit einer einheitlichen oder zweiteiligen Schale versehenen Weichtiere (Schnecken, Muscheln, Grabfüßer und Kopffüßer) zusammen.

Lingula und Crania

Haben wir bereits mit dem „Urmollusk“ *Neopilina* und dem Lungenfisch *Epiceratodus* zwei „lebende Fossilien“ kennengelernt, deren Stamm sich wohl bis in das Erdaltertum zurückverfolgen läßt, deren lebende Vertreter jedoch nicht fossil bzw. nur bis in das ausgehende Erdmittelalter nachgewiesen sind, so seien im folgenden einige „lebende Fossilien“ besprochen, die Gattungen angehören, welche bereits aus paläozoischen Ablagerungen bekannt sind. Als bekannteste und auch langlebigste Gattung ist die *Lingula* zu erwähnen, die zu den Armfüßern oder Brachiopoden gehört, einer Tiergruppe, die schon aus dem Präkambrium nachgewiesen ist und deren Angehörige äußerlich durch die Ausbildung von zwei Schalenhälften etwas an Muscheln erinnern (Abb. 88). *Lingula*, die Zungen„muschel“ und *Crania*, ebenfalls eine Brachiopodengattung, sind vom Ordovizium bis zur Gegenwart nachgewiesen und haben damit (als Gattungen) eine Lebensdauer von ungefähr 430 Millionen Jahren erreicht. Es sind altertümliche Brachiopoden, denen ein Schloß fehlt und bei denen der sog. Stiel zwischen den beiden Klappen austritt. Die Zungen„muscheln", die im Indischen und Pazifischen Ozean verbreitet sind, leben in mit Schleim ausgekleideten senkrechten Röhren im Meeresboden jenseits der Niedrigwasserlinie. Die stiellosen *Crania*-Arten hingegen sind mit der einen Klappe an Steinen festgewachsen und kommen an den Felsküsten der nördlichen Meere Europas und Westindiens vor.

Krebse und Stachelhäuter (Echinodermata) als „lebende Fossilien"

Als langlebigste rezente Art gilt jedoch das Süßwasserkrebschen *Triops cancriformis*, ein sog. Kiemenfuß, der bereits aus Ablagerungen der jüngeren Triaszeit nachgewiesen ist, und sich seither, also seit 180 Millionen Jahren, artlich nicht verändert haben soll. Es sind Blattfußkrebse (Phyllopoda = „Branchiopoda"). Die Kiemenfüße haben den Zoologen durch ihr plötzliches Auftreten und Verschwinden und die erst nach Jahrzehnten entdeckten Männchen[49] viel Kopfzerbrechen bereitet.Sie leben in Mitteleuropa in vergehenden Süßwassertümpeln, in denen sie meist erst im April erscheinen, und sterben beim Austrocknen der Tümpel wieder ab, den Fortbestand der Art durch die im erhärteten Schlamm sich erhaltenden Eier sichernd. Aus diesen schlüpfen dann nach heftigen Regenfällen die Krebschen in größerer Zahl, so daß sie nach der Volksmeinung vom Himmel gefallen wären. Der Körper von *Triops cancriformis* ist von einer schildförmigen, bis 3 cm langen Schale bedeckt, an der Bauchseite sitzen nicht weniger als 60 Paar Schwimmfüße. Das Schwimmen erfolgt in Rückenlage. Die Gattung *Triops* selbst wird bereits aus dem Perm, also dem jüngeren Erdaltertum angegeben. Nach ihrer Organisation und der weiten Verbreitung wären allerdings die rezenten Kiemenfüße nicht als „lebende Fossilien" zu bezeichnen. Als solche können die zum Teil erst vor wenigen Jahren entdeckten Kleinkrebse (z. B. *Hutchinsoniella*, *Bathynella*, *Anaspides*, *Nebalia*) angesehen werden, von denen Verwandte aus dem Erdaltertum nachgewiesen sind (Abb. 88).

Auch unter den rezenten Stachelhäutern (Echinodermata) gibt es einige altertümliche Typen, die als „lebende Fossilien" zu be-

[49] Die Kiemenfüße können sich nämlich auch parthenogenetisch, durch sog. Jungfernzeugung, fortpflanzen.

zeichnen sind. Es sind dies einerseits die gestielten, festsitzenden Seelilien (Crinoidea), die mit *Metacrinus*, *Rhizocrinus* und verwandten Formen heute in der Tiefsee vorkommen, während ihre Vorfahren aus dem Mesozoikum durchwegs Flachmeerformen waren. Sie sind jedoch gegenüber *Platasterias*, einem Seestern von der Küste Zentralamerikas, als erdgeschichtlich junge Elemente zu bezeichnen, da als dessen vorzeitliche Verwandte die altpaläozoischen Somasteroidea (z. B. *Villebrunaster*) gelten. Diese Somasteroideen gleichen äußerlich fünfstrahligen Seesternen, weichen jedoch im Bau der Arme von diesen ab und vermitteln dadurch — zumindest morphologisch — zwischen sessilen Seelilien und den freibeweglichen Seesternen (Abb. 88).

Nautilus und Limulus

Stammesgeschichtliche Konservativtypen und zugleich „lebende Fossilien" sind auch die Gattungen *Nautilus* (Perlboot) und *Limulus* (Schwertschwanz), beides Meeresbewohner. Lediglich eine Schwertschwanzart geht auch in das Brack- und Süßwasser von Flußmündungen und Flüssen.

Nautilus ist die einzige lebende Gattung der Vierkiemer (Tetrabranchiata) unter den Kopffüßern, die im Paläozoikum und Mesozoikum als Ammoniten und Nautiloideen außerordentlich formenreich entwickelt waren und die im Gegensatz zu den Tintenfischen eine Außenschale besitzen. Die Gattung *Nautilus* selbst ist zwar erst seit dem älteren Tertiär (Eozän) nachgewiesen, doch war der Bauplan des Gehäuses bereits im jüngeren Paläozoikum vorhanden, wie Fossilfunde belegen. Die Gattung *Nautilus* ist gegenwärtig nur durch wenige Arten vertreten (Abb. 88), die auf den südwestlichen Pazifik beschränkt sind und in Stillwassergründen vorkommen. Reliktartige Verbreitung, isolierte Stellung im System und altertümliche Merkmale machen die Gattung *Nautilus* zu einem richtigen „lebenden Fossil".

Dasselbe gilt auch für *Limulus polyphemus*, den Schwertschwanz oder Pfeilschwanz„krebs", der kein Krebs ist, sondern den Skorpionen und Spinnen näher steht. Die Schwertschwänze, in den USA nach der Gestalt ihres Rückenpanzers „horseshoe crabs" („Hufeisen-Krebse") genannt, leben an der atlantischen Küste Nordamerikas. An der pazifischen Küste Amerikas fehlen

Schwertschwänze. Verwandte Formen sind als „Molukkenkrebse" vom Golf von Bengalen bis zu den Küsten von Neuguinea, den Philippinen und Japan verbreitet. Die Schwertschwänze besitzen einen zweiteiligen, gewölbten Rückenpanzer, von dem der vordere, größere Schild hufeisenähnlichen Umriß besitzt, der hintere annähernd Dreiecksgestalt aufweist und am Rande Stacheln trägt (Abb. 88). Am Körperende ist der lange, bewegliche Schwanzstachel eingelenkt. Zahlreiche Gliedmaßenpaare sind vorhanden. Sie dienen teils der Fortbewegung, teils — durch Kiemenblätter — als Atemorgan bzw. durch Kauladen als Kiefer. Die rezenten Schwertschwänze sind Flachwasserformen, die zur Zeit der Fortpflanzung die Küstennähe aufsuchen. Schwertschwänze oder Xiphosuren waren im Paläozoikum mit zahlreichen Gattungen weit verbreitet und sind auch aus dem Mesozoikum und zur Tertiärzeit aus Europa nachgewiesen.

Sphenodon punctatus, die Brückenechse

Bisher war nur von wasserbewohnenden „lebenden Fossilien" die Rede. Da dies leicht zu der irrigen Auffassung führen könnte, es gäbe keine landbewohnenden „lebenden Fossilien", wollen wir uns aus der Fülle von Beispielen einige herausgreifen. Beginnen wir mit der Brückenechse (*Sphenodon punctatus*, Abb. 87) Neuseelands, von den Maoris Tuatara genannt, die, solange Quastenflosser und „Urmollusken" unbekannt waren, als *das* „lebende Fossil" galt. Äußerlich unterscheidet sich die Brückenechse kaum von einer Eidechse und doch ist sie keine. Sie ist die einzige Überlebende der im Mesozoikum weltweit verbreiteten Gruppe der Rhynchocephalia, die sich im Bau des Schädels grundlegend durch die zwei Knochenspangen im Bereich des Schläfenfensters von den Eidechsen unterscheiden. Die Gattung *Sphenodon* stammt von Reptilien ab, die bereits vor der Zeit der Dinosaurier lebten und auch deren Aussterben am Ende des Mesozoikums überdauerten. *Sphenodon punctatus* ist von ihren Verwandten aus der Jurazeit nur wenig verschieden und hat deren Bauplan, zumindest im Skelett, bis heute bewahrt.

Die Brückenechse kommt heute nur mehr auf einigen der kleinen Nachbarinseln Neuseelands vor und steht dort unter Naturschutz. Sie lebt zusammen mit Sturmvögeln in unterirdischen

Höhlen, die teils im Erdreich, teils in der Humusschicht hauptsächlich von den Vögeln angelegt werden. Die größte Aktivität entfaltet die Brückenechse bei einer Temperatur von nur 12°C. Dies erscheint für Reptilien erstaunlich, dürfte jedoch nur als Anpassungserscheinung und nicht als stammesgeschichtlich ursprüngliches Verhalten zu werten sein, da zwei echte Eidechsen und ein Gecko unter den gleichen Temperaturverhältnissen leben.

Leiopelma und Apteryx

Neuseeland beherbergt jedoch noch weitere „lebende Fossilien". Es ist die Heimat der sog. Urfrösche (Gattung *Leiopelma*) und der auch für den Laien eigenartig anmutenden Schnepfenstrauße oder Kiwis (Gattung *Apteryx*).

Die durch 3 Arten vertretenen Urfrösche (Abb. 87) unterscheiden sich anatomisch durch altertümliche Merkmale ebenso von den übrigen Froschlurchen (Bau der Wirbel, Schwanzmuskulatur etc.) wie die Schnepfenstrauße von den flugfähigen Vögeln. Die nächsten Verwandten dieser Urfrösche sind aus dem Jura Europas (*Montsechobatrachus*) und Nordamerikas beschrieben worden. Sie waren sicher weiter verbreitet, als die derzeitigen Fossilfunde belegen. Aber selbst gegenüber der gegenwärtig durch Fossilien nachgewiesenen einstigen Verbreitung ist die der Urfrösche eine reliktartige.

Bei den Kiwis sind jedoch neben altertümlichen Merkmalen auch hochgradige Spezialisationserscheinungen vorhanden (Flügelrückbildung, Bau der Federn, gute Riechfähigkeit etc.), die ihnen eine Sonderstellung im System verleihen. Die nächsten Verwandten der Schnepfenstrauße (*Apteryx australis* etc.) sind durch Fossilfunde vom australischen Festland nachgewiesen.

Schnabeltier und Ameisenigel

Damit ist ein Kontinent erwähnt, der gleichfalls verschiedene „lebende Fossilien" birgt, von denen bereits der australische Lungenfisch angeführt wurde. Es sind dies Schnabeltier und Ameisenigel (Abb. 87), die vom Systematiker als Eierleger oder Kloakentiere (Monotremata) zusammengefaßt und auch wegen anderer morphologischer und physiologischer Besonderheiten den übrigen Säugetieren gegenübergestellt werden. Da Fossilfunde von

Kloakentieren bisher nur aus eiszeitlichen Ablagerungen bekannt geworden sind, fragt es sich, ob die Eierleger überhaupt als „lebende Fossilien" bezeichnet werden können. Dazu berechtigen jedoch zahlreiche altertümlich wirkende Eigenheiten. So ist die Tatsache, daß eine einzige Körperöffnung als Ausführgang für die Ausscheidungen der Niere und des Darmes und für die Geschlechtsprodukte vorhanden ist, ebenso einmalig wie die Feststellung, daß sie Eier legen. Weiter haben sie etliche anatomische Besonderheiten im Bau des Schädels und des Schultergürtels mit den Reptilien gemeinsam, die ebenfalls als altertümlich bewertet werden müssen. Diese Besonderheiten waren es auch, welche die Zugehörigkeit der Kloakentiere zu den Säugetieren zweifelhaft erscheinen ließen.

Alle diese altertümlichen Merkmale sprechen für einen von jenem der übrigen Säugetiere getrennten stammesgeschichtlichen Eigenweg. Fossilfunde von unzweifelhaften Reptilien aus dem älteren Mesozoikum zeigen, daß verschiedene Skelettmerkmale sich seit damals nicht verändert haben. Da zahlreiche der für die rezenten Kloakentiere kennzeichnenden Merkmale spätere Anpassungserscheinungen (Hornschnabel, Gebißverlust und Schwimmfüße beim Schnabeltier: *Ornithorhynchus anatinus;* Stacheln, Ernährungsweise und verlängerte Schnauzenpartie bei den Ameisenigeln: *Zaglossus* und *Tachyglossus*) sind, können weder das Schnabeltier noch die Ameisenigel als Modell für die Rekonstruktion mesozoischer Monotremen gelten, eine bereits an anderen „lebenden Fossilien" gewonnene analoge Feststellung.

Peripatus und Lanthanotus

Weniger „attraktiv" wirkende „lebende Fossilien" sind die wurmähnlichen Onychophoren, die Taubwarane und die Liphistiidae (Spinnen). Die Onychophoren oder Krallenträger, die äußerlich an Ringelwürmer bzw. an Raupen erinnern, sind nur wenige Zentimeter große Bodentiere, die im Fallaub, moderndem Holz oder unter Steinen leben und die bisher auf allen Kontinenten außer Europa gefunden wurden. Manche von ihnen sind auf die Südkontinente (Südafrika, Chile, Australien, Neuseeland) beschränkt. Es sind sehr altertümliche Tiere, die Merkmale der Ringelwürmer (Anneliden) mit denen der Gliederfüßer (Arthropoden, also Insekten, Spinnen, Krebse etc.) vereinen und als letzte Abkömmlinge eines uralten Geschlechtes anzusehen sind. Ihre nächsten Verwandten kennt man aus dem ältesten Erdaltertum, dem Kambrium, aus Meeresablagerungen. Sie sind als *Aysheaia* beschrieben worden und sind kaum vom rezenten *Peripatus* (Abb. 88), der bekanntesten lebenden Gattung, zu unterscheiden. Wenn auch die rezenten Arten Landtiere sind, so sind sie nur bei hoher Luftfeuchtigkeit aktiv.

Eine ähnlich verborgene Lebensweise führt der bisher nur in wenigen Exemplaren bekannt gewordene Taubwaran (*Lanthanotus borneensis*, Abb. 87) von Sarawak, eine für den herpetologischen Laien nicht weiter bemerkenswerte Echse. Äußerlich fallen bestenfalls die Art der Beschuppung und die kleinen Gliedmaßen auf, die bei der Fortbewegung kaum verwendet werden, da diese durch ein Schlängeln des langgestreckten Körpers erfolgt. Dies konnte erst kürzlich festgestellt werden, als lebende Exemplare gefangen wurden. Was den Taubwaran jedoch so interessant macht, ist der anatomische Bau, der verwandtschaftliche Beziehungen zu kreidezeitlichen Reptilien (Dolichosauridae und Aigialosauridae) erkennen läßt. Zugleich sind aber auch Merkmale bei *Lanthanotus borneensis* vorhanden, die für altertümliche, erstmalig in der Kreidezeit fossil nachgewiesene Schlangen (z. B. Riesenschlangen) kennzeichnend sind. Selbstverständlich kann der Taubwaran nicht als Vorläufer der Schlangen betrachtet werden, doch steht er deren Stammgruppe nahe. Bemerkenswert ist das gegenüber den kreidezeitlichen Verwandten reliktartige Vorkommen auf Borneo, welches zusammen mit den anatomischen Merkmalen den Taubwaran zu einem richtigen „lebenden Fossil" stempelt.

Unter den rezenten Spinnen zählen die Liphistiidae zu den altertümlichsten Formen. Sie sind in wenigen Arten auf Südostasien beschränkt und unterscheiden sich durch den gegliederten Hinterleib, Zahl und Lage der Spinndrüsen von den übrigen lebenden Spinnen, wodurch sie verschiedenen Spinnen aus der Karbonzeit (Arthrolycosidae) gleichen.

Beutelratten und Sumatranashorn

Auch von den Säugetieren wären verschiedene „lebende Fossilien" zu erwähnen, wie etwa die amerikanischen Beutelratten, die Säugetiere aus der Kreidezeit darstellen, oder die Halbpanzernashörner Südostasiens. Fossilfunden nach zu schließen, unterscheiden sich die heutigen Beutelratten nur wenig von ihren Ahnen aus der Kreidezeit. Unter den Nashörnern ist die Gattung *Dicerorhinus* bereits seit dem Alttertiär (Oligozän) mit Arten nachgewiesen, die nur wenig vom lebenden Sumatranashorn (*Dicerorhinos sumatrensis*, Abb. 87) verschieden sind. Dieses ist das „lebende Fossil" unter den rezenten Nashörnern.

Mit dem Sumatranashorn wollen wir die Beispiele „lebender Fossilien" aus dem Tierreich beschließen. Es soll damit keineswegs behauptet sein, es gäbe keine anderen Tiere, welche diese Bezeichnung nicht auch verdienten. Es ließe sich die Liste beliebig verlängern, doch würde dies den vorgesehenen Rahmen überschreiten.

Ginkgo biloba, Cycadeen, Sequoien, Araukarien und Farne

Aus dem Pflanzenreich kann als das bekannteste „lebende Fossil" der Ginkgobaum *(Ginkgo biloba)* gelten, der in historischer Zeit als Relikt in Ostasien vorkam und gegenwärtig überhaupt nur mehr als Park- und Zierbaum in sämtlichen Erdteilen kultiviert wird. Obzwar durch seine Blätter etwas an Laubbäume erinnernd, ist er ein Nacktsamer. Durch die Art der Befruchtung, die nicht wie bei den Nadelhölzern mittels Pollenschläuchen, sondern durch bewegliche Spermatozoiden erfolgt, verhält er sich etwas urtümlich. Die Ginkgogewächse oder Ginkgophyten waren im Mesozoikum weit verbreitet und *Ginkgo biloba* (Abb. 89) ist der einzige überlebende Vertreter dieser einst artenreichen Gruppe, der (als Wildform) auf ein ausgesprochenes Reliktareal beschränkt war.

Ähnliches gilt für die „Palmfarne" oder Cycadeen (z. B. *Cycas revoluta*, die unechte Sagopalme), die ebenfalls im Mesozoikum weit verbreitet und artenreich waren. Auch die Mammutbäume (*Metasequoia glyptostroboides* aus China, *Sequoia sempervirens* und *Sequoiadendron giganteum* aus Kalifornien und Oregon) und die Araucarien werden unter den Koniferen vielfach als „lebende Fossilien" bezeichnet. Unter den Farnen sind es einerseits die altertümlichen Baumfarne (Cyatheaceen und Marattiaceen), andrerseits die in wenigen Arten auf das indomalayische Tropengebiet beschränkten Dipteridaceen und Matoniaceen (Abb. 89).

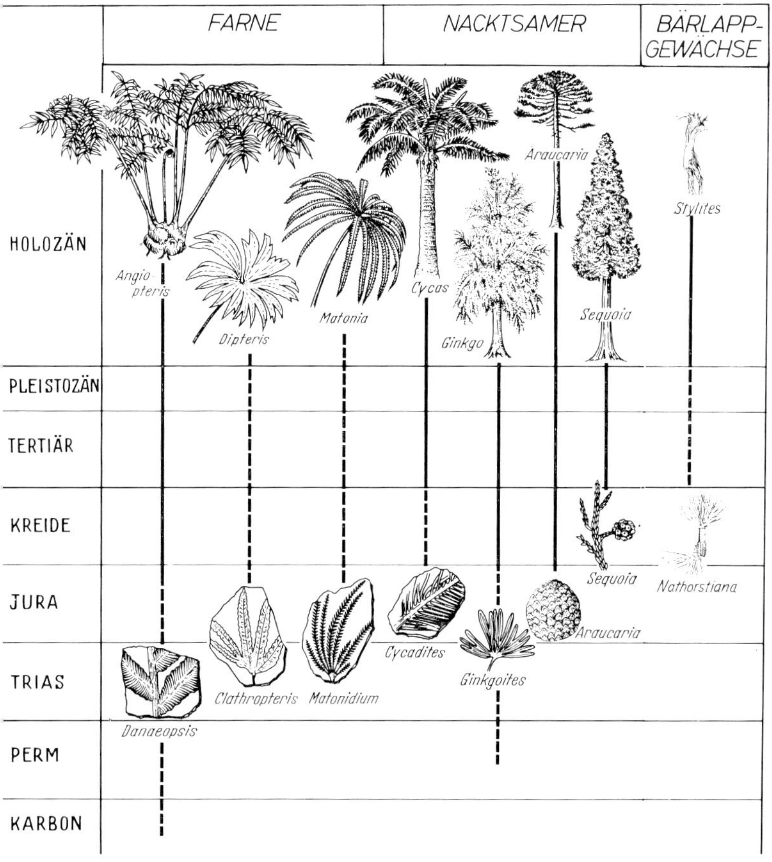

Abb. 89. „Lebende Fossilien" des Pflanzenreiches und ihre fossilen Verwandten. *Angiopteris* ist ein Vertreter der Marattiaceen, *Stylites* ein Angehöriger der Brachsenkräuter (Isoetaceen)

Wieso gibt es heute noch „lebende Fossilien"?

Damit wollen wir diesen Überblick beenden und uns abschließend die Frage vorlegen, was wohl die Ursachen für das Vorkommen „lebender Fossilien" sein mögen. Das Gemeinsame dieser

Formen ist das stammesgeschichtlich konservative Verhalten über längere Zeiten hinweg. Sind es äußere Einflüsse oder innere Ursachen oder spielen beide eine Rolle? Für den Paläontologen ist die Beantwortung dieser Fragen nur schwer möglich. Immerhin sei eine solche versucht. „Lebende Fossilien“ finden sich innerhalb sämtlicher größerer stammesgeschichtlicher Einheiten. Sie finden sich in den verschiedensten Lebensräumen, angefangen von Tiefseebiotopen bis zur Küstenregion, vom Grundwasser bis zu Flüssen und Seen, in tropischen Urwäldern ebenso wie in der offenen Landschaft. Wenn auch ein Lebensraum mit konstanten Lebensbedingungen die Voraussetzung für die Existenz solcher stammesgeschichtlicher Konservativtypen bildet, so sind diese allein nicht ausschlaggebend. Das Argument, daß stets nur Einzelfälle, nicht aber ganze Faunen und Floren Jahrmillionen hindurch sich unverändert bis zur Gegenwart erhalten haben, spricht eben auch dafür, daß mit weiteren Faktoren zu rechnen ist. Dies geht auch aus der räumlichen Verbreitung „lebender Fossilien“ hervor. So ist Neuseeland *die* Insel mit derartigen Formen. Dies läßt vermuten, daß der Isolierung eine gewisse Rolle zukommt und sei es nur dadurch, daß Konkurrenten ferngehalten werden. Als Gegenstück zur Isolation terrestrischer Arten auf Inseln sei jene limnischer Formen in Seen angeführt. So sind die Faunen des Baikalsees in Zentralasien, des Ochridsees in Südosteuropa und des Nyassasees in Ostafrika im wesentlichen Reliktfaunen, die durch die große Zahl von Endemismen gekennzeichnet sind.

Es ist dieser Fragenkreis mit einem weiteren, bereits in anderem Zusammenhang kurz gestreiften Problem verknüpft, nämlich dem des Aussterbens. Als langlebigste Formen erweisen sich zumeist nicht übermäßig spezialisierte Typen, die zudem in einem Lebensraum vorkommen, der möglichst keinem plötzlichen Wechsel unterworfen ist, wie dies vor allem für die Tiefsee (gegenüber der Flachsee), für das Grundwasser und das Mesopsammon[50], für die Streuschicht, für Urwaldgebiete (gegenüber Steppen und Wüsten) etc. zutrifft. Auch die in gewisser Hinsicht als Extrembiotope anzusprechenden Lebensräume der Kiemenfüße (austrocknende Gewässer) bieten insofern einen konservativen Lebensraum, als

[50] Als Mesopsammon bezeichnet man die Sandlückenbewohner im sandigen Meeresboden.

ihm Räuber (z. B. Fische) oder größere Nahrungskonkurrenten fehlen.

Zusammenfassend kann demnach festgehalten werden, daß verschiedene Faktoren an der Erhaltung und dem Überleben stammesgeschichtlicher Konservativtypen maßgeblich beteiligt sind und daß *eine* Ursache allein nicht ausschlaggebend ist. Ihr Überdauern bis in die Gegenwart ist nicht nur für den Zoologen und Botaniker, der sich mit stammesgeschichtlichen Problemen beschäftigt, wesentlich, sondern auch für den Paläontologen. Denn diese „lebenden Fossilien" geben wertvolle Aufschlüsse über die Beschaffenheit fossil nicht erhaltener Weichteile.

So bieten die „lebenden Fossilien" einen ebenso wertvollen Anknüpfungspunkt, Tiere und Pflanzen der Vorzeit näher kennenzulernen, wie deren Reste, also die Fossilien selbst.

Werden durch dieses Büchlein Interesse und Verständnis für die Paläontologie auch in weiteren Kreisen erweckt, so ist sein Zweck erreicht. Immerhin dürfte gezeigt worden sein, daß Fossilien zwar tote Gegenstände sind, aber bei geeigneter Betrachtung wieder zum Leben erweckt werden können und eine Fülle von Schlußfolgerungen zulassen, und daß die Paläontologie keine reine Musealwissenschaft ist, sondern auch große praktische Bedeutung besitzt.

Tabelle. *Zeittafel der Erdgeschichte*

Zeitalter	Periode	Epoche oder Stufe	Jahre in Mill.	Tier- und Pflanzenwelt	Zeitalter
KÄNOZOIKUM (Erdneuzeit)	QUARTÄR	Holozän (Jetztzeit) Pleistozän (Eiszeit)	2—3	ZEITALTER Erscheinen des Menschen	KÄNOPHYTIKUM
	TERTIÄR (Braunkohlenzeit)	Pliozän Miozän Oligozän Eozän Paleozän	65	DER SÄUGETIERE UND DER BEDECKTSAMER (Angiospermen) Entfaltung der Säugetiere	
MESOZOIKUM (Erdmittelalter)	KREIDE	Oberkreide Unterkreide	135	Aussterben der Dinosaurier, Flug- und Fischechsen u. der Ammoniten ZEITALTER	MESOPHYTIKUM
	JURA	Malm Dogger Lias	195	Urvogel (*Archaeopteryx*) DER REPTILIEN	
	TRIAS	Rhät Nor Karn Ladin Anis Skyth	225	1. Säugetiere UND DER NACKTSAMER (Gymnospermen)	
PALÄOZOIKUM (Erdaltertum)	PERM	Zechstein Rotliegend	270	Aussterben der Trilobiten 1. Säugetierähnliche Reptilien	PTERIDOPHYTIKUM
	KARBON: PENNSYLVANIAN	Stephan Westfal		Steinkohlenwälder aus Farnen, Bärlapp- und Schachtelhalmgewächsen	
	KARBON: MISSISSIPPIAN	Namur Dinant	340	1. Reptilien	
	DEVON		390	1. Amphibien und älteste Insekten, Nacktpflanzen (Psilophyten)	
	SILUR (GOTLANDIUM)		430	1. Landpflanzen	ALGOPHYTIKUM
	ORDOVIZIUM		480	1. Fische (Kieferlose)	
	KAMBRIUM		570	Wirbellose und marine Pflanzen	
	PRÄKAMBRIUM		über 5000	Älteste Fossilien	

Literatur[51]

ABEL, O.: Lebensbilder aus der Tierwelt der Vorzeit. 2. Aufl., VIII u. 714 S. Jena: Fischer 1927.

— Vorzeitliche Lebensspuren. XV u. 644 S. Jena: Fischer 1935.

— Vorzeitliche Tierreste im deutschen Mythus, Brauchtum und Volksglauben. XV u. 304 S. Jena: Fischer 1939.

AGER, D. V.: Principles of Paleoecology. S. 1—371. New York: McGraw-Hill Book 1963.

BOWEN, R.: Paleotemperature Analysis. — Methods in Geochemistry and Geophysics. Bd. 2, X u. 265 S. Amsterdam: Elsevier Publ. Comp. 1966.

BRINKMANN, R.: Abriß der Geologie II. Historische Geologie. 8. Aufl., VIII u. 360 S. Stuttgart: Enke 1959.

BROUWER, A.: General Palaeontology. VIII u. 216 S. Edinburgh-London: Oliver & Boyd 1967.

BURTON, M.: Living fossils. The Past in the Present. XIV u. 282 S. London-New York: Thames & Hudson 1954.

COLBERT, E. H.: Evolution of the Vertebrates. A history of the backboned animals through time. 2. Aufl., XVI u. 535 S. New York: Wiley & Sons. 1969.

DARRAH, W. C.: Principles of Palaeobotany. 2. Aufl., VII u. 295 S. New York: Ronald Press 1960.

DELEVORYAS, TH.: Morphology and evolution of fossil plants. IX u. 189 S. New York: Holt, Rinehart & Winston 1963.

EASTON, W. H.: Invertebrate Paleontology. XII u. 701 S. New York: Harper & Brothers 1960.

GLAESSNER, M. F.: Principles of Micropaleontology. XVI u. 296 S. New York: Wiley & Sons 1948.

GOTHAN, W., WEYLAND, H.: Lehrbuch der Paläobotanik. 2. Aufl., S. 1—594. Berlin: Akademie-Verlag 1964.

HEBERER, G. (Hrsg.): Die Evolution der Organismen I. 3. Aufl., XVI u. 754 S. Stuttgart: Fischer 1967.

HECKER, R. F.: Bases de la Paléoécologie. S. 1—98. Paris: Edit. téchnip. 1960.

HURLEY, P. M.: The Confirmation of Continental Drift. Scient. Amer. **218**, 53—64 (1968).

IRVING, E.: Palaeomagnetism and its application to geologigal and geophysical problems. XVI u. 399 S. New York: Wiley & Sons 1964.

KAY, M., COLBERT, E. H.: Stratigraphy and Life History. S. 1—736. New York: Wiley & Sons 1965.

KOENIGSWALD, G. H. R. VON: Die Geschichte des Menschen. 2. Aufl., IX u. 160 S. Berlin-Heidelberg- New York: Springer 1968.

MÄGDEFRAU, K.: Paläobiologie der Pflanzen. 4. Aufl., XI u. 549 S. Jena: Fischer 1968.

[51] Vgl. auch die im Quellenverzeichnis der Abbildungen genannten Werke und Zeitschriftenartikel.

Martin, P. S., Wright, H. W. (Hrsg.): Pleistocene extinctions. — The Search for a Cause. X u. 453 S. New Haven: Yale Univ. Press 1967.
Mayr, E., Linsley, E. G., Usinger, R. L.: Methods and principles of systematic zoology. IX u. 336 S. New York: McGraw-Hill Book 1953.
Moore, R. C. (Hrsg.) Treatise on Invertebrate Paleontology. Lawrence: Kansas Univ. Press, seit 1953.
— Lalicker, C. G., Fisher, A. G.: Invertebrate Fossils. XIII u. 766 S. New York: McGraw-Hill Book 1952.
Müller, A. H.: Lehrbuch der Paläozoologie I—III. Jena: Fischer 1957—1970.
Nairn, A. E. M. (Hrsg.):Problems in Palaeoclimatology. XIV u. 705 S. New York: Interscience Wiley 1965.
Neaverson, E.: Stratigraphical Paleontology. A Study of Ancient Life-Provinces. 2. Aufl., XII u. 806 S. Oxford: Clarendon Press 1955.
Piveteau, J. (Hrsg.): Traité de Paléontologie I—VII. Paris: Masson et Cie. 1952—1970.
Pokorny, V.: Principles of Zoological Micropaleontology I—II. S. 1—1088. Oxford: Pergamon Press 1965.
Raup, D. M., Stanley, St. M.: Principles of Palaeontology. S. 1—388. San Francisco: Freeman & Co. 1971.
Romer, A. S.: Vertebrate Paleontology. IX u. 468 S. Chicago: Univ. Press 1966.
Runcorn, S. K. (Hrsg.): Continental drift. Internat. Geophys. Ser. **3**, XII u. 338 S. New York: Acad. Press 1962.
Schäfer, W.: Aktuo-Paläontologie nach Studien in der Nordsee. VIII u. 666 S. Frankfurt: Kramer 1962.
Schindewolf, O. H.: Grundfragen der Paläontologie. S. 1—506. Stuttgart: Schweizerbart 1950.
Schuchert, Ch.: Atlas of Paleogeographic Maps of North America. XI u. 177 S. New York: Wiley & Sons 1955.
Schwarzbach, M.: Das Klima der Vorzeit. Eine Einführung in die Paläoklimatologie. 2. Aufl., XI u. 275 S. Stuttgart: Enke 1961.
Simpson, G. G.: Tempo and Mode in Evolution. XVIII u. 237 S. New York: Columbia Univ. Press 1944.
— Life of the Past. An introduction to Paleontology. XII u. 118 S. New Haven: Yale Univ. Press 1953.
— The Major Features of Evolution. XX u. 434 S. New York: Columbia Univ. Press 1953.
Stock, Ch.: Rancho La Brea. A record of Pleistocene Life in California. Los Angeles County Mus. Sci. Ser. No. **13**, Paleont. No. 8, 1—80. Los Angeles: Los Angeles Mus. 1949.
Symposium: Gondwanaland revisited. New evidence for Continental drift. Proc. Amer. Philos. Soc. 112, No. 5. Philadelphia: Amer. Phil. Soc. 1968.
Thenius, E.: Lebende Fossilien. Zeugen vergangener Welten. S. 1—88. Stuttgart: Franckhsche Verlagshandlung 1965.
— Phylogenie der Mammalia (Stammesgeschichte der Säugetiere einschließlich der Hominiden). VI u. 722 S. Berlin: de Gruyter 1969.
— Grundzüge der Verbreitungsgeschichte der Säugetiere. Eine historische Tiergeographie. VI u. 345 S. Jena: Fischer 1971.
Wells, J. W.: Problems of annual and daily growth in corals. — In: Runcorn, S. K. (Hrsg.): Palaeogeophysics. S. 3—9. London: Acad. Press 1970.
Zimmermann, W.: Geschichte der Pflanzen. 2. Aufl., XIV u. 177 S. Stuttgart: Thieme 1969.

Quellenverzeichnis der Abbildungen

Die Abbildungen stammen, sofern es nicht Originalaufnahmen bzw. Originalskizzen sind, aus folgenden Werken:

Abb. 4, 17, 18 — Bachmayer, F., Universum, Natur und Technik, Sonderheft 1957, Wien.

Abb. 6a—b — Kieslinger, A., Natur und Technik 1, Wien 1947.

Abb. 6c — Ammon, L. v., Abh. Bayer. Akad. Wiss., math.-naturw. Kl. 15, München 1886.

Abb. 8 — Voigt, E., Nova Acta Leop., n. F. 3, No 14, Halle 1935.

Abb. 9 — Voigt, E., Nova Acta Leop., n.F. 6, no 34, Halle 1938.

Abb. 10 — Pfizenmayer, C. W., Mammutleichen und Urwaldmenschen in NO-Sibirien. — Leipzig 1926.

Abb. 13 — Abel, O., Vorzeitliche Lebensspuren. — Jena 1935.

Abb. 22, 23, 78 — Zapfe, H., Natur und Volk 87, Frankfurt 1957.

Abb. 25c — Bachmayer, F., Natur und Technik 13, Wien 1958.

Abb. 26 — Accordi, B., und R. Colacicchi, Geol. Romana 1. — Rom 1962.

Abb. 27b — Abel, O., Vorzeitliche Tierreste im Deutschen Mythos, Brauchtum und Volksglauben. — Jena 1939.

Abb. 30 — Krejci-Graf, K., Erdöl. — Berlin-Göttingen-Heidelberg: Springer 1955.

Abb. 31, 43b — Petrascheck, W. E., Kohle. — Berlin-Göttingen-Heidelberg: Springer 1956.

Abb. 32 — Lehmann, R., Eclogae geol. Helv. 54, Basel 1961.

Abb. 33a — Black, M., and B. Barnes, J. Roy. Microscop. Soc. 80, 1961.

Abb. 33b — Black, M., Geol. Magaz. 99, London 1962.

Abb. 34a—b — Bachmann, A., und A. Keck, Mikrokomos. — Stuttgart 1969.

Abb. 35a—b — Lehmann, W. M., Jber. u. Mitt. o-rhein. Geol. Ver., n. F. 27, Stuttgart 1938.

Abb. 35c — Stürmer, W., Paläont. Z. 43, Stuttgart 1969.

Abb. 36a — Romer, A. S., Vertebrate Paleontology. — Chicago 1953.

Abb. 36b — Kuhn-Schnyder, E., Die Geschichte der Wirbeltiere. — Basel 1953.

Abb. 37 — Mägdefrau, K., Paläobiologie der Pflanzen. — Jena 1956.

Abb. 39 — Gross, W., Paläont. Z. 31, Stuttgart 1957.

Abb. 40 — Osborn, H. F., The Titanotheres. — Washington 1929.

Abb. 41 — Abel, O., Lebensbilder aus der Tierwelt der Vorzeit. — Jena 1927.

Abb. 43a—c — Kräusel, R., Versunkene Floren. — Frankfurt 1950.

Abb. 44, 80 — Augusta, J., u. Z. Burian, Tiere der Urzeit. — Prag 1956.

Abb. 46, 59 — Koenigswald, G. H. R. v., Die Geschichte des Menschen. — Berlin-New York-Heidelberg: Springer 1968.

Abb. 47a — SIMONS, E. L., Postilla 57, New Haven 1961.

Abb. 47b — SIMONS, E. L., Proc. Nation. Acad. Sci. 51, Philadelphia 1964.

Abb. 48 — THENIUS, E., Niederösterreich im Wandel der Zeiten. — Wien 1962.

Abb. 50, 51, 53, 82 — THENIUS, E., Paläontologie. Die Geschichte unserer Tier- und Pflanzenwelt. — Stuttgart 1970.

Abb. 52 — CHARRIER, G., Atti Rassegn. Tecn. Soc. Ingegn. and Archit. Torino, n. s. A 19. — Torino 1965. HOPPING, C. A.: Rev. Palaeobot. and Palyn. 2. — Amsterdam 1967.

Abb. 54, 55 — GRABERT, B., Abh. Senckenberg. naturf. Ges. 496, Frankfurt 1957.

Abb. 56 — MOORE, R. C., Treatise on Invertebrate Paleontology, Part L, Mollusca 4: Ammonoidea. — Kansas 1957.

Abb. 58 — SIMPSON, G. G., Horses. — New York 1951.

Abb. 60 — THENIUS, E., u. H. HOFER, Stammesgeschichte der Säugetiere. — Berlin-Göttingen-Heidelberg: Springer 1960.

Abb. 62 — THENIUS, E.: Lebende Fossilien. — Stuttgart 1965.

Abb. 63 — WIEDMANN, J., Biol. Review 44. — Cambridge 1969.

Abb. 64 — JARVIK, E., Théories de l'évolution des vertébrés. — Paris 1960.

Abb. 66 — GLAESSNER, M. F., and B. DAILY, Rec. S-Austral. Mus. 13, Adelaide 1959.

Abb. 68, 69a — SOERGEL, W., Die Fährten der Chirotheria. — Jena 1925.

Abb. 69c—d — HUENE, F. v., Die fossilen Reptilien des südamerikanischen Gondwanalandes. — München 1942.

Abb. 71 — ZAPFE, H., Palaeobiologica 7, Wien 1939.

Abb. 72 — THENIUS, E., Carinthia II/151, Klagenfurt 1961.

Abb. 73 — ZAPFE, H., Sitz.-Ber. österr. Akad. Wiss., math.-naturw. Kl. I, 155, Wien 1947.

Abb. 74b — SLIJPER, E. J., Riesen des Meeres. — Berlin-Göttingen-Heidelberg: Springer 1962.

Abb. 76 — SEILACHER, A., Marine Geol. 5, — Amsterdam 1967.

Abb. 81 — HALLAM, A., Palaeogeogr., Palaeoclimat. and Palaeoecol. 3. — Amsterdam 1967.

Abb. 86 — ZIEGLER, B., Geol. Rundschau 56. — Stuttgart 1967.

Namen- und Sachverzeichnis

Kursivzahlen verweisen auf Seiten mit Abbildungen